空气调节技术及设备维护

（活页式教材）

KONGQI TIAOJIE JISHU JI SHEBEI WEIHU

主　编 / 蔡　洪
副主编 / 周天一

国防工业出版社
·北京·

内容简介

本书分为主教材和“实操训练活页式工作手册”两部分。

主教材以学习项目方式组织教学内容，主要包括湿空气与其焓湿图、空调负荷与送风量的确定、空气的热湿处理设备及其运行维护、中央空调水系统的运行管理与维护、中央空调风系统的运行管理与维护5个学习项目。每个学习项目设计了“目的与要求”“重点与难点”“项目实训”和“能力测试”，并适时插入“想一想”“做一做”“拓展阅读”等内容，帮助学生自主学习。

“实操训练活页式工作手册”采用项目方式组织教学内容，一共设计了12个实操训练项目。每个项目紧紧围绕项目要求，设置了学习情境描述、学习目标、任务书、工作准备、分组讨论、工作方案、进行决策、工作实施及评价反馈等环节，适用于以学生为中心的教学模式。

本书可作为职业院校暖通空调相关专业的教材，也可作为相关工程技术人员的参考用书。

图书在版编目（CIP）数据

空气调节技术及设备维护：活页式教材／蔡洪主编；周天一副主编. -- 北京：国防工业出版社，2025.
ISBN 978-7-118-13696-8

Ⅰ. TU831.4

中国国家版本馆CIP数据核字第2025LK7708号

※

国防工業出版社出版发行
（北京市海淀区紫竹院南路23号　邮政编码100048）
北京凌奇印刷有限责任公司印刷
新华书店经售

*

开本 787×1092　1/16　**印张** 18¼　**字数** 441千字
2025年7月第1版第1次印刷　**印数** 1—800册　**定价** 65.00元

国防书店：（010）88540777　书店传真：（010）88540776
发行业务：（010）88540717　发行传真：（010）88540762

PREFACE

前言

本书严格落实《职业教育改革实施方案》提出的“三教”改革根本任务，统筹规划融教师、教材、教法为一体的综合改革。本书在编写过程中，坚持立德树人、德技并修，力求体现以下特色：

1. 采用学习项目模块、活页式工作手册相结合的编写模式。教材分为主教材和“实操训练活页式工作手册”两个部分。其中，主教材以学习项目方式组织教学内容，在保持知识体系完整性的前提下，适时插入“想一想”“做一做”“实操训练”等教学环节，培养学生理论联系实际、分析问题和解决问题的能力；“实操训练活页式工作手册”秉承“以岗位能力为本位”的教学理念，按照“以学生为中心、学习成果为导向、促进自主学习”的思路进行开发设计，通过一系列的引导问题、实践操作，帮助学生自主学习专业知识、专业技能，真正把课堂交给学生。

2. 德技并修贯穿始终。主教材以“拓展阅读”方式，将爱国情怀等思政内容和当前空调行业的新技术、新理念、新设备融入教材；“实操训练活页式工作手册”突出规范安全的操作，注重培养学生的职业技能和职业素养。

3. 每个学习项目一开始明确了“目的与要求”“重点与难点”，能帮助学生更好地自学和掌握重点、难点，配置“能力测试”对引导自学、启发思维、掌握要点起到了积极作用。

4. 本书内容实用、图文并茂、编排合理、叙述清晰、信息量大，充分考虑到了职业院校学生对空调技术理论知识和专业技能的学习需求，符合学生的心理特点和认知习惯；编入“推动功”“流体的焓”等选学内容，以供学生在今后的工作中学习参考。

在编写过程中，本书参考了大量的文献，并充分利用了产品供应商提供的图片资料，在此表示感谢。

编者

2024 年 12 月

CONTENTS

目录

实操训练活页式工作手册

绪　论

目的与要求：

◇ 能说出空气调节的定义及技术手段；

◇ 能说出空调系统的组成；

◇ 能说出空调系统的类型、特点及应用场合；

◇ 能归纳总结出空气调节技术的发展趋势。

重点与难点：

◇ 学习重点：空气调节的定义及技术手段，空调系统的组成、类型、特点及应用场合。

◇ 学习难点：空气调节技术的发展趋势。

空气调节技术以工程热力学、传热学、流体力学和建筑环境学为主要理论基础，综合建筑、机械、电工和电子等工程学科的成果，专门研究和解决各类工作、生活、生产和科学实验所要求的内部空气环境问题。

0.1 空气调节的定义及技术手段

《供暖通风与空气调节术语标准》（GB/T 50155—2015）将空气调节定义为：使服务空间内的空气温度、湿度、洁净度、气流速度和空气压力梯度等参数达到给定要求的技术，简称空调。现代技术发展有时还需要对空气的新鲜度、成分、气味及噪声等进行调节与控制。

由此可见，空调的任务就是采用技术手段创造并保持能满足一定要求的空气环境。通常采用的技术手段主要有：

（1）热湿交换技术，借助空气、水、制冷剂等介质，经热、质交换，消除特定空间内多余的热量和湿量，或补充不足的热量和湿量，以保证室内维持合适的温湿度；

（2）气流组织技术，通过选择合适的送回风口形式和位置，来保证空气的合理流动并有合适的流速；

（3）净化技术，将空气中的悬浮微粒、微生物和有害气体等消除，来保证空气洁净、无异味；

(4) 换气技术，不断补充外部空气，置换或稀释特定空间内的空气，以保证空气的新鲜度。

因此，空气调节实现了对特定空间内多个环境参数的调节和控制。

➢ **想一想**

供暖（降温）技术和通风技术与空调技术是什么关系呢？

在工程上，将使室内获得（失去）热量并保持一定的温度，以达到适宜的生活条件或工作条件的技术，称为供暖（降温）；将采用自然或机械方法对封闭空间进行换气，以获得安全、健康等适宜的空气环境的技术，称为通风。显然，供暖（降温）、通风都是控制特定空间内空气环境的技术手段，只是对控制参数的要求与空气调节有所区别。可以说，空调技术是供暖（降温）技术和通风技术的发展与延伸。

0.2 空气调节系统的组成

一个典型的中央空调系统主要由冷（热）源、空气处理设备、风系统、水系统及自动控制和调节装置五部分组成，如图 0－1 所示。

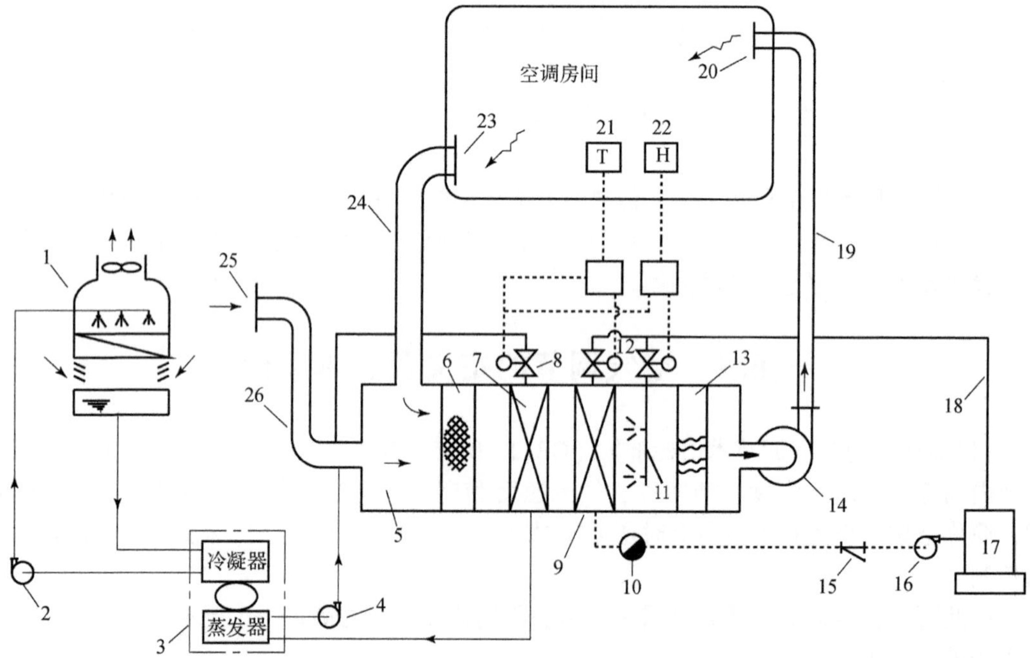

图 0－1　典型中央空调系统简图

1—冷却塔；2—冷却水泵；3—制冷机组；4—冷冻水泵；5—空气混合室；6—空气过滤器；7—空气冷却器；8—冷水调节阀；9—空气加热器；10—疏水器；11—空气加湿器；12—蒸汽调节阀；13—挡水板；14—风机；15—回水过滤器；16—锅炉给水泵；17—锅炉；18—蒸汽管；19—送风管道；20—送风口；21、22—温湿度传感器；23—回风口；24—回风管道；25—新风进口；26—新风管道。

(1) 冷源和热源。冷源是为空气处理设备提供冷量的设备，由于中央空调系统常用的载冷剂是水，因此冷水机组是最常采用的冷源设备，如螺杆式冷水机组、离心式冷水机组、活塞式冷水机组、涡旋式冷水机组、吸收式冷水机组等；也可用制冷系统的蒸发器来直接冷却空气。热源用来提供加热空气所需的热量，常用的热源主要有热泵型冷热水机组、各类锅炉、电加热器等。

(2) 空气处理设备。常用的空气处理设备有表冷器、加热器、加湿器、除湿器和空气过滤器等，其作用是将空气处理到需要的送风状态。

(3) 风系统。空调风系统承担着空气的输送与分配任务，使经过处理的空气合理地分配到各个空调房间或区域，满足有关参数的控制要求。风系统主要由风机、风管和室内送回风口组成。

(4) 水系统。空调工程常采用水作为热传递的介质，水系统将冷热源产生的冷热量输送给各类热湿处理设备，其基本组成是水泵、水管和阀门等。水系统分为冷（热）水系统、冷却水系统和冷凝水系统三大类。

(5) 自动控制和调节装置。由于各种因素，空调系统的冷、热、湿负荷是多变的，这就要求空调系统的工作状况也要有变化。所以，空调系统应装备有必要的控制和调节装置，借助它们可以（人工或自动）调节送风参数、送风量、排风量、供水量和供水参数等，以维持所要求的空气状态。

➢ 做一做

(1) 对照实训中心的中央空调系统，说出它的五个组成部分。

(2) 通过以上的学习，说一说制冷系统与空调系统的区别与联系。

0.3 空气调节系统的类型

0.3.1 按照服务对象或用途不同分类

按照服务对象或用途不同，可将空调系统分为工艺性空调和舒适性空调两大类。

空调房间室内温度、湿度通常用两组指标来规定，即温、湿度基数和空调精度。室内温、湿度基数是指根据工艺或舒适要求确定的空调房间空气温度和相对湿度的基准值；空调精度是指室内温湿度允许波动范围，即空调房间在需要保持规定参数的时间内，空气温度或相对湿度与其基数的允许差值。例如，室内温度 $t_N = (20 \pm 0.5)$℃和相对湿度 $\varphi_N = (50 \pm 5)\%$，两组指标完整地表达了室内温湿度参数的要求。

1. 工艺性空调

工艺性空调是为了满足生产工艺过程及科学实验对空气参数的要求而设置的空调。工艺性空调一般分为降温性空调、恒温恒湿空调和净化空调等。降温性空调对室内空气的温湿度的要求是夏季工人操作时手不出汗，不使产品受潮，因此一般只规定温度或湿度的上限，无空调精度要求；恒温恒湿空调对室内空气温湿度基数和空调精度都有严格的要求；净化空调不仅对室内空气温湿度和空调精度有一定的要求，而且对空气中所含尘粒的大小和数量有严格的要求。

2. 舒适性空调

舒适性空调的服务对象是人，目的是提供一个适宜的生活工作环境，以满足人员工作与生活的需要，办公楼、住宅、酒店、体育馆、商场、影剧院等公共场所的空调，都属于这一类。舒适性空调从人体的舒适感出发确定室内温湿度设计标准，一般不提空调精度要求。

0.3.2 按照空气处理设备的设置情况分类

1. 集中式系统

集中式系统的所有空气处理设备（加热器、加湿器、冷却器、风机等）都设置在一个集中的空调机房内，处理好的空气被直接送到空调房间，房间内只有空气输配装置，如风管和风口。这种空调系统在建筑内占用面积大，但设备集中，控制管理比较方便。系统的主要形式按照风量是否变化可分为定风量系统和变风量系统，按照送风管道的数量可分为单风管系统和双风管系统。

2. 半集中式系统

在半集中式系统中，对室内空气进行热湿处理的二次设备（又称末端装置）被分散设置在空调房间内，而生产冷（热）水的冷水机组、热泵、锅炉等设备，或新风处理设备被集中放置在机房内。最常用的半集中式空调系统是“风机盘管＋新风系统”，这种系统在建筑内占用空间较小，易满足各个房间的温湿度要求，但房间内设置空气处理设备，管理维修不便，当有风机时，会给室内带来噪声。

3. 分散式系统

分散式系统把冷热源和空气处理、输送设备集中设置在一个箱体内，形成一个紧凑的空调系统，主要有单元式空调机组、分体式房间空调器等。分散式系统不需要空调机房，空调设备可按需求灵活地设置在空调房间内，但制冷压缩机和风机会给室内带来噪声。

0.3.3 按照负担室内负荷所用的介质分类（图0－2）

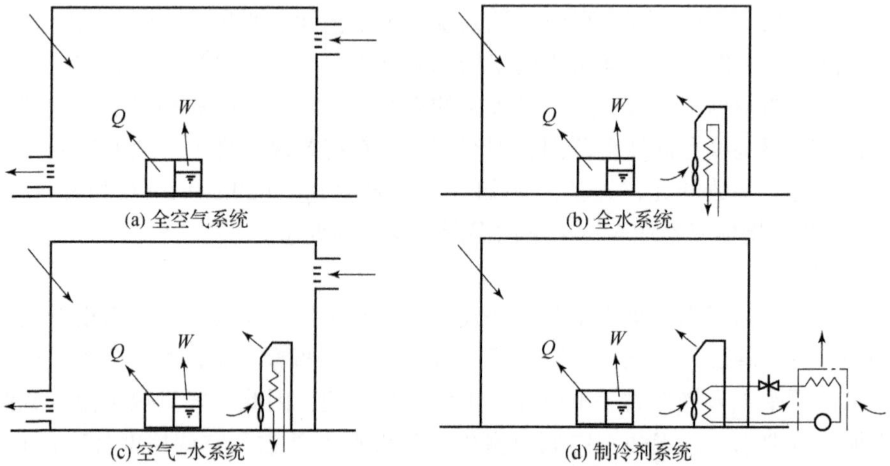

图0－2　按照负担室内负荷所用介质的种类对空调系统进行分类

Q—余热量，kW；W—余湿量，kg/s。

1. 全空气系统

全空气系统是指空调房间的热、湿负荷全部由经过处理的空气来承担的空调系统，要求有较大断面的风道或较大的风速，属于集中式系统。

2. 全水系统

全水系统是指空调房间的热、湿负荷全部由水来承担的系统。由于水的密度比空气大得多，所以在相同条件下只需较小的水量，从而使管道所占空间减小许多。但是仅依靠水来消除余热余湿，并不能解决房间的通风换气问题，通常不单独采用。风机盘管系统是最常用的一种全水系统。

3. 空气－水系统

全部靠空气来负担热湿负荷，将占用较多的建筑空间，单独使用全水系统又不能解决通风换气的问题，因此可以同时使用空气和水来负担空调的室内负荷。“风机盘管＋新风系统”就是常用的空气－水系统。

4. 制冷剂系统

制冷剂系统是指将制冷系统的蒸发器直接设置在室内来承担空调房间的热、湿负荷的空调系统，主要有单元式空调器、窗式空调器、分体式空调器、多联机空调系统等。

0.3.4 按照全空气系统的空气来源分类（图0－3）

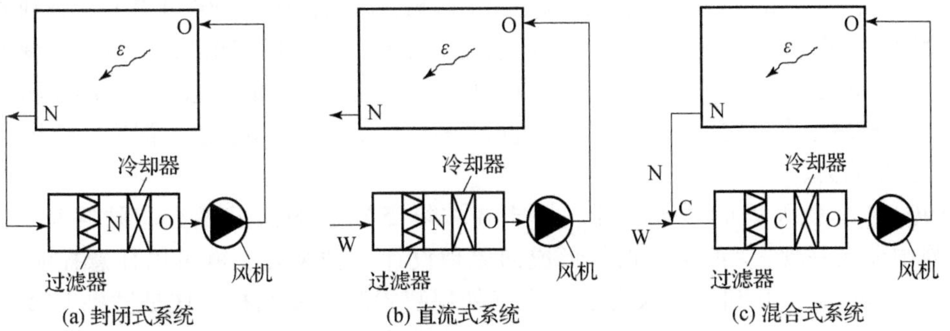

图0－3 按照全空气系统的空气来源不同进行分类

ε—热湿比；N—室内空气；W—室外空气；C—混合空气；O—冷却器后空气。

1. 封闭式系统

封闭式系统处理的空气都来自空调房间本身，没有室外空气补充，全部为再循环空气。这种系统最节能，但由于没有室外新风的补充，空气品质无法保证。这种系统可以应用于人员不进入或很少进入，只有温湿度调节要求，且无新风要求或无法使用新风的场所。

2. 直流式系统

直流式系统处理的空气全部来自室外，室外空气经处理后送入室内，然后全部排到室外，也叫做全新风系统。这种系统应用于不允许使用回风的场合，为了回收排风的热量或冷量，可以在系统中设置热回收设备。适用于放射性实验室，散发有毒、有爆炸危险气体的房间，以及医院的灼伤病房和传染病房、酒店的厨房等。

3. 混合式系统

从上述两种系统可见，封闭式系统不能保证空气品质，直流式系统在经济上不合理，对于绝大多数场合，需要综合考虑这两者的利弊，采用新风混合一部分回风的系统。这种系统既能满足卫生要求，又经济合理，应用最为广泛。根据利用室内空气的途径，又分为一次回风式系统和二次回风式系统。目前使用的绝大多数是一次回风式系统。二次回风式系统，因其控制策略较为复杂，很少在实际中采用。

➢ **做一做**

根据你的生活或工作经验，说一说你所知道的空调系统属于什么类型？

0.4 空气调节技术的发展概况

0.4.1 国外空调技术的发展

1901 年，威利斯·开利（Willis H. Carrier）博士在美国建立了世界上第一所空调试验研究室。1902 年，美国纽约布鲁克林的一家印刷厂在印刷过程中遇到了困难，由于温度和湿度不恒定，裁剪纸张和调色的工作都受到了影响，画面模糊。1902 年 7 月，开利博士为他们设计了世界上公认的第一套科学空调系统。由于开利博士发明的这套科学空调系统实现了对空气湿度的控制，空调行业将这项发明视为空调业诞生的标志。空调的发明已经列入 20 世纪全球十大发明之一，它首次向世界证明了人类对环境温度、湿度、通风和空气品质的控制能力。

1902 年的秋天里的一天，开利博士在浓雾笼罩着的匹兹堡火车站等车。此时，他的脑中灵光一现："如果依据雾形成的原理设计一种装置，就可以任意控制空气的湿度！" 1906 年，开利博士获得了"空气处理装置"的专利权。这是世界上第一台喷淋式空气洗涤器（Spray Type Air Washer），即喷水室，它可以加湿或干燥空气。这一装置改善了温湿度控制的效果，使全年性空调系统能够满意地应用于 200 种以上不同类型的工厂。

1911 年 12 月，开利博士得出了空气干球温度、湿球温度和露点温度的关系，以及空气显热、潜热和比焓之间关系的计算公式，并绘制了湿空气的焓湿图（图 0－4）。开利将自己提出的"温湿度基本原理"递交给美国机械工程师协会（American Society of Mechanical Engineer，ASME），得到了工程师们的广泛认可，成为空调行业最基本的理论。这一理论被翻译成多种语言，湿空气的焓湿图成为今天所有空调计算的基础，成为空气调节史上的一个重要里程碑。

随着业务量的增加，开利与六个朋友集资 3.2 万美元于 1915 年成立了开利空调工程公司。

1922 年，开利博士发明了世界上第一台离心式冷水机组，如今该机组陈列于华盛顿国立博物馆，如图 0－5 所示。

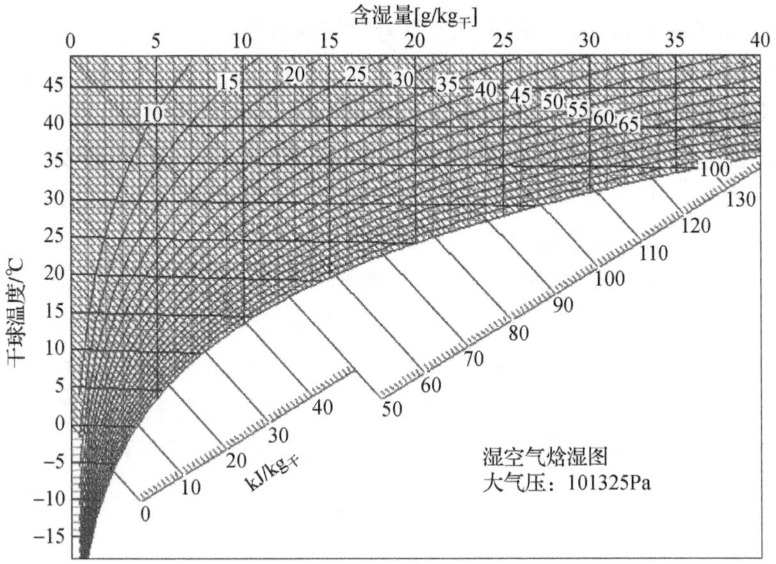

图 0-4 湿空气的焓湿图

图 0-5 世界上第一台离心式冷水机组

1937 年，开利博士又发明了空气-水系统的诱导器装置，是目前常见的风机盘管的前身。个人拥有超过 80 项发明专利的开利博士，以其一生在空调科技方面的卓越成就，被誉为“空调之父”，他的名字更被列入美国国家伟大发明家纪念馆，与爱迪生、贝尔等杰出发明家齐名，备受世人景仰。由于开利博士对人类文明的突出贡献，他被美国《时代》杂志评为 20 世纪最有影响力的 100 位名人之一。

在与开利博士同时期，另一位对空调发展史产生一定影响的人物是美国工程师克勒谋（Stuart W. Cramer）（图 0-6）。1904 年，身为纺织工程师的克勒谋负责设计和安装了美国南部约 1/3 纺织厂的空调系统，系统采用集中处理空气的喷水室，装置了洁净空气的过滤设备，共包括 60 项专利，都达到了能够调节空气的温度、湿度和使空气具有一定的流动速度及洁净程度的要求。为了描述他所做的工作，克勒谋于 1906 年 5 月在

图 0-6 Stuart W. Cramer

美国棉业协会（American Cotton Manufacturers Association，ACMA）的会议上正式提出了“空气调节”（Air Conditioning）术语，从而为空气调节命名。

美国舒适性空调的发展，远远迟于工业空调。1911 年，芝加哥的一家电影院安装了空调，自 1925 年到 1931 年，估计美国约有 400 家电影院和剧场配备了舒适性空调。旅馆、餐厅甚至教堂也是首批安装空调的场所，早在 1920 年就有一座教堂配备了舒适性空调。大型商店的舒适性空调开始于 1919 年，第一家是布鲁克林 Abraham&Straus 百货商店。1927 年，得克萨斯州的圣安东尼奥有一幢办公大楼全部安装了舒适性空调。1930 年，费城一幢 34 层摩天大楼配备了舒适性空调。1938 年，华盛顿市府大厦配备了当时最大的空调装置（20930kW）。1929 年在巴尔的摩—俄亥俄运行线上一辆火车的餐车配备了舒适性空调。1931 年在纽约—华盛顿线路上有一列火车全部安装了舒适性空调。1946 年美国空调列车的数量已增至 1. 3 万辆。从 1937 年起，美国的公共汽车和大客车也开始使用空调。1946 年空调大客车共计有 3500 辆左右。1945 年以后，私人小汽车开始大规模地使用空调。

0. 4. 2 国内空调技术的发展

在我国，空气调节技术的发展并不太迟，工业空调和舒适空调几乎是同时起步的。20 世纪 30 年代，曾有过一个高峰时期。1931 年上海的许多纺织厂首先安装了带喷水室的空调系统，其冷源为深水井。随后，几座高层建筑的大旅馆和几家所谓“首轮”电影院，先后设置了全空气空调系统，有一家电影院和一家银行，还安装了离心式制冷机。当时，高层建筑装有空调装置的，上海居全亚洲之首。

但到 1937 年，我国受到战争的影响，空气调节技术的发展被迫中断。

中华人民共和国成立后，随着国民经济的发展，我国空调事业逐步发展壮大，组合式空调机组在 20 世纪 50 年代已应用于纺织工业。1966 年我国自行研制成功了第一台风机盘管机组。现在，我国已经能够独立设计各种空调系统，如大型公共建筑和高层建筑的空调系统、高精度的恒温恒湿洁净室以及人工气候室等。专门生产空调设备的大型企业，已具备了定型化、系列化生产各种空气处理设备和不同规格空调机组的能力。

➢ 做一做

调研我国现阶段空调领域的国际领先技术。

0. 5 空气调节技术的发展趋势

目前，“节能、环保、舒适、健康”成为在采用空调技术时需要综合考虑的重要因素，也是衡量采用的空调技术是否先进的重要标准之一。因此，以下几个方面将是今后空调技术研究和发展的重点。

0.5.1 合理利用能源

在建筑总能耗中，暖通空调系统的能耗通常占到50%以上。从社会经济的可持续发展、人类的生存环境及空调使用的经济性考虑，提高能源利用率，改善和调整能源结构，开发利用自然能源和可再生能源具有十分重要的意义。

因此，一方面要不断提高空调产品性能，降低能源消耗；另一方面，还要认真研究制冷空调用的能源结构。目前，太阳能技术、热泵技术、吸收式制冷技术、低温送风技术、冰（水）蓄冷技术、蒸发冷却技术、辐射供热供暖技术、温湿度独立控制技术及全热回收技术都是非常重要的节能技术，许多学者都对这些技术展开了研究，从各个角度挖掘其更大的节能潜力，将如此众多的技术应用到空调系统中，是一件非常有意义的事情。

0.5.2 研发和使用零 ODP 和低 GWP 的新型制冷剂

自 1834 年 Jacob Perkins 采用乙醚制造出蒸气压缩式制冷装置后，人们尝试采用 CO_2、NH_3、SO_2等作为制冷剂；到 20 世纪初，一些碳氢化合物也被用作制冷剂，如乙烷、丙烷、氯甲烷、二氯乙烯、异丁烷等；直到 1928 年 Midgley 和 Henne 研制出 R12，氟利昂族制冷剂引发了制冷技术真正的革新，人类开始从采用天然制冷剂步入采用合成制冷剂时代。20 世纪 50 年代，出现了共沸混合工质，如 R502 等；20 世纪 60 年代开始研究与试用非共沸混合工质。但是，20 世纪 70 年代发现含氯或溴的合成制冷剂对大气臭氧层有破坏作用，而且会造成非常严重的温室效应。因此，考虑环境保护是今后研制和选择制冷剂的重要问题。

反映一种制冷剂环境友好性能的主要参数是消耗臭氧层潜值（Ozone Depletion Potential，ODP）、全球变暖潜值（Global Warming Potential，GWP）。自 1987 年 9 月联合国环保组织在加拿大蒙特利尔市国际保护臭氧层会议上通过了《关于消耗臭氧层物质的蒙特利尔协议书》及其 1992 年的修订案执行以来，全卤化氯氟烃 CFCs（如 R11、R12 等）淘汰进程已结束；不完全卤化氯氟烃 HCFCs（R22、R123 等）已进入加速淘汰阶段；不完全卤化氟烃化合物 HFCs（如 R32、R125、R134a），ODP 为 0，但 GWP 较大，也被定为需限制排放的温室气体范围。

因此，为解决制冷剂的环境友好性问题，空调制冷工程界采取了两个措施：一是研制和寻找零 ODP 和低 GWP 的新型制冷剂；二是采用其他制冷方式。

0.5.3 改善室内空气品质

工业的发展，使危害人体健康的各类微粒与气体不断增多，研究人类健康所需的空气净化技术已迫在眉睫。因此，应大力研究和开发捕集效率高、价廉，而且便于自净的技术与设备，加强对纤维过滤技术、静电过滤技术、吸附技术、光催化技术、负离子技术、臭氧技术、低温等离子技术等空气品质处理技术的研究。

随着我国经济的快速发展和人民生活质量的不断提高，改善人民生活的环境水平已成为当今社会关注的焦点。人们不但关心室内空气环境的改善，而且关心城市，特别是居住小区空气环境的改善，这些均对空调行业的发展提出了要求。因此，将室内空气热湿环境控制技术、空气洁净控制技术、计算机控制技术、人工智能技术等相结合，促使舒适空调迈向健康空调，将是今后空调发展的方向。

0.5.4 加强物联网、大数据、人工智能等技术在空调行业的应用

物联网、大数据、人工智能等技术是新一轮科技革命和产业革命的重要驱动力量，也正在给空调技术的发展带来新的活力。例如，使用人工神经网络、支持向量机等技术对空调负荷进行预测、对冷水机组进行故障诊断和健康状态评估、对空调控制参数进行寻优等，以实现最优运行，达到节能降耗的目的。

➢ 做一做

查找习近平主席关于“碳达峰”和“碳中和”的重要论述，说一说空调技术的发展应如何顺应这一时代背景？

拓展阅读

PFAS 限制提案①

为应对气候变化带来的全球性挑战，国际社会基于《联合国气候变化框架公约》已达成若干共识。HFCs（不完全卤化氟烃化合物）作为制冷空调领域的主流制冷剂，是该公约和《京都议定书》控制的物质。同时，随着《〈关于消耗臭氧层物质的蒙特利尔议定书〉基加利修正案》的达成，不同国家对于不同的 HFCs 限控义务进一步明确。我国作为全球最大的制冷剂生产和消费国，使用的制冷剂仍然以 HCFCs 和 HFCs 为主，由于《基加利修正案》已于 2021 年 9 月 15 日对我国正式生效，HCFCs 的淘汰和 HFCs 的削减成为了我国制冷空调领域最为关注的热点，同时也与我国的“双碳”目标契合。在众多候选替代制冷剂中，HFOs（氢氟烯烃类）物质由于有较低的 GWP，与被替代物相似的物性，在大部分制冷空调产品中能实现 drop - in（直接充灌）替代，因此被寄予厚望。

然而，2023 年 2 月欧盟出台的 PFAS（per - and polyfluoroalkyl substances，全氟烷基和多氟烷基化合物）限制法案提出了包含对 HFOs 制冷剂的限制内容，引发了对 HFOs 制冷剂替代前景的担忧；预计提案将在 2026 年或 2027 年生效，若该限制案生效，则必将对既定的制冷剂替代路线带来严重冲击，并直接影响制冷空调行业未来对制冷剂的选用。

PFASs 被称为“永久性化学物质”，可广泛存在于自然环境中或富集于受 PFASs 污染地点生存的动植物体内。其危害主要表现在具有持久性或可降解为持久性物质留存于环境中，该持久性已远超 REACH（registration，evaluation，authorisation and restriction of chemi-

① 摘自“安青松，侯佳鑫，史琳等．欧盟 PFAS 限制法案解读及其对制冷空调行业的影响与应对［J］．制冷学报，2024，45（2）：22－29。”

cals，关于化学品注册、评估、授权与限制）法规定义的非常持久性标准，并可实现从源头传至全球范围，影响范围尤为广泛，主要在生产、使用和废弃阶段通过排放进入环境。

科学研究表明接触一定量的 PFASs 可影响儿童发育、降低人体免疫系统抵抗力、增加某些癌症患病风险。其进入人体后造成危害的情况大致可归为：①毒性长期存在于血液中；②与体内蛋白质相结合影响某些器官，且由于其具有较长的半衰期，故在体内具有很强的积累潜能；③攻击免疫系统造成各类指标失常。PFASs 可直接或间接对人类健康产生影响，普通人群主要因接触到含有 PFASs 的消费品，如食品包装、装修材料等或食用被 PFASs 污染的土壤、水中产出的农副产品而受到间接影响。特殊作业人群，如化学品制造者更可能会吸入 PFASs 而直接受到影响。但目前 PFASs 对人体健康的具体危害程度还没有确切的定论，相关研究仍在进行中。

据估计，若不采取行动，未来 30 年在制造和使用阶段就将有大约 440 万吨的 PFASs 最终进入环境，而废物处理阶段的排放情况还不确定，这部分尚未包括在内，这将对人类健康和环境产生无法预料的影响。一旦 PFASs 出现在环境中，从地表水、地下水、土壤、沉积物和生物群中去除 PFASs 在技术上是极其困难的，即便可以实现，也将花费高额成本。所以目前控制 PFASs 的最佳方法是从根本上采取手段，在源头上限制 PFASs 的产生和使用。

在《基加利修正案》履约的背景下，当前制冷空调行业各领域围绕 HFCs 制冷剂削减开展全方位的替代工作，其中选用的替代制冷剂基本要求为 ODP 为零，低 GWP，且具有一定安全性的环境友好型制冷剂。表 0－1 参考了欧盟委员会给出的各行业 HFCs 制冷剂常用替代品内容，总结出制冷空调行业各领域替代制冷剂的应用情况，并根据 PFAS 限制法案划分了选用的替代制冷剂是否为 PFASs 物质。从表中可以看出，目前所选用的替代制冷剂主要为天然制冷剂、HFOs、HFO－HFC 混合制冷剂，但这些替代制冷剂大多被列入了 PFAS 限制提案中。

表 0－1　当前制冷空调行业各领域主要替代制冷剂

领域	替代制冷剂类别	替代制冷剂	GWP_{100}	安全等级	被替代制冷剂	替代制冷剂是否为 PFAS 限制法案限制物质
商用制冷	天然制冷剂	R290	3	A3	R134a、R404A、R407A	否
		R717（NH_3）	—	B2L		否
		R744（CO_2）	1	A1		否
	HFC－HFO 混合制冷剂	R448A	1273	A1	R404A	是
		R449A	1282	A1		是
		R452A	1945	A1		是
		R454C	146	A2L		是
		R513A	573	A1	R134a	是

续表

领域	替代制冷剂类别	替代制冷剂	GWP_{100}	安全等级	被替代制冷剂	替代制冷剂是否为PFAS限制法案限制物质
工业制冷	天然制冷剂	R717（NH_3）	—	B2L	R134a、R404A、R407A	否
		R744（CO_2）	1	A1		否
		R1270	2	A3		否
	HFC－HFO混合制冷剂	R449A	1282	A1	R404A	是
		R450A	547	A1	R134a	是
		R513A	573	A1		是
	HFOs	R1233zd	1	A1	R134a、R404A	是
		R1234ze	1	A2L		是
家用空调	天然制冷剂	R290	3	A3	R407A、R410A	否
	HFCs	R32	677	A2L		否
	HFOs	R1234yf	1	A2L		是
		R1234ze	1	A2L		是
冷水机组	天然制冷剂	R290	3	A3	R410A、R134a、R407C	否
		R744（CO_2）	1	A1		否
	HFC－HFO混合制冷剂	R452B	676	A2L	R410A	是
		R454B	467	A2L		是
		R513A	573	A1	R134a	是
		R515B	299	A1		是
		R514A	2	B1	R123	是
		R448A	1273	A1	R22	是
	HFCs	R32	677	A2L	R410A、R134a	否
	HFOs	R1234ze	1	A2L	R410A、R134a	是
		R1233zd	1	A1	R123	是
车用移动空调	天然制冷剂	R744（CO_2）	1	A1	R134a	否
	HFC－HFO混合制冷剂	R457C	72	A2L	R410A、R134a	是
	HFOs	R474A	2	A2L	R410A、R134a	是
		R1234yf	1	A2L	R134a	是

解决制冷剂的替代问题是一项需要长期探索的任务，虽然 PFAS 限制法案的出台可能使制冷空调行业制冷剂替代任务变得更加艰巨，但我们应保持清醒理智的头脑，化风险为机遇，切莫盲目跟风。政府和行业各界应积极推进我国制冷剂替代工作，根据国际最新动态及时调整我国制冷剂替代路线的发展方向，实现中国制冷空调行业的创新和突破。

能力测试

一、填空题

1. 舒适性空调主要从人体舒适感出发，确定室内温、湿度设计标准，一般不提空调________要求。

2. 某空调房间要求温度为（23 ± 1）℃，其温度基数为________，温度精度为________。

3. 工艺性空调主要满足工艺过程对温湿度基数和空调精度的特殊要求，同时兼顾人体的________要求。

4. 按照空气处理设备的设置情况分类，空调系统可分为________系统、________系统和________系统。

5. 所有空气处理设备（包括风机、冷却器、加湿器、过滤器等）都设在一个集中的空调机房内，这样的空调系统称为________系统。

6. 按照负担室内热湿负荷所用的介质分类，空调系统可分为________系统、________系统、________系统和________系统。

7. 根据集中式空调系统处理的空气来源分，空调系统分为________系统、________系统和________系统。

8. 混合式空气调节系统包括________系统和________系统。

9. 1901 年，________博士在美国建立了世界上第一个空调试验研究室。

10. 1902 年，________为美国纽约市一家印刷厂设计了世界上公认的第一套科学空调系统－喷淋式热湿控制系统。

11. 1922 年，开利博士还发明了世界上第一台________，如今该机组陈列于华盛顿国立博物馆。

二、选择题

1. 集成电路生产车间和制药车间对空气所含尘粒的大小、数量或病菌、病毒数量都有严格要求，必须选用（　　）。

A. 分体式空调机组　　B. 普通空调机组

C. 组合式空调机组　　D. 净化空调机组

2. （　　）对室内空气的温、湿度的要求是夏季工人操作时手不出汗，不使产品受潮，因此一般只规定温度或湿度的上限，无空调精度要求。

A. 降温性空调　　B. 恒温恒湿空调

C. 净化空调　　D. 舒适性空调

3. （　　）对室内空气的温、湿度和空调精度都有严格要求。

A. 降温性空调　　B. 恒温恒湿空调

C. 净化空调　　D. 舒适性空调

4. 下列空调系统中，不属于半集中式系统的是（　　）。

A. 风机盘管系统　　B. 带水盘管的诱导器系统

C. 辐射板系统　　D. 二次回风系统

5. 下列空调系统中，属于全分散系统的是（　　）。

A. 风机盘管系统　　B. 诱导器系统

C. 辐射板系统　　D. 房间空调器

6. 家用空调器属于（　　）系统。

A. 集中式　　B. 半集中式

C. 全分散　　D. 全水

7. （　　）空调系统把冷、热源和空气处理、输送设备（风机）集中设置在一个箱体内，形成一个紧凑的空调系统，是家用空调和车辆空调的主要形式。

A. 全分散　　B. 集中式

C. 半集中式　　D. 诱导器式

8. 按（　　）情况分类，空调系统可以分为集中式、半集中式和分散式系统。

A. 空调系统输送冷量和热量

B. 空气处理设备的设置

C. 空气处理设备所处理空气的来源

D. 风管内风速的大小

9. 空调房间内的热湿负荷全部由经过处理的空气来负担的空调系统，称为（　　）系统，属于集中式空调系统。

A. 空气－水　　B. 全水

C. 全空气　　D. 制冷剂

10. 空调房间的热湿负荷全靠水作为冷热介质来负担的空调系统，称为（　　）系统，属于半集中式空调系统。

A. 空气－水　　B. 全水

C. 全空气　　D. 制冷剂

11. 风机盘管＋独立新风系统，属于（　　）系统。

A. 空气－水　　B. 全水

C. 全空气　　D. 制冷剂

12. 空调机组所处理的空气全部为新风的系统称为（　　）。

A. 封闭式空调系统　　B. 直流式空调系统

C. 一次回风系统　　D. 二次回风系统

13. 一次回风式系统属于（　　）系统。

A. 空气－水　　B. 全水

C. 混合式系统　　D. 制冷剂

14. 产生有毒或有害气体的场所以及无菌手术室、放射性实验室等，空调运行过程中全部使用室外新风，这种空调系统称为（　　）。

A. 一次回风式系统　　B. 二次回风式系统

C. 直流式系统　　D. 循环式系统

15. 空调运行过程中全部采用回风循环使用，没有室外的新风补充，房间与空气处理设备之间形成一个封闭的环路称为（　　）。

A. 一次回风式系统　　B. 封闭式系统

C. 直流式系统　　D. 制冷剂系统

16. 医院的手术室空调系统应选用（　　）。

A. 混合式系统　　B. 直流式系统

C. 封闭式系统　　D. 回风式系统

17. 水－空气辐射板系统是由辐射板作为末端装置与新风系统相结合的新型空调系统，它不属于（　　）。

A. 空气－水系统　　B. 新风系统＋水系统

C. 半集中式空调系统　　D. 分散式系统

18. 下列关于直流式空调系统和混合式空调系统的描述中，正确的是（　　）。

A. 直流式能耗高，混合式能耗低

B. 直流式能耗高，混合式空气品质好

C. 直流式能耗低，混合式卫生效果差

D. 直流式能耗低，混合式能耗高

三、简答题

1. 在《供暖通风与空气调节术语标准》（GB/T 50155—2015）中，空气调节的定义是什么？

2. 为了达到空气调节的目的，通常采用的技术手段有哪些？

3. 一个典型的中央空调系统是由哪几部分组成的？

4. 列举几种常见的半集中式空调系统。

5. 封闭式空调系统的特点及适用场合是什么？

6. 直流式空调系统的特点及适用场合是什么？

7. “节能、环保、舒适、健康”成为在使用空调技术时需要综合考虑的重要因素，试回答今后空调技术研究和发展的重点是什么？

学习项目 1

湿空气与其焓湿图

空气既是空调技术调节和控制的主体，又是空调工程中需要根据不同要求进行热湿处理的对象。因此，全面深入地了解空气的特性，熟悉空气的状态参数及其相互之间的关系，熟练使用焓湿图，是学习和掌握空调技术的重要基础。

1.1 湿空气的组成与状态

目的与要求：

◇ 能说出湿空气的组成；

◇ 能解释理想气体状态方程的物理意义；

◇ 能概述湿空气中的水蒸气对人体、设备、生产过程等产生的重要影响；

◇ 能解释在空调技术中引入“干空气”这一概念的意义；

◇ 能说出空气的状态及其相互间的转化规律。

重点与难点：

◇ 学习重点：湿空气的组成；湿空气中水蒸气的影响；引入“干空气”概念的意义。

◇ 学习难点：湿空气的理想气体性质；湿空气的状态及其变化规律。

1.1.1 湿空气的组成

空调技术所研究的空气，就是我们身边无处不在、人类赖以生存的“空气”，只不过作为一门特殊的学科，需要从专业的角度去研究空气的组成、性质、状态和变化规律等。

从空气调节的角度，为方便研究分析和工程计算，通常将空气视为由干空气和一定量的水蒸气组成，即

空气 = 干空气 + 水蒸气

水蒸气在空气中的含量很少，按体积比几乎可以忽略不计，但按质量比，常温下大约占空气总质量的 0.01% ~ 4%，如图 1 - 1 所示。

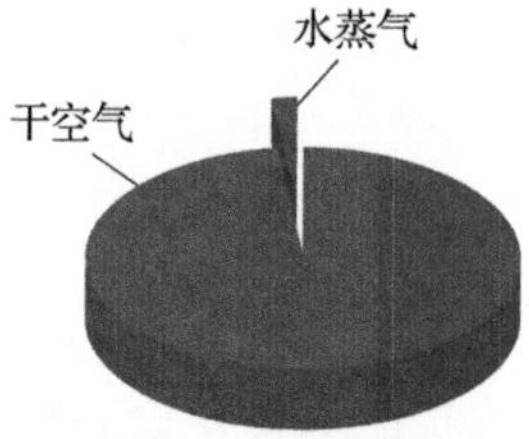

图 1 - 1　湿空气的组成

1.1.2 湿空气的理想气体特性

在常温常压下干空气可视为理想气体，而空气中的水蒸气一般处于过热状态，且含量很少，也可近似地视作理想气体。这样，即可利用理想气体的状态方程式来表示干空气和水蒸气的主要状态参数——压力、温度、比容等的相互关系，即

$$P_g V = m_g R_g T \quad 或 \quad P_g v_g = R_g T \tag{1-1}$$

$$P_q V = m_q R_q T \quad 或 \quad P_q v_q = R_q T \tag{1-2}$$

式中：P_g、P_q分别为干空气及水蒸气的压力，Pa；V为湿空气的总容积，m^3；m_g、m_q分别为干空气及水蒸气的质量，kg；R_g、R_q分别为干空气及水蒸气的气体常数，$R_g = 287J/(kg \cdot K)$，$R_q = 461J/(kg \cdot K)$；T为湿空气的热力学温度，K；$v_g = V/m_g$，$v_q = V/m_q$，分别为干空气及水蒸气的比体积，m^3/kg；干空气及水蒸气的密度等于比体积的倒数，即$\rho_g = m_g/V = 1/v_g$，$\rho_q = m_q/V = 1/v_q$。

➢ **注意**：在这里被视为理想气体的空气，仅指空调技术中涉及的空气。

1.1.3 空气中的水蒸气及其影响

空气中水蒸气的来源：一是江河湖海中水的自然蒸发；二是生物生理过程产生的水的蒸发或水蒸气的直接散发；三是生产工艺过程中使用或产生的水的蒸发或水蒸气的直接散发。

空气中的水蒸气含量不是定值，而是在一定范围内变化的，主要受到自然环境、气象条件及湿源等因素的影响。

空气中水蒸气的含量虽少，但其变化却对空气环境的干燥和潮湿程度产生重要影响，且使空气的物理性质随之改变，从而对人的舒适感及健康、产品产量和质量、生产工艺过程、设备状况、处理空气的能耗等都有极大的影响。

例如，在航天发射任务中，为防止航天器中的仪器和电子元件因携带水分在太空中结雾、结冰而影响性能，通常要求发射场测试准备阶段的室内空气较为干燥，而空气相对湿度太低又容易产生静电，给测试工作带来安全隐患。因此，就需要空调系统为测试厂房提供一个相对适宜的湿度环境。

综上，研究湿空气中水蒸气含量的调节在空气调节中占有重要地位，在许多教科书中将空气称为“湿空气”。

1.1.4 干空气

干空气是指除去空气中的水蒸气后的那部分空气，即不含水蒸气的空气。从空调的角度看，干空气有以下基本特性：

（1）在常温常压下不发生相变，即不会液化也不会凝固。

（2）组成成分及比例不变。这主要是指干空气中各个组成成分如氧气、氮气、二氧化碳、各种微量气体的成分比例基本固定不变。

当然，在实际中，干空气的各个组成成分的比例关系随地点、气候和人类活动的不同会有一定的变化，例如由于碳排放带来的二氧化碳气体增多、空气污染问题等。而空气调节技术仅讨论空气的热力学性质，这些变化是可以忽略不计的。

（3）不可压缩。在空气处理过程中，空气的压力变化范围不大，在这个范围内，干空气可近似看作不可压缩。

➢ **想一想**

既然自然界中不存在纯粹的干空气，为什么还要在空调技术中引入“干空气”的概念呢？

提示：在空气处理过程中，空气中水蒸气的含量变化较大，而干空气可以作为一个稳定的整体来看待。因此，引入干空气的概念对实际工程计算和分析讨论有关问题非常方便。在分析湿空气的状态参数时，通常以每千克干空气为基数，在简化计算的同时，也使结果更加精确。

1.1.5 空气的状态与基本变化规律

由工程热力学的知识可知，水蒸气的状态有三种，当分别存在于空气中时，使空气也表现出三种状态：

（1）当空气中所含的水蒸气是干饱和蒸汽（干蒸汽）时，空气处于饱和状态，该空气称为饱和空气，可表示为

饱和空气 = 干空气 + 干饱和蒸汽(干蒸汽)

（2）当空气中所含的水蒸气是湿饱和蒸汽（湿蒸汽）时，空气处于过饱和状态，该空气称为过饱和空气，可表示为

过饱和空气 = 干空气 + 湿饱和蒸汽(湿蒸汽)

（3）当空气中所含的水蒸气是过热蒸汽时，空气处于不饱和状态，该空气称为未饱和空气，可表示为

未饱和空气 = 干空气 + 过热蒸汽

空气的上述三种状态在一定条件下可以相互转化。

➢ **想一想**

在日常生活中，有哪些空气状态相互转化的现象？

提示：以雾的产生和消失过程为例，通常情况下，空气处于不饱和状态，但是由于某种原因如气温下降或将水蒸气不断加入空气中时，空气就由不饱和逐渐达到饱和，继而过饱和；当空气成为过饱和空气，雾就产生了，如秋冬季节清晨的空气和冬季浴室内的空气；当温度上升或停止向空气中加入水蒸气时，雾就会消失，在这个过程中，空气由过饱

和状态变化到饱和状态，再变化到不饱和状态。

1.2 湿空气的状态参数

目的与要求：

◇ 能解释湿空气的状态参数（如温度、大气压力、水蒸气分压力、饱和水蒸气分压力、含湿量、相对湿度、比焓等）的物理意义；

◇ 能归纳总结出空气压力在空调技术中的应用场合；

◇ 能利用算术关系式说明湿空气各状态参数之间的换算关系。

重点与难点：

◇ 学习重点：湿空气各状态参数的物理意义及工程应用。

◇ 学习难点：湿空气各状态参数之间的关系。

什么是空气的状态参数呢？从空气调节的角度，人们一般用压力、温度、湿度、比焓等参数来描述空气的状态，通常把这些描述空气状态的物理量称为空气的状态参数。

1.2.1 空气的压力类参数

1. 大气压力

地球表面单位面积上所受大气的压力称为大气压力或大气压，通常用P_b表示。大气压力不是一个定值，它与海拔高度成反比，海拔越高，空气越稀薄，大气压力就越小（如图1-2所示）。并且，大气压力还随季节、气候以及空气中水蒸气含量的变化而变化。在同一位置，冬季的大气压力比夏天高，晴天的大气压力比雨天高。

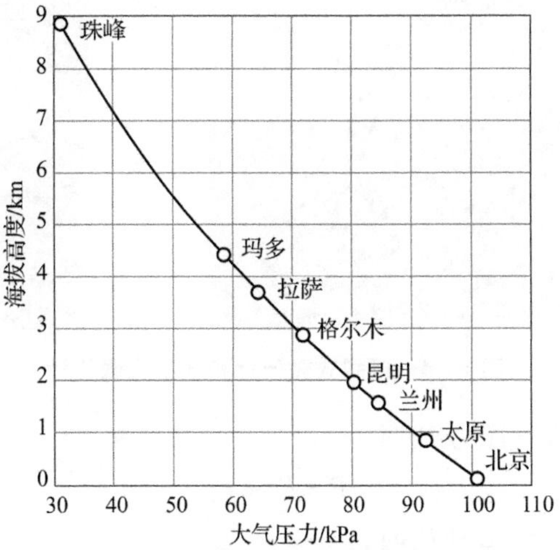

图1-2　大气压力与海拔高度的关系

由于大气压力不同，空气的物理性质也会不同，反映空气物理性质的状态参数也会有所差别，所以在空调的设计与运行中，如果不考虑当地大气压力的情况，就会造成一定的误差。当地大气压力值可以用“大气压力计”测得。

➢ 想一想

大气压力与空气密度的关系是怎样的？空气中含有水蒸气的多少，与空气密度的关系是怎样的？

提示：大气压力是由于空气分子的不规则运动而形成的，空气密度越大，大气压力就越大；空气越潮湿，密度越小，大气压力就越小。

➢ 做一做

使用空盒气压表或数字式大气压力表测量当地大气压力（如图1－3所示）。

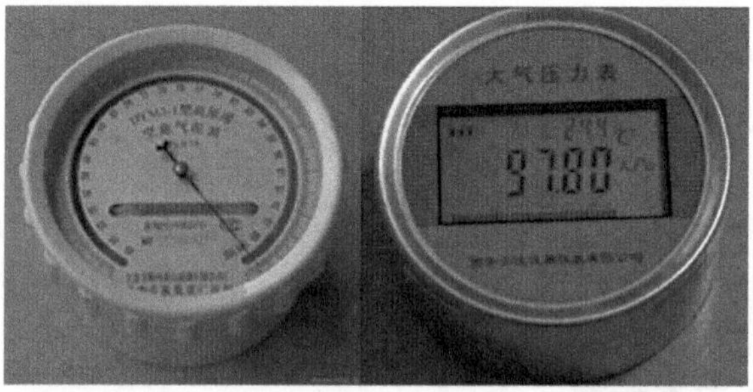

图1－3　空盒气压表和数字式大气压力表

2. 空气的绝对压力与相对压力

在工程实际中，由压力计等仪表（如图1－4所示）测得的空气压力为相对压力，即绝对压力（真实压力）与环境压力之差，叫作表压力或真空度。绝对压力 P 与大气压力 P_b 及表压力 P_e 或真空度 P_v 之间的关系如下。

图1－4　倾斜式微压计和数字式微压计

当绝对压力 P 大于大气压力 P_b 时，

$$P = P_b + P_e \tag{1-3}$$

当绝对压力 P 小于大气压力 P_b 时，

$$P = P_b - P_v \tag{1-4}$$

需要注意的是，只有绝对压力才是空气的状态参数，凡涉及空气压力而未注明是相对压力（或表压力、真空度）时，均应理解为绝对压力。

> **做一做**

（1）当地大气压 $P_b=1atm$，压力表测得的真空度 $P_v=0.08MPa$，请问绝对压力 P 是多少？

（2）当地大气压 $P_b=1atm$，压力表测得的表压力 $P_e=0.45MPa$，请问绝对压力 P 是多少？

3. 水蒸气分压力

水蒸气分压力是指空气中的水蒸气单独占有空气的体积，并具有与空气相同的温度时所具有的压力，通常用 P_q 表示，单位为 Pa。同理可引出干空气分压力，用 P_g 表示，单位也为 Pa。

根据分子运动论，气体分子越多，撞击壁面的机会越多，表现出的压力也就越大，因而水蒸气分压力的大小可以反映空气中水蒸气含量的情况。

> **想一想**

水蒸气分压力和干空气的分压力可以通过仪表测得吗？

根据道尔顿分压定律：混合气体的总压力等于各组成气体的分压力之和，可得空气的总压力即大气压力 P_b 应等于干空气分压力 P_g 与水蒸气分压力 P_q 之和，即

$$P_b=P_g+P_q \tag{1-5}$$

饱和空气的水蒸气分压力称为饱和水蒸气分压力，记为 P_{qb}，它是温度的单值函数，即

$$P_{qb}=f(t) \tag{1-6}$$

> **想一想**

道尔顿分压定律的适用条件是什么？

我国法定计量单位的压力单位是帕斯卡（简称帕），符号为 Pa。$1Pa=1N/m^2$，即 1Pa 等于每平方米的面积上作用 1N 的力。工程上，因 Pa 的单位太小，常采用兆帕（MPa），$1MPa=10^6Pa$。工程上可能遇到的其他压力单位还有标准大气压（atm，也称物理大气压）、巴（bar）、工程大气压（公斤力，at）、毫米汞柱（mmHg）、毫米水柱（mmH_2O）等，它们之间的换算关系如表 1-1 所示。

表 1-1　压力单位之间的换算关系

单位	Pa	bar	atm	at	mmHg	mmH_2O
Pa	1	1×10^{-5}	0.986923×10^{-5}	0.101972×10^{-4}	7.50062×10^{-2}	0.1019712
bar	1×10^5	1	0.986923	1.01972	750.062	10197.2
atm	101325	1.01325	1	1.03323	760	10332.3
at	98066.6	0.980665	0.967841	1	735.559	1×10^4

续表

单位	Pa	bar	atm	at	mmHg	mmH_2O
mmHg	133. 3224	133.3224×10^{-5}	1.31579×10^{-3}	1.35951×10^{-3}	1	13. 5951
mmH_2O	9. 80665	9.80665×10^{5}	9.07841×10^{-5}	1×10^{-4}	735.559×10^{-4}	1

➢ **做一做**

1atm≈________ MPa≈________千克力（at）≈________ mH_2O。

➢ **想一想**

你知道压力在空调技术中有哪些重要应用吗？请举例说明。

提示：①一般的空调房间都处于正压区，即房间内的压力要高于室外压力；②大气压力不同，空气的性质会发生变化，需要查阅不同的焓湿图；③相对湿度是由水蒸气分压力来定义的；④风管道中的全压、静压和动压。

1.2.2 温度

从传统意义上来讲，温度是描述空气冷热程度的物理量，但是冷热程度与人的感觉有关，不同的人对同一温度的感觉有可能是不一样的，而同一个人对0℃的冰和0℃的棉花的感觉也是不一样的。

那么，能不能找到一个与人的主观感受无关的方法来定义温度呢？众所周知，两个冷热状况不同的物体相互作用，冷的物体要变热，热的物体要变冷。经过相当长时间，在没有其他外来影响的情况下，两物体终将达到相同的冷热状况，即所谓热平衡状态。实践证明，如果系统A和系统C分别与第三个系统B处于热平衡，则系统A和C也处于热平衡，这一规律称为热力学第零定律（如图1－5所示）。于是，相互间处于热平衡的系统，必有一个在数值上相等的热力学参数，这就是热力学温度。

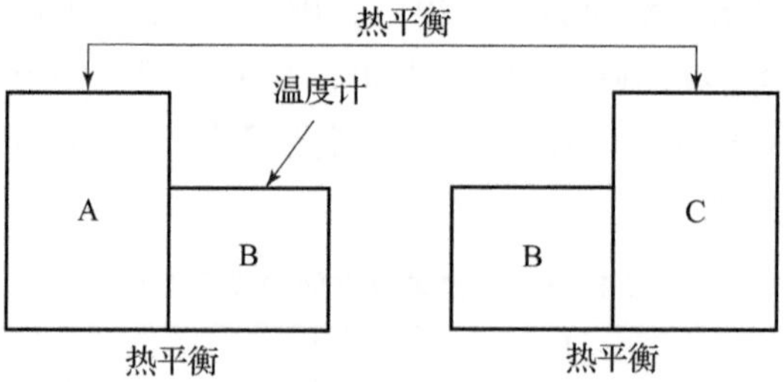

图1－5　热力学第零定律（温度测量的基础）

工程上常要定量地测定系统的温度，热力学第零定律提供了测温的依据。当被测系统与已标定过的带有数值标尺的温度计达到热平衡时，温度计指示的温度就是被测系统的温度值。

温度的数值标尺，简称温标。任何温标都要规定基本定点和每一度的数值。国际单位制（SI）规定热力学温标，符号用T，单位符号为K（Kelvin），中文代号为开。热力学温标规定纯水三相点温度（即水的气、液、固三相共存时的温度）为基本定点，并指定为273.16K，每K为水三相点温度的1/273.16。

SI还规定摄氏（Celsius）温标为实用温标，符号用t，单位为摄氏度，单位符号为℃。摄氏温标的每℃与热力学温标的每K相同，它的定义式为

$$t = T - 273.15 \tag{1-7a}$$

式中，273.15的值是按国际计量会议规定的。可见摄氏温度与热力学温度差值为273.15K，当$t=0$℃时，$T=273.15$K。两种温标换算，在工程上采用下式已足够准确。

$$T = t + 273 \tag{1-7b}$$

热力学温标和摄氏温标的关系如图1－6和表1－2所示。

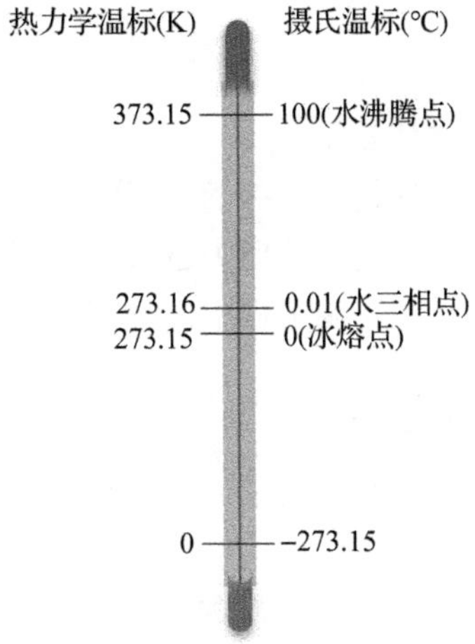

图1－6 热力学温标与摄氏温标

表1－2 常用温标

类别	符号	单位
热力学温标	T	K（开）
摄氏温标	t	℃（摄氏度）

➢ 想一想

在制冷空调系统中，空气的温度、水的温度、制冷剂的温度，都是用摄氏温度来度量的，那热力学温度用在哪里呢？

提示：做热力计算的时候要用热力学温度，如式（1－1）和式（1－2）中的T，就是热力学温度。

1.2.3 空气的湿度类参数

1. 含湿量

含湿量d是指每千克干空气中含有的水蒸气量，即

$$d = \frac{m_q}{m_g} \tag{1-8}$$

式中：d为含湿量，g/kg$_干$或kg/kg$_干$；m_q为空气中水蒸气的质量，g或kg；m_g为空气中干空气的质量，kg$_干$。

根据式（1－1）和式（1－2），式（1－8）可以整理为

$$d = \frac{m_q}{m_g} = 622 \times \frac{P_q}{P_b - P_q} \tag{1-9a}$$

或

$$d=\frac{m_q}{m_g}=622\times\frac{P_q}{P_g} \tag{1-9b}$$

单位是 $g/kg_{干}$。

从式（1-9a）可以看出，在一定的大气压下，空气的含湿量 d 取决于水蒸气分压力 P_q。水蒸气分压力越大，含湿量也越大，含湿量 d 和水蒸气分压力 P_q 是一对相互关联的参数。在空调工程中，常用含湿量表示空气被加湿或减湿的程度。

➢ **想一想**

（1）为什么要用 1kg 干空气为基准来描述空气中水蒸气的含量，而不是用 1kg 湿空气？

（2）在一定的大气压下，含湿量和水蒸气分压力是一对独立参数吗？为什么？

（3）含湿量可以通过仪表来测得吗？如果不能，你觉得应该通过什么方式获得呢？

2. 相对湿度

相对湿度的定义式为

$$\varphi=\frac{P_q}{P_{qb}}\times100\% \tag{1-10}$$

式中：φ 为相对湿度，%；P_q 为空气中的水蒸气分压力，Pa；P_{qb} 为相同温度下饱和空气的水蒸气分压力，Pa。

相对湿度 φ 反映了湿空气中水蒸气接近饱和的程度，在某温度 t 下，φ 值小，表示空气干燥，具有较大的吸湿能力；φ 值大，表示空气潮湿，吸湿能力小；当 $\varphi=0$ 时为干空气，$\varphi=100\%$ 时为饱和空气，$0<\varphi<100\%$ 时为未饱和空气；相对湿度不能表示水蒸气的含量。相对湿度与含湿量的比较如表 1-3 所示。

➢ **做一做**

根据式（1-9a）和式（1-10），推导出含湿量 d 和相对湿度 φ 的关系式。

➢ **想一想**

根据“做一做”的结果，有人说，“含湿量越大，相对湿度也就越大”，你觉得这种说法对吗？请说明理由。

表 1-3　相对湿度与含湿量

参数	符号	单位	定义式	特点
相对湿度	φ	%	$\varphi=\frac{P_q}{P_{qb}}\times100\%$	反映了湿空气中水蒸气接近饱和的程度
含湿量	d	$g(kg)/kg_{干}$	$d=\frac{m_q}{m_g}$	反映湿空气中实际含有的水蒸气量，计算用

➤ **注意**：空气湿度的表示方法除含湿量和相对湿度外，还有绝对湿度（湿空气中水蒸气的密度），即用 $1m^3$ 空气中所含的水蒸气量（kg/m^3）来表示。考虑到在空气调节过程中，空气的体积会随空气温度的变化而改变，因此采用绝对湿度作为衡量湿空气中含水蒸气量的参数，会给实际计算带来诸多不便。因此，在空调工程中很少使用。

1.2.4 湿空气的焓

1. 推动功①

工质在流过热工设备时，必须受外力推动，这种推动工质流动而做的功，称为推动功。如图1－7所示，当质量为 dm 的工质在外力的推动下克服压力 p 移动距离 dx，并通过面积为 A 的截面进入系统时，则外界所做的推动功为

$$\delta W = pA\mathrm{d}x = p\mathrm{d}V = pv\mathrm{d}m$$

对于单位质量工质而言，推动功为 $w = pv$。

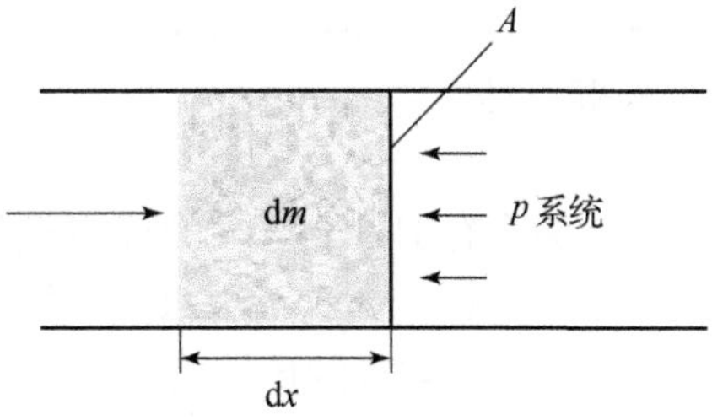

图1－7　推动功

可见，对单位质量工质所做的推动功在数值上等于工质的压力和比体积的乘积 pv。推动功与宏观流动有关，流动停止，推动功不存在；在作用过程中，工质仅发生位置变化，无状态变化；是由泵或风机加给被输送工质并随工质的流动而向前传递的一种能量，不是工质本身具有的能量。

2. 流体的焓②

在热力应用中，工质的热力学能 U 和推动功 pV 经常一起出现，为了方便起见，把 $U + pV$ 定义为焓，用符号 H 表示，即

$$H = U + pV \tag{1-11}$$

1kg 工质的焓称为比焓，用 h 表示，即

$$h = u + pv \tag{1-11a}$$

从上面的式子可以看出，焓 H 的单位是 J，比焓 h 的单位是 J/kg。因为 u、p、v 都是工质的状态参数，所以焓也是工质的状态参数。

$u + pv$ 的合并出现并不是偶然的。u 是 1kg 工质的热力学能，是储存于 1kg 工质内部的能量。pv 是 1kg 工质的推动功，即 1kg 工质移动时所传输的能量。当 1kg 工质通过一定的界面流入热力系统时，储存于它内部的热力学能当然也随着进入了系统，同时还把从外部功源获得的推动功 pv 带进了系统，因此系统中因引进 1kg 工质而获得的总能量是热力学能与推动功之和（$u + pv$），这正是比焓的定义。在热力设备中工质总是不断地从一处流向另一处，随着工质的移动而转移的能量就是焓，因此在热力工程中焓有着十分广泛的应用。

焓的物理意义：对于流动工质，焓＝热力学能＋推动功，即焓具有能量意义，它表示流动工质向流动前方传递的总能量中取决于热力状态的那部分能量。对于不流动工质，因

① 选讲。
② 选讲。

pv 不是功，焓只是一个复合状态参数，没有明确的物理意义。

3. 理想气体的焓①

对于理想气体：$h = u + pv = u + RT = f(t)$，由此可见，理想气体的焓和热力学能一样，也仅是温度的单值函数。经过推导，当理想气体从某一状态变化到另一状态时，其比焓的变化 Δh 与温度的变化 Δt 有如下的关系：

$$\Delta h = c_p \Delta t$$

式中：c_p为定压比热，kJ/(kg·℃)。理想气体通常取0℃时的比焓为0，则上式可写为：$h - 0 = c_p(t - 0)$，这时理想气体在任意温度 t 下的比焓为：$h = c_p t$。

4. 湿空气的比焓

湿空气的比焓是以1kg干空气为基准来表示的，它是1kg干空气的焓和 $d$kg水蒸气的焓的总和，即

$$h = h_g + dh_q \tag{1-12}$$

式中：h 为含有1kg干空气的湿空气的焓，kJ/kg干；h_g为1kg干空气的焓，kJ/kg干；d 为含湿量，kg/kg干；h_q为1kg水蒸气的焓，kJ/kg汽。

取0℃的干空气的比焓为零，0℃的水的比焓为零，温度为 t 的干空气的比焓值为

$$h_g = c_{pg} t = 1.01t$$

式中：c_{pg}为干空气的定压比热，1.01kJ/(kg·℃)。

水蒸气的比焓可按下式计算

$$h_q = r + c_{pq} t = 2500 + 1.84t$$

因为焓是状态参数，焓的变化与途径无关，所以在计算水蒸气的比焓 h_q时，我们可以假定水首先在0℃下汽化，其汽化潜热为2500kJ/kg水，然后再把蒸汽从0℃加热到 t，取水蒸气的定压比热 c_{pq}为1.84kJ/(kg·℃)。

将 h_g和 h_q的表达式代入式（1-12）中，得到

$$h = 1.01t + d(2500 + 1.84t) \tag{1-13}$$

从上式可以看出，湿空气的比焓不仅与温度有关，还与其所含水蒸气的多少有关。在空调工程中，经常用湿空气焓的变化来度量空气热量的变化。

➢ **想一想**

（1）观察式（1-13），你能说出湿空气的比焓、显热、潜热这三者之间的关系吗？

（2）在空调工程中，为什么经常用湿空气的“焓”来度量空气热量的变化，而不是用“温度”？

1.2.5 密度和比体积

单位体积干空气所具有的质量称为干空气的密度，用 ρ_g表示；单位质量的干空气所占有的体积称为干空气的比体积，用 v_g表示。两者互为倒数，因此只能视为一个状态参数。

① 选讲。

其表达式为

$$\rho_g=\frac{m_g}{V_g}=\frac{P_g}{R_gT}(kg/m^3) \quad (1-14)$$

$$v_g=\frac{1}{\rho_g}=\frac{R_gT}{P_g}(m^3/kg) \quad (1-15)$$

式中：m_g为干空气的质量，kg；V_g为干空气的体积，m^3。

由前述可知，湿空气为干空气和水蒸气的混合物，两者均匀混合并占有相同的体积。因此湿空气的密度ρ为干空气的密度ρ_g和水蒸气的密度ρ_q之和，即

$$\rho=\rho_g+\rho_q=\frac{P_g}{R_gT}+\frac{P_q}{R_qT} \quad (1-16)$$

将$P_g=P_b-P_q$、$P_q=\varphi P_{qb}$及R_g、R_q值代入上式，经整理得

$$\rho=0.00349\frac{P_b}{T}-0.00134\frac{P_{qb}}{T}\varphi(kg/m^3) \quad (1-17)$$

在标准条件下（压力为101325Pa，温度为293K，即20℃），干空气的密度为$\rho_g=1.205kg/m^3$，而湿空气的密度取决于P_q值的大小。由于P_q值相对于P_g值较小，因此湿空气的密度比干空气小，在实际计算中可近似取$\rho=1.2kg/m^3$。

1.2.6 空气状态参数之间的关系

（1）含湿量d与水蒸气分压力P_q之间的关系式：

$$d=622\times\frac{P_q}{P_b-P_q}$$

从上式可以看出，在大气压力P_b一定的条件下，含湿量d与水蒸气分压力P_q这两个参数是“非独立的”关联参数，仅知道这两个参数是不能推算出其他参数的。

（2）已知水蒸气分压力P_q和温度t（饱和水蒸气分压力P_{qb}），求解相对湿度φ的公式：

$$\varphi=\frac{P_q}{P_{qb}}\times100\%$$

（3）已知温度t和含湿量d，求解比焓h的公式：

$$h=1.01t+d(2500+1.84t)$$

（4）已知干球温度t（饱和水蒸气分压力P_{qb}）和相对湿度φ，求解含湿量d的公式：

$$d=622\times\frac{\varphi P_{qb}}{P_b-\varphi P_{qb}} \quad (1-18)$$

➢ 想一想

（1）下列的空气状态参数中（大气压力P_b、水蒸气分压力P_q、干空气分压力P_g、温度t、含湿量d、相对湿度φ、比焓h），哪些参数是可以直接测量的？

（2）若测得某空调房间的大气压力P_b、温度t和相对湿度φ，如何通过空气状态参数之间的关系式，得到空气的其他状态参数：P_{qb}、P_q、d、h？

1.3 湿空气的焓湿图

目的与要求：

◇ 能说出焓湿图的结构组成；

◇ 能说出热湿比的定义及工程应用；

◇ 能根据空气的初状态及其状态变化的热湿比，确定空气的终状态。

重点与难点：

◇ 学习重点：焓湿图的结构组成。

◇ 学习难点：热湿比的定义及其工程应用。

在上一节中，学习了大气压力 P_b、水蒸气分压力 P_q、饱和水蒸气分压力 P_{qb}、温度 t、含湿量 d、相对湿度 φ、比焓 h 这几个状态参数，以及它们之间的关系式。显然，通过各个状态参数之间的算术关系式，可以将不容易测量的参数（如含湿量 d、比焓 h 等）计算出来。

但是，在工程应用中，采用公式来计算空气的状态参数是非常不方便的，并且也不够直观，那么我们的前辈想出了什么好办法了吗？

是的，在 1904 年，“空调之父”开利将湿空气各个状态参数的内在关系用线算图的形式表示出来，以方便工程应用，这就是“焓湿图”，也称为“$h-d$ 图”（图 1－8）。焓湿图不仅可以表示湿空气的状态，确定状态参数，而且还可以方便地表示出湿空气的状态变化过程，在工程中有很大的实用价值。

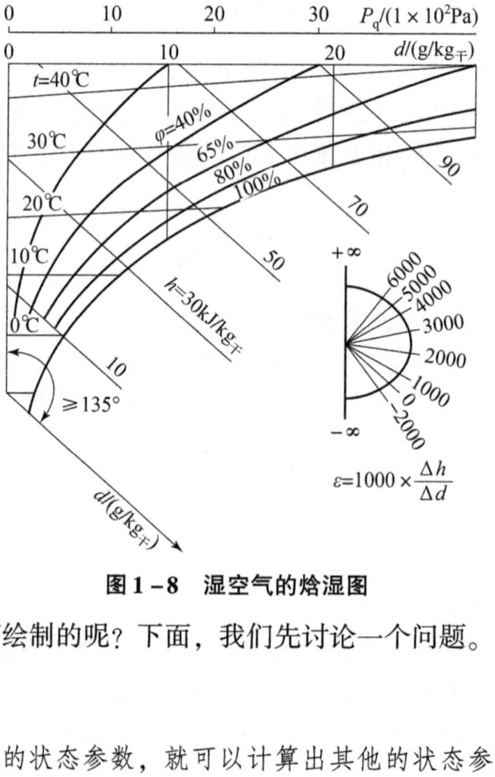

图 1－8　湿空气的焓湿图

那么，焓湿图是如何绘制的呢？下面，我们先讨论一个问题。

> **想一想**

需要已知多少个独立的状态参数，就可以计算出其他的状态参数？换句话说，需要已知多少个独立的状态参数，就可以确定一个空气状态？

提示：根据吉布斯相律，独立状态参数的个数 $r=k-f+2$。其中，k 表示系统的组元数，f 为相态数目。对于湿空气来说，它由干空气和水蒸气两部分组成，只以气相的形式存在，因此 $k=2$，$f=1$，计算可得 $r=3$。也就是说，只需要知道3个独立的状态参数就可以确定一个空气状态。

进一步思考，我们学过的空气状态参数中，有哪些是独立参数呢？

下面我们把学过的状态参数作一个梳理，写在下面：

（1）大气压力 P_b。

（2）温度 t 和饱和水蒸气分压力 P_{qb}（此两者为非独立参数），两者任知其一。

（3）含湿量 d 和水蒸气分压力 P_q（此两者为非独立参数），两者任知其一。

（4）相对湿度 φ。

（5）比焓 h。

根据吉布斯相律可知，只要知道上面五个（组）参数中的三个（组），就可以利用公式求解其他的几个（组）状态参数。

这一点具有非常重要的意义，因为在上述诸多参数中，除了大气压力 P_b、温度 t、相对湿度 φ 都是不容易直接测量的。所以，可以根据测量得到的大气压力 P_b、温度 t、相对湿度 φ，通过公式计算的方法来确定空气的其他参数。另外，在绘制线算图时，也需要3个独立的状态参数才能确定空气状态。

➢ 想一想

选择哪三个独立的状态参数来绘制线算图比较合适呢？

提示：我国选择大气压力 P_b、比焓 h 和含湿量 d 来绘制线算图，这将绘制出一张三维图形。显然，三维图形与二维图形相比是不方便查阅的。

那么，如何画出一张二维线算图呢？一个可行的办法就是固定一个参数，用另外两个参数画出二维图形。进一步，固定哪个参数合适呢？因为大气压力变化不大，所以可以固定大气压力 P_b，绘制出以比焓（h）为纵坐标、含湿量（d）为横坐标的线算图，这就是焓湿图。

另外，也有一些欧美国家采用温湿图作为线算图，即固定大气压力 P_b，以温度（t）为横坐标，含湿量（d）为纵坐标。

➢ 小贴士

从前面的讨论可知，焓湿图是在一定的大气压下绘制的，所以对于不同的大气压力应使用与之相对应的焓湿图。但当大气压力变化不大（P_b 变化小于 10^3 Pa 时），所得结果误差不大，因此，在工程中可以使用同一张 $h-d$ 图来确定参数。

➢ 做一做

找到焓湿图上标注的大气压力，体会焓湿图是在某一个特定的大气压力下绘制的。

综上，焓湿图是以 1kg 干空气为基准，在一定大气压 P_b 下，以比焓 h 为纵坐标、含湿量 d 为横坐标，绘制的湿空气状态参数间关系的线算图。为了尽可能地使视野开阔，各参数间分度清晰，通常取横、纵两坐标之间的夹角大于或等于 135°，如图 1－8 所示。在实际中，为了避免画面太大，通常将坐标轴 d 画成水平。

下面，就对焓湿图的绘制和组成作一简单介绍。

1. 等含湿量（d）线

在焓湿图上，与纵轴平行的线称等含湿量线，位于同一条等含湿量线上的空气状态点的含湿量相同。

➢ 做一做

（1）观察焓湿图上的等含湿量线，含湿量标注的位置、单位、数值范围等，体会空气中水蒸气的含量。

（2）观察焓湿图上标出的最大含湿量，计算在这个最大含湿量下，空气中水蒸气与干空气的质量比，进一步体会空气中水蒸气的含量是非常少的。

2. 等水蒸气分压力（P_q）线

根据式（1－9a）可知，在大气压力 P_b 一定的情况下，水蒸气分压力 P_q 是含湿量 d 的单值函数，也就是说，等水蒸气分压力线就是等含湿量线。

➢ 做一做

（1）观察焓湿图上水蒸气分压力标注的位置、单位、数值范围等，体会空气中水蒸气的含量。

（2）观察焓湿图上标出的最大水蒸气分压力 P_q，计算这个水蒸气分压力 P_q 与大气压力 P_b 的比值，进一步体会空气中水蒸气的含量是非常少的。

（3）观察随着空气温度的升高，空气能够容纳的水蒸气就越多，即饱和水蒸气分压力 P_{qb} 就越高。

➢ 想一想

（1）在一个标准大气压下，若已知某空气的含湿量 $d = 10\text{g/kg}_{干}$，水蒸气分压力 $P_q = 1600\text{Pa}$，能否在焓湿图上找到该空气状态点？

提示：分饱和空气和未饱和空气两种情况讨论。

（2）在一个标准大气压下，若已知某空气的温度 $t = 25℃$，该温度下的饱和水蒸气分压力 $P_{qb} = 3000\text{Pa}$，能否在焓湿图上找到该空气的状态点。

提示：分饱和空气和未饱和空气两种情况讨论。

3. 等焓（h）线

等焓线是一组与纵轴呈 135°夹角的平行线，位于同一条等焓线上的空气状态点的比焓相同。

> **做一做**

观察焓湿图上比焓标注的位置、单位、数值范围等，体会焓值在焓湿图上的变化趋势。

4. 等温（t）线

等温线为一组略向上倾斜，并近似平行的直线。显然，当温度 t 不变时，$h=1.01t+d(2500+1.84t)$是一个以 d 为自变量、h 为因变量的直线方程，$1.01t$ 为截距，$2500+1.84t$ 为斜率。给定一个温度，就可以画出一条等温线，也就是同一条等温线上的空气状态点具有相同的温度。给定不同的温度，就可以画出一系列的等温线。

> **做一做**

（1）观察焓湿图上温度标注的位置、单位、数值范围等，体会温度在焓湿图上的变化趋势。

（2）在焓湿图上找到0℃的干空气，观察它的焓是多少？

5. 等相对湿度（φ）线

等相对湿度线是一组向上凸的曲线，可以根据式（1－9a）及（1－18）绘制出。

下面说明在一定的大气压力 P_b 下，相对湿度 $\varphi=100\%$ 时，等相对湿度线的绘制方法。我们知道，饱和水蒸气分压力 P_{qb} 是温度 t 的单值函数，即 $P_{qb}=f(t)$，也就是说给定一个温度 t 就可以确定一个饱和水蒸气分压力 P_{qb}，不同温度的等温线和等水蒸气分压力线的交点就是一系列饱和状态点，将这些点连起来就得到了100%相对湿度线。

同样道理，相对湿度 φ 另取不同的值，就可以绘制出一系列等相对湿度线，显然 $\varphi=0\%$ 的等相对湿度线就是纵轴。

> **做一做**

（1）观察焓湿图上相对湿度标注的位置、数值范围等，体会相对湿度在焓湿图上的变化趋势。

（2）在焓湿图上找到冬季的某个空气状态点（例如温度 $t=5$℃），观察当相对湿度 φ 很高时，含湿量 d 却很低，体会相对湿度与含湿量的不同。

（3）观察同一条等相对湿度线上的空气状态，当温度不同时，含湿量有何不同？

以 $\varphi=100\%$ 的等相对湿度线为界，该曲线上方为湿空气区（又称未饱和区），水蒸气处在过热状态，曲线下方为过饱和区，处于过饱和区的空气是不稳定的，常有凝结现象，所以此区又称为“结雾区”。

> **想一想**

（1）一般情况下，空气状态点位于焓湿图的哪个区？

（2）假设有一空气状态点位于未饱和区，你有什么办法可以使该空气达到饱和？

6. 热湿比（ε）线

在空气调节中，被处理的空气由一个状态 A 变化到另一个状态 B，如果认为在整个过程中，湿空气的热、湿变化是同时、均匀发生的，那么在 $h-d$ 图上连接状态点 A 到状态点 B 的直线就代表了湿空气的状态变化过程，如图 1－9 所示。为了说明湿空气状态变化前后的方向和特征，常用湿空气的比焓变化与含湿量变化的比值来表示，称为热湿比 ε(kJ/kg)，即

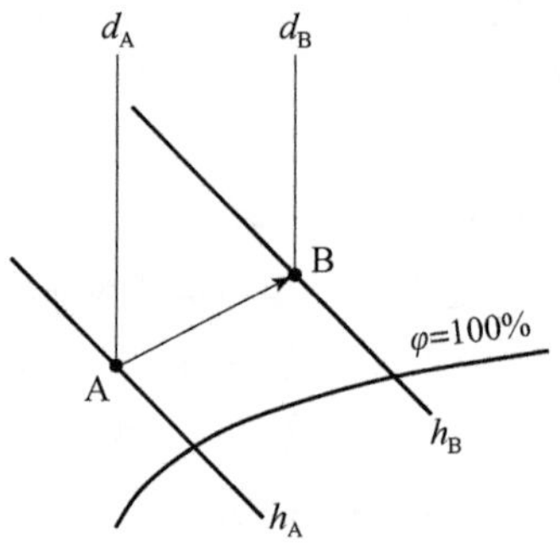

图 1－9　热湿比线在焓湿图上的表示

$$\varepsilon=\frac{h_B-h_A}{d_B-d_A}=\frac{\Delta h}{\Delta d}=\frac{G\cdot\Delta h}{G\cdot\Delta d}=\frac{\pm Q}{\pm W}\qquad(1-19)$$

式中：G 为风量，kg/s；Q 为状态 A 到状态 B 热量的变化，kJ/s，或正或负；W 为湿量的变化，kg/s，或正或负。因此，热湿比 ε 也有正有负，反映了空气状态变化的过程。

热湿比 ε 实际上是空气从状态 A 变化为状态 B 的过程线的斜率，即该过程线与水平线的倾斜角度，故又称角系数。

在焓湿图上，对于各种过程，不管其初状态和终状态如何，只要过程的热湿比 ε 相同，就都是平行的直线。根据这一特性，可以在焓湿图的右下方，任取一点为基准点，作出一系列不同值的热湿比线。实际应用时，只需要把等值的热湿比线平移到空气状态点，就可以绘出该空气的状态变化过程了。

➢ **做一做**

(1) 在焓湿图上找到热湿比 ε 的单位和空气状态变化的起点（初状态）。

(2) 在焓湿图上找到热湿比 ε 分别为 $+\infty$、$-\infty$ 和 0 的热湿比线，讨论一下当空气分别沿这三条过程线变化时，其状态参数是如何变化的?

(3) 观察热湿比分别为正和负的热湿比线，体会空气状态变化方向的不同。

(4) 已知大气压力 $P_b=101325$Pa，空气初状态 A 的温度 $t_A=20$℃，相对湿度 $\varphi_A=60\%$。当空气吸收 $Q=10000$kJ/h 的热量和 $W=2$kg/h 的湿量后，空气状态发生变化，变化后的相对湿度 $\varphi_B=51\%$，求空气的终状态 B。

提示：

①根据温度 $t_A=20$℃，相对湿度 $\varphi_A=60\%$，在焓湿图上确定空气的初状态 A。

②计算热湿比：

$$\varepsilon=\frac{\pm Q}{\pm W}=\frac{10000}{2}=5000\text{kJ/kg}$$

③用平行线法过空气初状态 A 点作 $\varepsilon=5000$kJ/kg 的平行线，即空气状态由 A 变化到 B 的过程线。

④此过程线与 $\varphi_B=51\%$ 的等相对湿度线的交点即为空气的终状态 B，其状态参数为：$t_B=28$℃，$h_B=59$kJ/kg，$d_B=12$g/kg$_{干}$。

1.4 露点温度和湿球温度

目的与要求：

◇ 能说出露点温度和湿球温度的定义；

◇ 能说出露点温度和湿球温度的工程应用；

◇ 能在焓湿图上确定某空气状态的露点温度和湿球温度；

◇ 能根据空气的干球温度和露点温度，在焓湿图上确定空气状态点；

◇ 能根据空气的干球温度和湿球温度，在焓湿图上确定空气状态点；

◇ 能说出干球温度、露点温度和湿球温度的关系。

重点与难点：

◇ 学习重点：露点温度和湿球温度的定义及工程应用。

◇ 学习难点：湿球温度的测量原理。

1.4.1 露点温度

➢ 想一想

在日常生活中，你见过哪些结露的现象？

提示：如树叶上的露珠（图1-10），冬季玻璃窗内表面附着的水膜，夏季室内自来水管表面的水滴，从冰箱取出的食物表面的凝结水等。

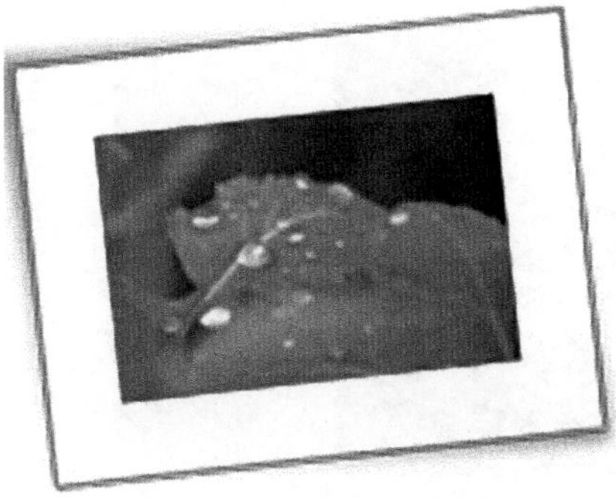

图1-10 树叶上的露珠

那么，这些物体的表面为什么会结露？露水又是从哪儿来的呢？这就跟湿空气的又一个状态参数——露点温度有关了。

露点温度的定义是：任一状态的未饱和空气，在保持大气压力 P_b 和含湿量 d 不变的条件下，使其温度逐渐降低，当温度等于某一个临界温度时，空气将达到饱和，如果再继续降温，空气中的水蒸气便开始凝结出来，这个温度就称为露点温度，用 t_L 表示，单位为℃。

下面就请根据上述露点温度的定义，思考并回答下面的问题。

➢ 想一想

（1）树叶、玻璃窗、自来水管等物体表面结露的温度条件是什么？露水从哪里来？

提示：这些物体表面的温度低于空气的露点温度，且高于0℃；空气中的水蒸气冷凝析出。

(2) 冬季，为什么在窗户玻璃上会有冰花（结霜）？

提示：窗户玻璃的温度低于空气的露点温度，且低于0℃。

➢ **做一做**

(1) 若某未饱和空气的温度 $t=32$℃，相对湿度 $\varphi=40\%$，在焓湿图上确定该空气的露点温度。

提示：如图1-11所示。

①根据空气的温度 t 和相对湿度 φ 确定空气状态点A；

②根据露点温度的定义，由空气状态点A沿等含湿量线向下与 $\varphi=100\%$ 相交于B点，B点的温度即为露点温度。

(2) 若某未饱和空气的温度 $t=35$℃，露点温度 $t_L=15$℃，试在焓湿图上确定该空气状态点及其他状态参数。

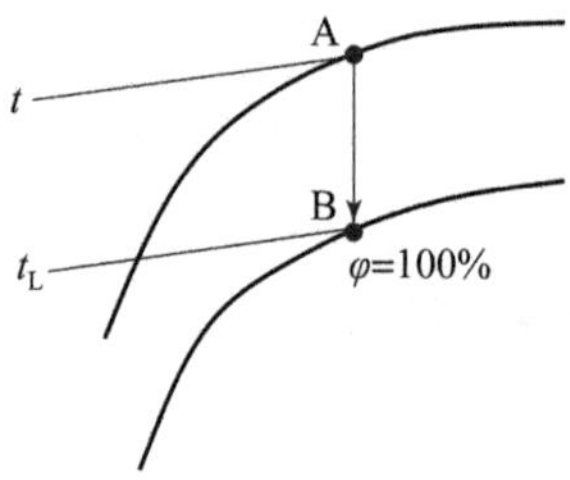

图1-11 露点温度

露点温度在空气调节中非常重要。例如：使表冷器表面的温度或喷水室的水温低于空气的露点温度（图1-12），可以对空气进行冷却除湿处理；为风管或冷水管做好保温（图1-13），使其表面温度不低于空气的露点温度，以防止结露；低温送风系统的送风温度低于空气的露点温度时，送风口有可能结露（图1-14），这时可采用低温送风口以防止结露；在航天发射场，为防止火箭加注时仪器舱出现结露现象，使用防结露空调系统为仪器舱提供低露点的干燥空气。

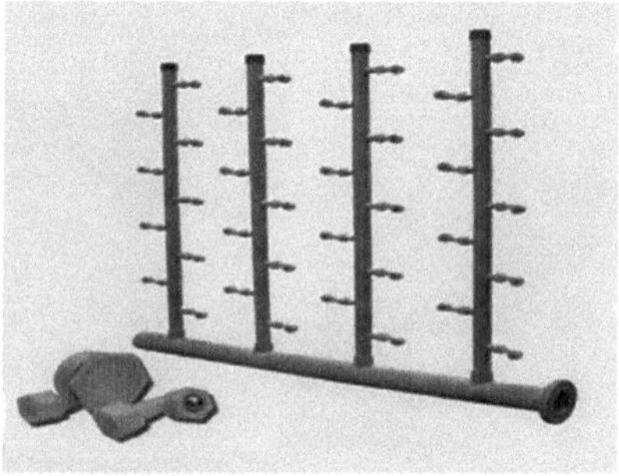

图1-12 表冷器和喷水排管

图1-13 贴着保温材料的送风管路

图1-14 结露的风口

➤ 想一想

(1) 当对某状态的湿空气仅做加热或冷却处理时，其露点温度如何变化?

(2) 某状态的湿空气被加湿处理后，其露点温度如何变化?

(3) 某状态的湿空气被除湿处理后，其露点温度如何变化?

提示：露点温度仅和湿空气的含湿量有关：两种不同状态的空气，只要含湿量相同，露点温度就相同；含湿量越大，露点温度越高；含湿量越小，露点温度越低。可以得出结论：露点温度（t_L）、含湿量（d）、水蒸气分压力（P_q）这三个参数为非独立的关联参数。

1.4.2 湿球温度

1. 干、湿球温度

湿球温度是对应于干球温度的又一个空气参数①。那么，什么是空气的干球温度和湿球温度呢?

在工程中，干球温度和湿球温度是采用干湿球温度计（如图1-15所示）来测量的。

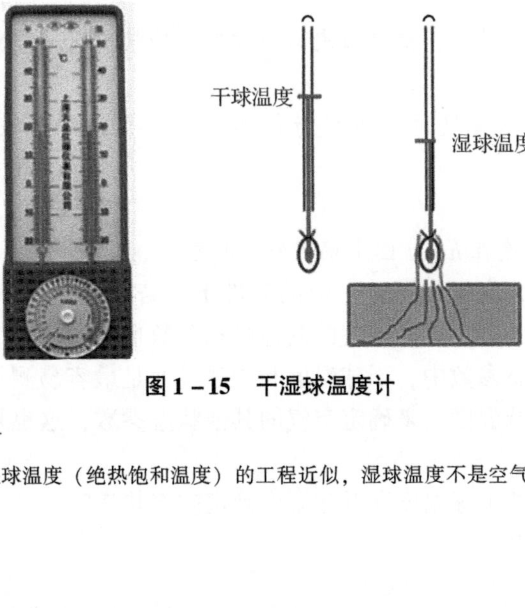

图1-15 干湿球温度计

① 湿球温度是热力学湿球温度（绝热饱和温度）的工程近似，湿球温度不是空气的状态参数，热力学湿球温度才是空气的又一个状态参数。

干湿球温度计由两个相同的温度计或其他感温元件组成，其中一个温度计的感温包用湿纱布包裹，纱布下端置于盛满水的水槽中，置于通风良好的湿空气中，所测得温度即为湿球温度（t_{sh}），此温度计称为湿球温度计；另一个温度计的感温包直接与空气接触，测得的温度为干球温度（t_g），即空气的实际温度，此温度计称为干球温度计。

➢ **做一做**

（1）在干湿球温度计的水槽中没有水的情况下，读取两个温度计的读数；

（2）在水槽中加入室温的水，观察并说出湿球温度计的读数变化情况，待读数稳定后，读取湿球温度。

➢ **想一想**

（1）为什么湿球温度计的读数会下降？

（2）湿球温度会不会永远下降？如果不会，什么时候稳定下来？

（3）湿球温度计测量的是谁的温度呢？

当空气的相对湿度 $\varphi = 100\%$ 时，湿球温度计纱布中的水分不蒸发，两支温度计的读数是相等的。但当空气是未饱和空气时，纱布上的水分将蒸发，水分蒸发所需的热量来自水分本身，因此纱布上水的温度下降。最后，当达到热湿平衡时，纱布上水分蒸发的热量全部来自于空气的对流换热，即“蒸发热 = 对流热”时，纱布上水的温度不再降低。此时，湿球温度计的读数就是湿球温度。

根据热质交换原理可知，在湿纱布表面存在一个温度等于水温的饱和空气边界层，湿球温度计测得的就是这个饱和空气层的温度，也是水的温度。

当空气的相对湿度较小时，纱布上的水分蒸发快，所需的热量多，水温下降得也越多，因而干、湿球温差就越大，反之，干、湿球温差小。在一定的空气状态下，干、湿球温度的差值反映了该状态空气的相对湿度的大小。

➢ **想一想**

在已知湿球温度的条件下，湿纱布表面饱和空气的状态可以在焓湿图上标出吗？如果可以，如何标出？

提示：温度等于湿球温度的等温线与饱和线的交点，即为该饱和空气边界层的状态点。

2. 根据干、湿球温度在 $h-d$ 图上确定空气状态

从前面的学习可知，在大气压力一定的条件下，若已知湿空气的两个独立的状态参数，就可以确定该空气状态，进而空气的其他状态参数也就知道了。

在湿空气的众多状态参数中，干球温度和湿球温度是最容易测量的，工程中常通过测量空气的干球温度和湿球温度，来确定空气的其他状态参数，这也是测量湿球温度最初的目的。

那么如何根据空气的干球温度和湿球温度确定空气状态呢？

方法如下（图1－16）：

（1）作等于湿球温度的等温线，与饱和线交于B点，B点就是纱布表面饱和空气的状态点；

（2）作等于干球温度的等温线，显然被测湿空气的状态点一定位于该等温线上；

（3）过B点作等焓线，与等于干球温度的等温线交于A点，A点即为空气状态点。

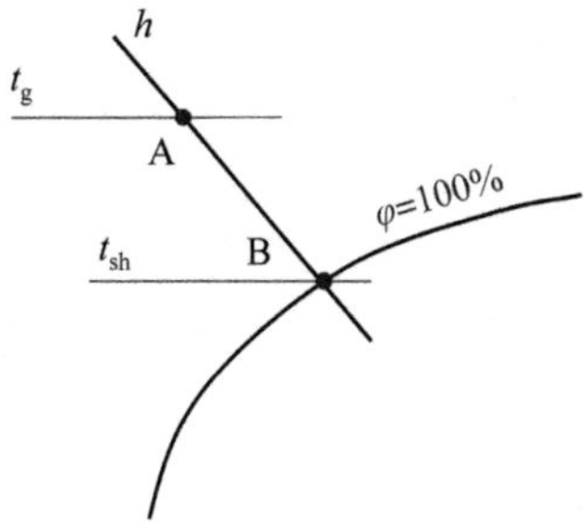

图1－16 根据干湿球温度确定空气状态

➢ **想一想**

为什么空气状态点A位于过B点的等焓线上？

提示：空气由状态A变化为状态B的过程中，水蒸发吸热，温度降低，显热减小，而这部分显热又以潜热的形式由水蒸气带了回来，在这个过程中，减少的显热和增加的潜热近似相等，空气的焓值基本不变，A→B可近似认为是等焓过程。

➢ **做一做**

（1）设定干球温度：$t=40$℃，在焓湿图上读取不同相对湿度下的湿球温度，并填入表1－4。

表1－4 湿球温度随相对湿度的变化（干球温度不变）

相对湿度	100%	80%	50%	30%	10%
湿球温度					

（2）根据上述表格中的数据，回答问题：

①当空气的相对湿度$\varphi=100\%$时，干球温度t_g（大于/小于/等于）湿球温度t_{sh}。

②当空气温度一定时，相对湿度越小，即空气越干燥，湿球温度就越（高/低），干湿球的温差就越（大/小），空气的吸水能力就越（强/弱）。

③当室外温度$t=40$℃时，有可能使用开式冷却塔制取18℃的高温冷水吗？

在空气调节中，可以利用湿球温度来衡量使用喷水室、空气蒸发冷却器、冷却塔、蒸发式冷凝器的冷却和散热效果，并判断它们的使用范围。例如，冷却塔制取冷水的极限温度就是空气的湿球温度，当室外空气非常干燥时，其湿球温度很低，因此可采用冷却塔直接或间接供冷来替代冷机，节约了能源。

1.5 焓湿图的应用

目的与要求：

◇ 能在焓湿图上确定空气状态并查找参数；

◇ 能在焓湿图上画出典型的空气状态变化过程；

◇ 能说出实现典型空气状态变化过程的热湿处理设备；

◇ 能在焓湿图上确定不同状态空气混合后的状态。

重点与难点：

◇ 学习重点：在焓湿图上确定空气状态并查找参数；典型的空气状态变化过程在焓湿图上的表示及工程实现；确定两种不同状态空气混合后的状态。

◇ 学习难点：如何确定两种不同状态空气混合后的状态。

对于空调专业的人来讲，焓湿图是一个重要工具，无论是工程设计、系统调试，还是运行管理，都需要用到焓湿图。焓湿图的应用主要包括确定空气状态及查找参数、分析空气状态变化过程、确定两种不同状态空气混合后的状态点等。

1.5.1 确定空气状态并查找空气参数

在大气压力一定的条件下，根据任意两个独立的状态参数，就可以在焓湿图上找到相应的状态点，并可判断出空气处于什么状态，还可查找出其他的状态参数。

➢ 做一做

某日气象台预报的天气温度是30℃，相对湿度是60%。试在焓湿图上标出相应的状态点，查出该状态空气的其余参数，并画出过此状态点的等湿球温度线和等露点温度线。

提示：

(1) 首先在 $h-d$ 图上找到30℃等温线和60%等相对湿度线的交点A，如图1-17所示。由于该点在饱和线的上部区域，可知该空气为未饱和空气。

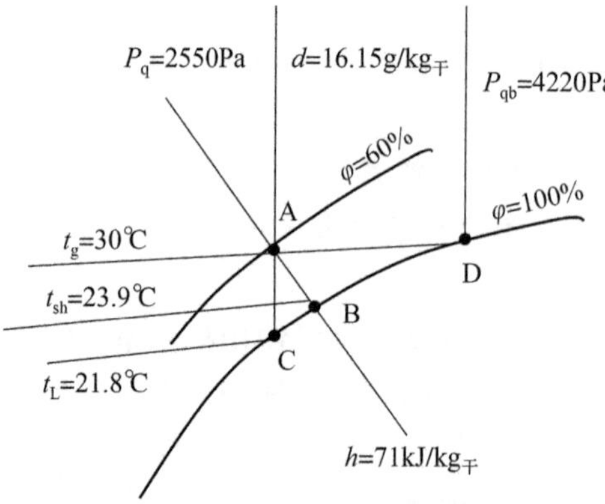

图1-17 已知干球温度和相对湿度求其他参数

(2) 由过A点的等焓线查得其焓值 $h=71\text{kJ/kg}_{干}$，由过A点的等含湿量线查得其含湿量值 $d=16.15\text{g/kg}_{干}$，水蒸气分压力 $P_q=25.50\times10^2\text{Pa}$。

(3) 过A点作等湿球温度线（等焓线）①，与饱和线交于B点。由于饱和线上的干球

① 大部分的焓湿图中没有画出等湿球温度线，但因为等湿球温度线与等焓线基本平行，故工程上近似用等焓线代替等湿球温度线。

温度和湿球温度相同，故B点的干球温度就是B点的湿球温度，即A点的湿球温度 $t_{sh}=23.9℃$。

(4) 过A点作等露点温度线（等含湿量线）①，与饱和线相交于C点，由于饱和线上的干球温度与露点温度相同，故C点的干球温度就是C点的露点温度，即A点的露点温度 $t_L=21.8℃$。

(5) 找到30℃等温线与饱和线的交点D，D的水蒸气分压力即为A点的饱和水蒸气分压力，即 $P_{qb}=42.2\times10^2\text{Pa}$。

1.5.2 表示空气的状态变化过程

几种空调工程中常用的典型空气状态变化过程如图1-18所示。

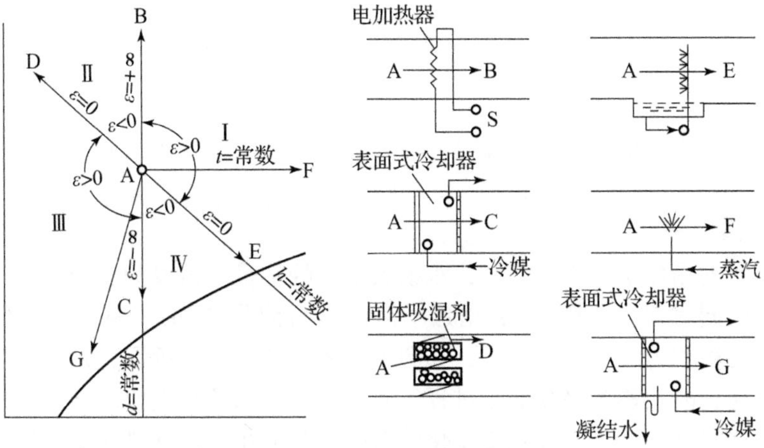

图1-18 几种典型的空气状态变化过程

1. 等湿（干式）加热

利用热水、蒸汽及电能等热源，通过热表面对湿空气加热，则其温度增高而含湿量不变，过程线为A→B。在状态变化过程中，$d_A=d_B$，$h_B>h_A$，故其热湿比 ε 为

$$\varepsilon=\frac{\Delta h}{\Delta d}=\frac{h_B-h_A}{d_B-d_A}=\frac{h_B-h_A}{0}=+\infty$$

式中：加热量 $Q=q_m(h_B-h_A)$ kJ/s 或 kW；q_m 是空气的质量流量，kg/s。

➢ 想一想

冬季室内供暖时，为什么感觉空气干燥？

2. 等湿（干式）冷却

利用冷媒通过金属等表面对湿空气冷却，在冷表面温度大于或等于湿空气的露点温度时，空气中的水蒸气不会凝结，因此其含湿量不变而温度降低，空气处理过程为A→C。

① 焓湿图中没有等露点温度线，但等含湿量线就是等露点温度线。

另外，空气与温度等于露点温度的水进行热湿交换时的状态变化过程也是等湿冷却。在状态变化过程中，$d_A = d_C$，$h_C < h_A$，故其热湿比 ε 为

$$\varepsilon = \frac{\Delta h}{\Delta d} = \frac{h_C - h_A}{d_C - d_A} = \frac{h_C - h_A}{0} = -\infty$$

在此过程中空气放出的热量即处理空气所需要的冷量为

$$Q = q_m (h_A - h_C)$$

3. 冷却除湿（湿冷却）

使湿空气与低于其露点温度的冷表面或水接触，则湿空气不仅降温而且会有水滴凝结出来，因此可实现冷却除湿过程，过程线为 A→G。因为空气的焓值和含湿量均减少，故其热湿比 ε 为：

$$\varepsilon = \frac{\Delta h}{\Delta d} = \frac{h_G - h_A}{d_G - d_A} > 0$$

在此过程中空气放出的热量，即处理空气所需要的冷量 $Q = q_m (h_A - h_G)$；凝结出的水蒸气量 $W = q_m (d_A - d_G)$。

> **想一想**

向空气中喷水有可能实现冷却除湿过程吗？如果可以，对水温有什么要求？

4. 等焓加湿

利用喷水室的循环水处理空气时，水吸收空气的热量而蒸发为水蒸气进入空气，使空气在失去显热的同时（温度降低），增加了潜热（含湿量增加），从而使空气的焓值基本保持不变，因此被称为等焓加湿过程，如图 1－18 中的 A→E 所示。并且由于此过程与外界没有热量交换，故又称为绝热加湿过程。此时，循环水及其表面的饱和空气层的温度等于湿空气的湿球温度。由于空气状态变化前后空气焓值相等，其热湿比 ε 为

$$\varepsilon = \frac{\Delta h}{\Delta d} = \frac{h_E - h_A}{d_E - d_A} = 0$$

此过程和湿球温度计表面空气的状态变化过程相似。严格地讲，空气的焓值是略有增加的，其增加值为蒸发到空气中的水的液体热。但由于这部分热量很少，因而近似认为绝热加湿是一个等焓过程。

同时，当往空气中喷水雾（微小水滴）加湿或水在空气中自然蒸发时，在工程上也当作等焓加湿过程对待。综上，空气经雾化式或自然蒸发式加湿装置处理，或与温度为湿球温度的水进行热湿交换时的状态变化过程均按照等焓加湿过程来对待。

等焓加湿过程对空气的加湿量为

$$W = q_m (d_E - d_A)$$

> **做一做**

调查一下什么是“空调扇”，说一说“空调扇”是否适用于湿热天气？

5. 等焓减湿过程

等焓减湿过程是等焓加湿过程的逆过程，由于该过程中空气的含湿量要减少（$\Delta d < 0$），

因此在焓湿图上用方向线 A→D 表示等焓减湿过程，其过程的热湿比值为

$$\varepsilon=\frac{\Delta h}{\Delta d}=\frac{h_D-h_A}{d_D-d_A}=0$$

利用固体吸湿剂（如硅胶）干燥空气时，湿空气的部分水蒸气在吸湿剂的微孔表面上凝结，湿空气含湿量降低，同时失去部分潜热；而水蒸气凝结时放出的凝结潜热会使空气的温度升高，在这个过程中，空气减少的潜热和增加的显热大致相等，空气的焓值基本没有改变，只是略微减少了凝结水带走的液体热（可以忽略），因此工程上将固体吸湿剂处理空气的过程近似按等焓减湿过程对待。

等焓减湿过程从空气中除去的湿量为

$$W=q_m(d_A-d_D)$$

6. 等温加湿过程

在等温加湿过程中，空气的温度不变，含湿量增加，在焓湿图上用接近水平的方向线 A→F 表示。

空调工程中，常采用向空气中喷水蒸气加湿的空气处理方式。显然，空气中加入水蒸气后，其比焓和含湿量同时增加，比焓的增加值为加入的水蒸气的全热量，即

$$\Delta h=\Delta d\times h_q$$

式中：Δd 为空气由 A 状态变化到 F 状态增加的含湿量，$kg/kg_{干}$；h_q 为单位质量水蒸气的全部热能，$kJ/kg_{汽}$，$h_q=2500+1.84t_q$。

因此，向空气中喷水蒸气时，其热湿比为

$$\varepsilon=\frac{\Delta h}{\Delta d}=h_q=2500+1.84t_q$$

在空调工程中采用喷蒸汽加湿时所用的蒸汽通常为低压蒸汽，其温度 t_q 一般在 100℃左右，如取 100℃计算，则由上式可得 $\varepsilon=2684kJ/kg$，该过程线在焓湿图上与等温线近似平行。为使用方便，工程上忽略不计蒸汽显热，把对空气进行喷蒸汽加湿处理的过程视为等温加湿过程。加热量和加湿量分别为

$$Q=q_m(h_F-h_A)$$
$$W=q_m(d_F-d_A)$$

另外，从图 1-18 可以看出，热湿比线 $\varepsilon=\pm\infty$ 和 $\varepsilon=0$，以任意空气状态 A 为原点将 $h-d$ 图划分为Ⅰ、Ⅱ、Ⅲ、Ⅳ四个象限，不同象限内的湿空气状态变化过程的特点如表 1-5 所示。

表 1-5　$h-d$ 图上各象限内湿空气状态变化过程的特点

象限	热湿比 ε	状态参数变化趋势			空气处理过程的特点
		h	d	T	
Ⅰ	$\varepsilon>0$	↑	↑	↑↓	增焓、增湿
Ⅱ	$\varepsilon<0$	↑	↓	↑	增焓、减湿、升温
Ⅲ	$\varepsilon>0$	↓	↓	↑↓	减焓、减湿
Ⅳ	$\varepsilon<0$	↓	↑	↓	减焓、增湿、降温

1.5.3 确定两种不同状态空气混合后的状态点

在空气处理过程中，经常会将两种不同状态的空气进行混合，并要知道混合后空气的状态和参数。为此，必须掌握求解和在焓湿图上查找混合后状态参数的方法。

如图 1-19 所示，假设将质量流量为 q_{mA}(kg/s)、状态 A(h_A, d_A)的空气，与质量流量为 q_{mB}(kg/s)、状态 B(h_B, d_B)的空气相混合，混合后空气的质量流量为 q_{mC}(kg/s)，状态为 C(h_C, d_C)，则根据能量守恒定律和质量守恒定律，混合前后空气的能量不变，水蒸气的含量也不变，于是有

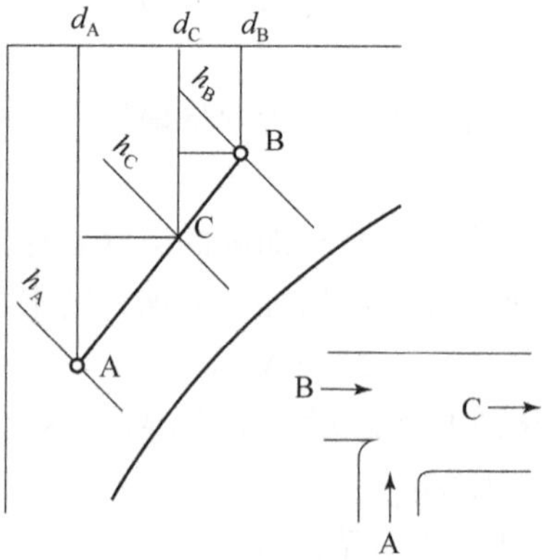

图 1-19 两种不同状态空气的混合

$$q_{mA}h_A + q_{mB}h_B = (q_{mA} + q_{mB})h_C \qquad (1-20)$$

$$q_{mA}d_A + q_{mB}d_B = (q_{mA} + q_{mB})d_C \qquad (1-21)$$

将上面两式整理后，得到

$$\frac{q_{mA}}{q_{mB}} = \frac{h_B - h_C}{h_C - h_A} 和 \frac{q_{mA}}{q_{mB}} = \frac{d_B - d_C}{d_C - d_A}$$

综合以上两式可得

$$\frac{q_{mA}}{q_{mB}} = \frac{h_B - h_C}{h_C - h_A} = \frac{d_B - d_C}{d_C - d_A} \qquad (1-22)$$

$$\frac{h_B - h_C}{d_B - d_C} = \frac{h_C - h_A}{d_C - d_A} \qquad (1-23)$$

由前述可知，在焓湿图上$\frac{h_B - h_C}{d_B - d_C}$是直线 BC 的斜率，$\frac{h_C - h_A}{d_C - d_A}$是直线 AC 的斜率。两条直线的斜率相同，因此直线 BC 和 AC 相互平行，但又有公共点 C，因而 A、B、C 三点必须在一条直线上，即混合状态点 C 就在 A、B 两个状态点的连线上，如图 1-19 所示。

下面进一步分析混合状态点 C 在直线 AB 上的位置。根据三角形相似原理及式（1-22），可得到

$$\frac{BC}{CA} = \frac{q_{mA}}{q_{mB}} = \frac{h_B - h_C}{h_C - h_A} = \frac{d_B - d_C}{d_C - d_A} \qquad (1-24)$$

上式表明，混合状态点 C 将线段 AB 分成两段，两段长度之比与参与混合的两种空气

的质量成反比，混合点靠近质量大的空气的一端。

因此，只要已知参与混合的两种空气的状态和质量，就可以根据以上规律在焓湿图上确定混合状态点C，从而查出混合空气的状态参数。

当然，也可以根据式（1-20）和式（1-21）导出混合后的气体状态参数：

$$h_C = \frac{q_{mA}h_A + q_{mB}h_B}{q_{mA} + q_{mB}} \tag{1-25}$$

$$d_C = \frac{q_{mA}d_A + q_{mB}d_B}{q_{mA} + q_{mB}} \tag{1-26}$$

另外，如果混合状态点C在过饱和区（图1-20），则说明在混合过程中，必定会有多余的水蒸气凝结出来。当空调风口送冷风时，有时在风口附近会出现“雾气”，就是这种情况的实际表现。在这种情况下，混合后终状态点D不在过饱和区，而近似在过C点的等焓线与饱和线的交点上。这是因为，空气在变化过程中凝结水带走了水的显热（即液体热），空气的焓值略有下降（$h_D < h_C$）。h_D和h_C存在以下关系，即

$$h_D = h_C - 4.19\Delta d t_D \tag{1-27}$$

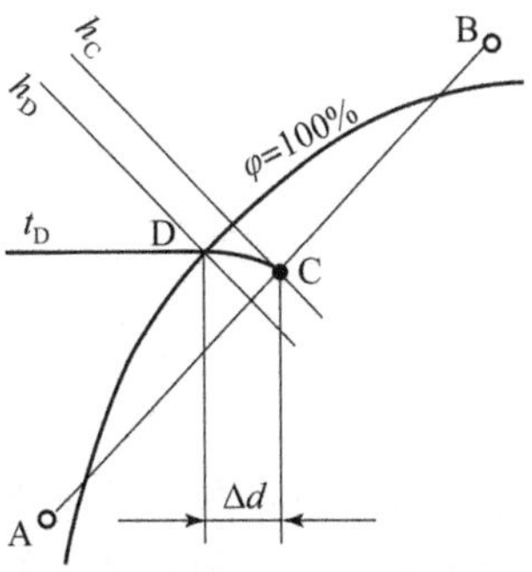

图1-20 过饱和空气状态变化过程

式中：h_D、Δd和t_D是三个互相关联的未知数。要确定h值，必须通过试选法，从C点引出很多过程线，分别与$\varphi = 100\%$的饱和线交于不同的D点，从中找出一组h_D、Δd和t_D值正好符合式（1-27）的恒等关系，则该h_D即为真正的饱和空气D的比焓，D点就是所求的混合空气状态点。

> **想一想**

（1）人在冬季的室外呼吸时，为什么能看见呼出的气体是白色的？

（2）在温度和湿度都很高的火锅店内，为什么在空调的出风口经常会看到一团白雾？

拓展阅读

古人是如何测量空气湿度的？

我国是最早发明测湿仪器的国家。

古人发现，琴弦的发音会随着空气湿度的变化而变化。东汉王充在《论衡·变动篇》曾经谈到，“天且雨，蝼蚁徙，蚯蚓出，琴弦缓。”《淮南子·本经训》指出“风雨之变可以音律知之”。元末明初娄元礼在《田家五行》一书中也说，“琴瑟弦索调得极和，则天道必是一望略无纤毫，方能如是，若是调卒不齐，则必阴雨之变，盖亦气候致而然也。若高洁之弦忽自宽，则因琴床润湿故也，主阴雨。”这些记载说明，至少在汉朝，人们就已经知道从琴弦音调的变化判断天气的变化，与现代毛发温度计中的“毛发”有异曲同工之妙。

大约在西汉时期，我国发明了天平式空气验湿装置（图1-21）。这种装置将羽毛和木炭分别悬挂在天平的两边，调整其达到平衡；当空气干燥时，木炭就轻，天平倾向于羽

毛，天气潮湿了，木炭就重，天平就倾向于木炭。正如《淮南子·说山训》说："悬羽与炭，而知燥湿之气。"除了这种验湿计之外，古人还将羽毛换成土或铁，制成验湿计。显然，天平式验湿计在测量方式和精度上，比"琴弦测湿"又进了一步。

图1-21　天平式验湿计

最接近现代湿度计的测湿仪器是清代发明家黄履庄发明的"验燥湿器"，它利用弦线吸湿伸缩的原理，测量空气的湿度，比瑞士的索修尔发明的毛发湿度计早了100多年。

项目实训

完成实操训练活页式工作手册"项目1　环境大气压力的测定""项目2　空气温湿度的测定""项目3　空气处理过程的测定"。

能力测试

一、填空题

1. 我们周围的大气可以看作是由________和一定量的________混合而成的，因此也常把大气称为湿空气。

2. 在热力学中，把常温常压下的干空气视为________气体，同时湿空气中的水蒸气一般处于过热状态，加上水蒸气的数量少，分压力很低，比体积很大，也可近似地作为________气体。

3. 由干空气和水蒸气组成的湿空气具有理想气体特性，因此可以用理想气体的________方程来表示湿空气主要状态参数之间的关系。

4. 相互间处于热平衡的系统，必有一个在数值上相等的热力学参数，这就是________。

5. ________是确定一个系统与其他系统是否处于热平衡的物理量。

6. 热力学第零定律是________测量的理论基础。

7. 大气压力 P_b 不是一个定值，一般以北纬________海平面的全年平均大气压作为一个标准大气压，其数值为________ Pa，________ mmHg，________ mH_2O。

8. 大气压力随着海拔高度的不同而不同，还随季节和气候的变化而略有不同：高海拔比低海拔________，夏季比冬季________，阴天比晴天________。

9. 水蒸气分压力 P_q 的大小反映了空气中水蒸气含量的多少，水蒸气含量越多，其分压力也就越________，反之亦然。

10. 湿空气的饱和水蒸气分压力 P_{qb} 是温度的单值函数，温度越高，饱和水蒸气分压力也就越________。

11. 根据道尔顿分压定律，湿空气的压力 P_b 应该等于________分压力与________分压力之和。

12. 湿空气的密度 ρ 等于________的密度与________的密度之和。

13. 湿空气的密度比干空气的密度小，在实际计算中，可近似取________。

14. ________是指对应于1kg干空气的湿空气中所含有的水蒸气量，单位是________。

15. ________就是在某一温度下，湿空气的水蒸气分压力 P_q 与同温度下的饱和水蒸气分压力 P_{qb} 的比值。

16. 相对湿度 φ 反映了在某一温度下，湿空气中水蒸气接近饱和的程度。φ 值小，说明湿空气距离饱和状态较远，空气干燥，吸收水蒸气的能力________；φ 值大，说明湿空气距离饱和状态较近，空气潮湿，吸收水蒸气的能力________。

17. 湿空气的比焓 h 以1kg干空气为计算基础，是________ kg干空气的焓与________ kg水蒸气的焓的总和。

18. 湿空气的比焓 h 随________和________的变化而变化。

19. 以等相对湿度线 $\varphi=100\%$ 为界，该曲线上方为________区（又称未饱和区），曲线下方为过饱和区，由于过饱和区的状态是不稳定的，常有凝结现象，所以此区又称为________区。

20. ________反映了空气由状态A变化为状态B的过程线斜率，故又称角系数。

21. 对于湿空气的各种变化过程，不论其初状态如何，只要它们的热湿比相同，则其过程线就会相互________。

22. 一定大气压下，湿空气在含湿量 d 不变的情况下，冷却到相对湿度 $\varphi=100\%$ 时所对应的温度，称为湿空气的________温度。

23. 由于热力学湿球温度很难测得，在实际应用中，一般用干、湿球温度计测量出的________温度，近似代替热力学湿球温度。

24. 干、湿球温度计读数差值的大小，间接地反映了空气________湿度的状况。

二、判断题

1. 表压力是表示气体实际压力的值。(　　)

2. 凡是气体压力低于 10^5Pa的状态都称为真空。(　　)

3. 湿空气焓值的大小取决于空气温度和相对湿度这两个因素。(　　)

4. 在焓湿图上，等温线为一组斜向上且相互平行的直线。(　　)

5. 湿空气的等湿球温度线也称等焓线。(　　)

6. 空气中水的温度就是空气湿球温度。(　　)

7. 干、湿球温度计读数差值的大小，间接地反映了空气相对湿度的状况，空气的相对湿度越大，干、湿球温度计读数的差值越小。(　　)

8. 已知湿空气的露点温度和含湿量，可以在焓湿图上确定出湿空气的状态。(　　)

三、简答题

1. 空调技术所要研究、处理和调控的是什么空气？有哪几种基本状态？能否相互转换？

2. 空气中的水蒸气从何而来？含量情况如何？会对什么有影响？

3. 什么是干空气？其基本性质是什么？从空调的角度如何对待？

4. 大气压力是不是定值？与什么有关？原因是什么？

5. 空气中的水蒸气分压力是什么压力？空气中的干空气分压力又是什么压力？大气压力与干空气分压力、水蒸气分压力是什么关系？

6. 在一定的大气压下，湿空气的含湿量 d 与水蒸气分压力 P_q 的关系是怎样的？

7. 相对湿度和含湿量的物理意义有什么不同？它们之间有什么关系？

8. 两种空气环境相对湿度都一样，但一个温度高，一个温度低，试问它们的吸湿能力相同吗？如果不同，哪种空气状态吸湿能力更强一些？

9. 空气的温度与含湿量变化时，其焓值是否有变化？为什么？

10. 焓湿图有横坐标和纵坐标吗？如果有，分别是什么？

11. 焓湿图由哪几种参数线组成？

12. 热湿比 ε 是否为空气的状态参数？热湿比线是什么性质的图线？

13. 在 $h-d$ 图上，等温线是一组平行线吗？为什么？等温线的热湿比 $\varepsilon=0$ 吗？

14. 已知湿空气的水蒸气分压力 P_q 和含湿量 d，能在焓湿图上确定湿空气的状态点吗？

15. 露点温度是什么温度？与“结露”现象有什么关系？

16. 已知湿空气的露点温度和含湿量，能在焓湿图上确定出湿空气的状态点吗？

17. 露点温度与干球温度有关吗？

18. 某管道表面的温度等于周围空气的露点温度，试问该表面是否结露？

19. 试分析清晨室外的地面、植物叶片等表面会结露或结霜的原因。

20. 冬季不仅窗玻璃凝水，而且在有些房屋外墙内表面上也出现凝水，分析凝水原因并提出改进方法。

21. 湿球温度是什么温度？干湿球温度计为什么可以测量空气的相对湿度？

22. 等焓线与等湿球温度线是重合的吗？

23. 在两个不同的房间内分别放有一个水槽，水槽内有薄薄的一层水，有人说“温度高的房间内的水的温度肯定高”，这个说法对吗？

24. 简述在空调技术中，露点温度和湿球温度的工程应用。

25. 湿空气的干球温度、湿球温度和露点温度之间的关系是怎样的？

26. 分别简述在工程上如何实现等湿加热、等湿冷却、等焓加湿、等焓减湿、等温加湿、冷却减湿这六个空气处理过程？

27. 试分析在不同的空气处理过程中，各个状态参数的变化趋势。

28. 如何在焓湿图上确定空气状态点、判断状态及查找参数？

29. 六种典型空气状态变化过程的特点是什么？在焓湿图上如何表示？

30. 两种不同状态的空气混合规律说明了混合点在什么位置？

31. 如果两种不同状态空气的饱和水蒸气分压力 P_{qb} 相同，那么这两个空气状态点一定同处在哪一条等参数线上？

四、查图题

1. 已知大气压力为101325Pa，温度 $t=25℃$，相对湿度 $\varphi=60\%$，试利用焓湿图查出其他状态参数。

2. 不事先画好热湿比线，直接作出当起始状态为 $t=18℃$、相对湿度 $\varphi=45\%$ 时，热湿比 ε 为7500和 -500 的变化过程线。

3. 当地大气压力为101325Pa，某一空气的干球温度是20℃，湿球温度是15℃，试在 $h-d$ 图上找出该空气其余的状态参数。

4. 当地大气压力为101325Pa，某一空气的干球温度是20℃，露点温度是10℃，试在 $h-d$ 图上找出该空气其余的状态参数。

五、作图题

1. 试画出等湿加热、等湿冷却、等焓加湿、等焓减湿、等温加湿、冷却减湿这六个空气处理过程的简图。

2. 空气经过空气冷却器时，空气的温度要降低，但并没有凝水现象出现，这样的空气处理过程如何在 $h-d$ 图上表示？

3. 某空气经过加热后，温度上升，该过程在 $h-d$ 图上如何表示？经过冷却器后，温度下降，但是没有凝结水析出，该过程在 $h-d$ 图上如何表示？如果不但温度下降，而且还有冷凝水析出，该过程在 $h-d$ 图上如何表示？

六、计算题

1. 某空气处理装置，一次回风量为1800kg/h，状态参数为 $t=22℃$，$\varphi=60\%$，新风量为200kg/h，状态参数为 $t=35℃$，$\varphi=40\%$，求混合后的状态参数（t，d，h，φ）？

2. 用电加热器和压力为101325Pa的饱和水蒸气处理干球温度为 $-5℃$、相对湿度为85%的空气，要求空气终状态的干球温度为30℃，相对湿度为60%，试问：(1) 空气至少应先加热到多少摄氏度？(2) 每千克空气中应喷入多少水蒸气？

学习项目 2

空调负荷与送风量的确定

空调的负荷可分为冷负荷、热负荷和湿负荷三种。冷负荷是指为了维持室内设定的温湿度，在某一时刻必须由空调系统从房间带走的热量（需要向房间供应的冷量）；热负荷是指为补偿房间失热在单位时间内需要向房间供应的热量；湿负荷是指为维持室内含湿量恒定，需要从房间除去（或增加）的湿量。

空调房间的冷（热）、湿负荷是确定空调系统送风量和空调设备容量的基本依据，而房间冷（热）、湿负荷的计算必须以室外气象参数和室内要求维持的空气条件为依据。

需要特别说明的是，以室内外空气设计参数为依据计算的空调负荷，是最不利条件下的空调负荷，而实际运行工况下的空调系统负荷往往低于设计负荷，空调系统应根据实际的室外气象条件和室内设定的空气参数来进行运行调节。

➢ 想一想

（1）夏季，用来降温除湿的空调系统的负荷是冷负荷还是热负荷？

（2）冬季，用来取暖的空调系统的负荷是冷负荷还是热负荷？

➢ 注意

（1）一定要清楚这里的“空调负荷”指的是“空调系统”的负荷。

（2）本项目讨论的“空调负荷”是“设计负荷（计算负荷）”，是用来选空调设备的，不是实际的运行负荷。

2.1 室内外空气计算参数

目的与要求：

◇ 能说出确定空调室内外空气计算参数的目的；

◇ 能说出我国的空调室内外空气计算参数是如何规定的。

重点与难点：

◇ 学习重点：我国的空调室内外空气计算参数是如何规定的。

◇ 学习难点：空调室内外空气计算参数确定的原则和方法。

对筹建中的空调系统进行设计时，要按规定的室内空气状态进行计算，这一规定状态下的参数称为室内空气计算参数或设计参数；并且还要按照规定的室外空气参数进行设计，这一规定状态下的参数称为室外空气计算参数或设计参数。

➢ **想一想**

为什么要确定室内外空气计算参数？

提示：冷（热）、湿负荷量的计算必须以室外气象参数和室内要求维持的气象条件为依据，即负荷计算的需要。

那么，该如何确定室内外空气计算参数呢？下面分别进行讨论。

2.1.1 室内空气计算参数

1. 舒适性空调室内空气计算参数的确定

舒适性空调的室内空气计算参数是根据“人体热平衡和热舒适”理论来确定的。研究表明，人体在室内的热舒适状态（冷热感）是由许多因素决定的，主要有：

（1）室内空气温度；

（2）室内空气相对湿度；

（3）围护结构内表面及其他物体表面温度；

（4）人体附近的空气流速；

（5）人体的衣着情况；

（6）人体活动量以及年龄因素；

（7）种族或个体习惯。

在上述影响人体热舒适的因素中，既有与空气有关的因素，也有个体、种族习惯等与空气无关的因素，因此各个国家所规定的舒适性空调室内空气计算参数都不尽相同。另外，在确定空调室内计算参数时，还会考虑节能的要求。例如，我国就出于建筑节能的考虑，要求供热工况室内环境在满足热舒适的条件下偏冷，供冷工况在满足热舒适的条件下偏热。

对于舒适性空调，我国国家标准《民用建筑供暖通风与空气调节设计规范》（GB 50736—2012）3.0.2规定，人员长期逗留区域室内空气计算参数可按表2-1所示的数值选取。

表2-1　人员长期逗留区域空调室内设计参数

类别	热舒适度等级①	温度/℃	相对湿度/%	风速/（m/s）
供热工况	Ⅰ级	22~24	≥30	≤0.2
	Ⅱ级	18~22	—	≤0.2

① “热舒适度等级”可参见《民用建筑供暖通风与空气调节设计规范》（GB 50736—2012）及《热环境的人类工效学 通过计算PMV和PPD指数与局部热舒适准则对热舒适进行分析测定与解释》（GB/T 18049—2017/ISO 7730：2005）。

续表

类别	热舒适度等级[①]	温度/℃	相对湿度/%	风速/（m/s）
供冷工况	Ⅰ级	24～26	40～60	≤0.25
	Ⅱ级	26～28	≤70	≤0.3

人员短期逗留区域空调供冷工况室内设计参数宜比长期逗留区域提高1～2℃。短期逗留区域供冷工况风速不宜大于0.5m/s，供热工况风速不宜大于0.3m/s。短期逗留区域，主要有商场、车站、营业厅、展厅、门厅、书店等观览场所和商业设施。

一般不提空调精度要求。

2. 工艺性空调室内空气计算参数的确定

对于设置工艺性空调的工业建筑，其室内参数应根据工艺要求，并考虑必要的卫生条件确定。在可能的条件下，应尽量提高夏季室内温度基数，以节省建设投资和运行费用。

《工业建筑供暖通风与空气调节设计规范》（GB 50019—2015）4.1.3规定：工艺性空气调节室内温湿度基数及其允许波动范围，应根据工艺需要和卫生要求确定。活动区的风速，冬季不宜大于0.3m/s，夏季宜采用0.2～0.5m/s；当室内温度高于30℃时，可大于0.5m/s。

➤ **想一想**

工艺性空调室内空气计算参数主要由什么决定？从何处查取或由谁提供？

2.1.2 室外空气计算参数

从前述可知，合理确定空调室内外空气计算参数是计算空调负荷的需要。那么，室外空气计算参数是如何影响空调负荷，进而影响空调系统设计容量的呢？

一是计算通过围护结构传入室内或由室内传至室外的热量时，要以室外空气计算温度为依据。另外，为满足室内空气卫生要求和正压要求，空调要处理部分室外新风，显然加热或冷却这部分新风所需的热量或冷量的计算，也与室外空气计算参数有关。

图2-1为北京地区某年夏季最热一天的气温日变化曲线，从图中可以看出，在白天，随着太阳升起，地面获得的太阳辐射逐渐增多，到下午两三点钟，气温达到全天的最大值；到夜晚，地面得不到太阳照射，还要由地面向天空辐射热量，一般气温在凌晨四五点达到最小值。在工程计算中，可把室外空气温度的日变化近似看作正弦或余弦规律的变化。

空气相对湿度的大小取决于空气的干球温度和含湿量，如果空气的含湿量保持不变，干球温度升高，则相对湿度变小；干球温度降低，则相对湿度增大。就一昼夜的大气而言，一般含湿量变化不大（可看作定值），则大气的相对湿度变化规律正好与干球温度的变化规律相反，即中午的相对湿度低，早晚的相对湿度高。

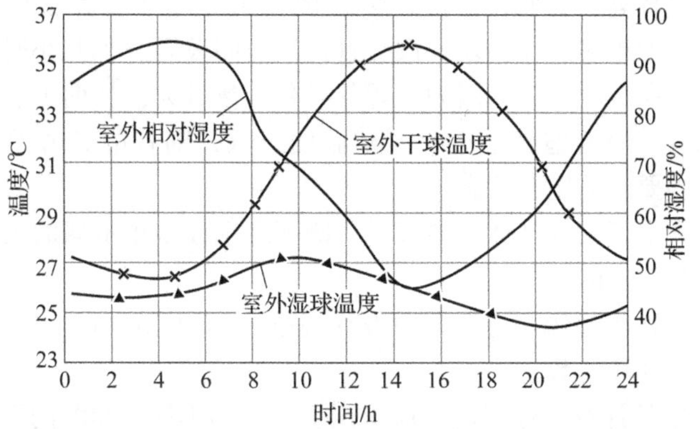

图2-1 室外空气干湿球温度及相对湿度24h变化曲线

此外，从图2-1还可以看出，室外湿球温度的变化规律与干球温度的变化规律相似，只是峰值出现的时间有所不同。

图2-2是北京、西安、上海地区某十年各月平均空气温度的变化曲线，图2-3是武汉某年8760h的温度变化曲线。从图中可以看出，室外空气温度的季节性变化也呈周期性，一般最热月份在七、八月份，最冷月份在一月。

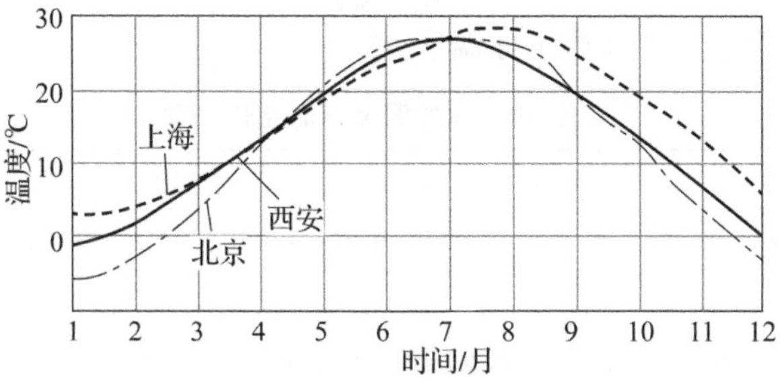

图2-2 某十年各月平均空气温度的变化曲线

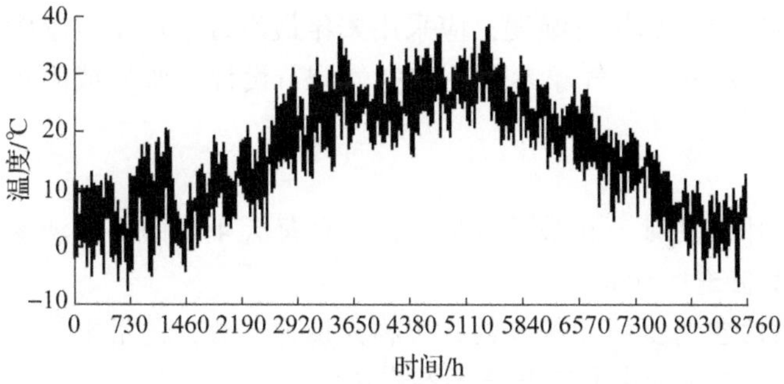

图2-3 武汉市某年8760h空气温度的变化曲线

➢ 想一想

从上述内容可知，不论是一昼夜24h，还是一年8760h，室外空气温湿度等参数的变化是非常大的。那么，在瞬息万变的气象参数中，选哪个时间点作为室外空气的计算参数合适呢？

显然，室外空气计算参数取什么值，会直接影响室内空气状态的保证程度和设备投资。例如，如果夏季取很多年才出现一次、且持续时间较短（如几小时）的最高干湿球温度作为室外空气计算参数时，就会因为配置的设备容量过大，长期不能全部投入使用而形成投资浪费；如果取的当地室外空气干湿球温度过低，则有可能由于选用的设备容量过小，而不能保证室内要求的空气状态。

因此，确定室外空气的设计计算参数时，既不应选择多年不遇的极端值，也不应任意降低空调系统对服务对象的保证率。

我国《民用建筑供暖通风与空气调节设计规范》（GB 50736—2012）中规定选择下列统计值作为室外空气计算参数：

（1）夏季空调室外计算干球温度，应采用历年平均不保证 50h 的干球温度。

（2）夏季空调室外计算湿球温度，应采用历年平均不保证 50h 的湿球温度。

（3）夏季空调室外计算日平均温度，应采用历年平均不保证 5 天的日平均温度。

（4）夏季计算日空调室外计算逐时温度可按式（2－1）确定：

$$t_\tau = t_{om} + \beta \Delta t_d \tag{2-1}$$

式中：t_τ是室外计算逐时温度，℃；t_{om}是夏季空调室外计算日平均温度，℃；β 是室外温度逐时变化系数，按表 2－2 采用；Δt_d是夏季空调室外计算平均日较差，℃，应按下式计算：

$$\Delta t_d = (t_{os} - t_{om})/0.52 \tag{2-2}$$

式中：t_{os}是夏季空气调节室外计算干球温度，℃。

表 2－2　室外温度逐时变化系数

时刻	1	2	3	4	5	6	7	8	9	10	11	12
β	-0.35	-0.38	-0.42	-0.45	-0.47	-0.41	-0.28	-0.12	0.03	0.16	0.29	0.40
时刻	13	14	15	16	17	18	19	20	21	22	23	24
β	0.48	0.52	0.51	0.43	0.39	0.28	0.14	0.00	-0.10	-0.17	-0.23	-0.26

（5）冬季空调室外计算温度，应采用历年平均不保证 1 天的日平均温度。

（6）冬季空调室外计算相对湿度，应采用累年最冷月平均相对湿度。

我国主要城市的室外空气气象参数见《空气调节设计手册》或附录 B。

➢ **注意：**

（1）统计干湿球温度时，宜采用当地气象台站每天 4 次的定时温度记录，并以每次记录值代表 6h 的温度值进行计算。

（2）这里讨论的空调室外计算参数，又称为设计参数，是用来计算负荷用的，由计算参数确定的空气状态在实际中有可能是不存在的。

2.2 空调负荷

目的与要求：

◇ 能说出确定空调负荷的目的；

◇ 能说出空调房间夏季得热量与冷负荷的定义和两者的关系；
◇ 能说出空调房间冬季耗热量、得热量与冷热负荷的关系；
◇ 能正确估算空调系统的冷（热）负荷。

重点与难点：

◇ 学习重点：空调房间夏季得热量与冷负荷的定义和两者的关系；空调房间冬季耗热量、得热量与冷热负荷的关系。

◇ 学习难点：空调房间夏季得热量与冷负荷的定义和两者的关系。

在明确了空调室内外空气计算参数之后，就可以讨论空调负荷问题了。如前所述，空调负荷可分为冷负荷、热负荷和湿负荷三种，确定空调负荷的目的是确定空调系统的送风量和空调设备（如空气处理机组中的冷却器、加热器、加湿器等）容量。

2.2.1 空调房间夏季得热量与冷负荷

一般在夏季，空调房间的各种得热量会使房间的温度上升到超出控制范围，只有向房间供给适当的冷量才能保持房间的空气温度在控制范围内。因此，需要向空调房间提供多少冷量，即确定冷负荷的多少，必须要知道房间的得热量情况和数值。

空调房间的得热量是指通过围护结构进入房间的，以及房间内部散出的各种热量。《民用建筑供暖通风与空气调节设计规范》（GB 50736—2012）和《工业建筑供暖通风与空气调节设计规范》（GB 50019—2013）均规定，空调房间在计算夏季得热量时，应根据下列各项确定：

（1）通过围护结构传入的热量；

（2）通过围护结构透明部分（如外窗、阳台玻璃门、玻璃幕墙）进入的太阳辐射能量；

（3）人体散热量；

（4）照明装置散热量；

（5）设备、器具、管道及其他内部热源的散热量；

（6）食品或物料的散热量；

（7）渗透空气带入的散热量；

（8）伴随各种散湿过程产生的潜热量。

为使空调房间保持所需要的空气状态，在某一时刻必须由空调系统从房间带走的热量，或者某一时刻需要向房间供应的冷量，称为房间冷负荷。

➢ 想一想

冷负荷等于得热量吗？

得热量是引起冷负荷的根源，但它们之间并非时刻相等，这是由围护结构热工特性及得热量的类型决定的。得热量可分潜热和显热两类，而显热包括对流热和辐射热两种成分；潜热和对流热是直接进入空气中的热量，立即形成冷负荷；而辐射热会透过空气被室内各物体表面所吸收和贮存，从而使物体表面温度升高，当它高于室内空气温度时，即以对流的方式向空气放热，形成冷负荷，同时向室外导热。各种瞬时得热中所含热量成分百分比的参数见表2-3。

表2-3　各种瞬时得热中所含各种热量成分百分比

得热种类	辐射热/%	对流热/%	潜热/%
太阳辐射热（无内遮阳）	100	0	0
太阳辐射热（有内遮阳）	58	42	0
荧光灯	50	50	0
白炽灯	80	20	0
人体	40	20	40
传导热	60	40	0
机械或设备	20~80	80~20	0
渗透和通风	0	100	0

由此可见，在辐射得热量转化为冷负荷的过程中，存在峰值的衰减和延迟。图2-4是太阳辐射热所形成的瞬时得热量与实际负荷的关系图。从图中可以看出，空调房间实际冷负荷的峰值要比太阳辐射所形成的得热量的峰值小，而且出现的时间也迟于太阳辐射热的峰值。

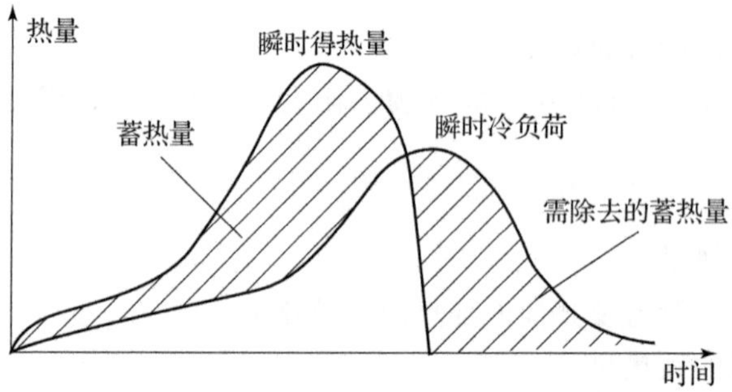

图2-4　太阳辐射热形成的得热量与冷负荷

这种得热量转化为冷负荷过程中存在的衰减和延迟现象，主要是由围护结构蓄热特性决定的。显然围护结构的蓄热能力越强，冷负荷峰值越低，延迟时间越长。

图2-5所示为荧光灯照明散热形成的瞬时得热量与实际冷负荷的关系。由于灯具散热比较稳定，当灯打开时，荧光灯散发到房间的总能量为一个恒定值，等于灯的瓦数。但灯具所散发的辐射能量最初并没有全部转化为冷负荷，而是有一部分被房间的围护结构和家具等室内物体吸收。随着开灯时间的持续，围护结构和家具等室内物体的温度逐渐上升，与室内空气的热交换量逐渐提高，最终通过辐射的得热量与空气对流传热量相等，达到平衡。此后，围护结构和家具等室内物体的温度不再升高。因此可以认为，照明散热形成的瞬时得热量全部转化为瞬时冷负荷，即得热量等于冷负荷。当灯关闭后，贮存在围护结构和家具中的热量会逐步释放出来，通过对流换热向空气散发，继续形成冷负荷直至全部放完。

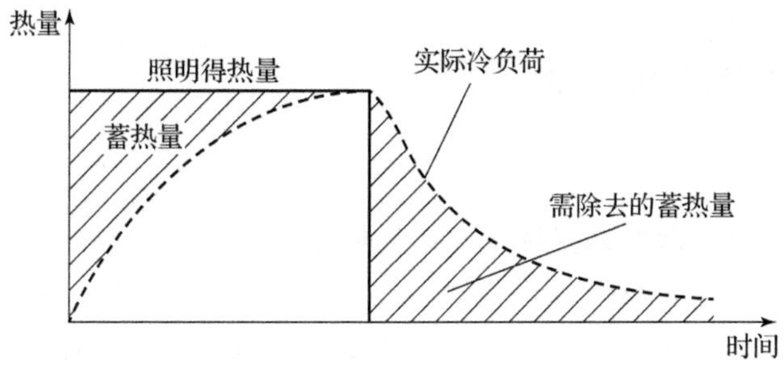

图 2-5 荧光灯照明散热形成的得热量和冷负荷

➤ **想一想**

空调房间的得热量与冷负荷在什么情况下相等？为什么？

需要说明的是，空调房间的冷负荷应根据各项得热量的种类和性质分别进行精确计算，其中通过围护结构传入的热量、透过外窗进入的太阳辐射量、人体散热量，以及非全天使用的设备、照明装置的散热量等形成的冷负荷，应按非稳态传热方法计算确定。因此，夏季空调冷负荷需要逐项逐时计算，并且每一项都有各自的公式和要求，相对来说较为复杂，在这里就不详细说明了。

2.2.2 空调房间冬季耗热量与热负荷

空调房间除了能得到热量外，在某些情况下，还会损失热量，特别是在冬季体现得最为明显，这就是耗热量。

空调房间的耗热量是指房间空气损失的热量，在冬季，一般空调房间都会有各种热量损失，冬季空调房间的耗热量主要包括：

（1）围护结构的耗热量；

（2）加热由门窗缝隙渗入到室内的冷空气的耗热量；

（3）加热由门、孔洞及相邻房间侵入的冷空气的耗热量；

（4）水分蒸发的耗热量；

（5）加热由外部运入的冷物料和运输工具的耗热量；

（6）通风耗热量；

（7）通过其他途径散失的热量。

在冬季，影响房间内空气温度升降的因素是房间的得热量和耗热量，显然，只有当房间总的得热量小于总的耗热量时，才会使房间空气温度降到设计值以下。此时，为了保持空调房间的空气温度符合设计要求，需要向房间补充的热量称为房间热负荷。

冬季空调房间的得热量主要包括：

（1）最小负荷值的工艺设备散热量；

（2）热管道及其他热表面的散热量；

（3）热物料的散热量；

（4）人体散热量；

(5) 照明装置散热量;

(6) 通过其他途径获得的热量。

➢ **想一想**

在冬季，是不是对于所有的空调系统都是热负荷?

提示：有一些房间和区域（如建筑物的内区），由于人流多、照明强，使其在冬季室外气温低于室内气温的情况下，得热量还是大于耗热量，此时，即使在冬天也需要供冷。所以，对于冬季空调，不一定就是热负荷，到底是热负荷还是冷负荷，要根据房间的得热量和耗热量的对比来确定。

2.2.3 空调房间散湿量与湿负荷

为维持室内的含湿量恒定需要从房间除去的湿量，主要包括下列各项:

(1) 人体散湿量（包括呼吸和出汗）;

(2) 渗透空气带入的湿量;

(3) 化学反应过程的散湿量;

(4) 各种潮湿表面、液面或液流的散湿量;

(5) 食品或其他物料的散湿量;

(6) 设备散湿量。

对于空调房间来说，室内湿源的散湿量和渗透空气带入的湿量并非必然同时存在，因此当房间内空气参数维持在要求的范围时，有可能有多余的湿量或湿量不足。此时，为保持房间要求的空气控制参数，必须从房间除去多余的湿量或向房间补充不足的湿量，均称为房间湿负荷。

2.2.4 空调系统冷热负荷的估算

以上讨论的都是房间负荷的确定方法，空调系统负荷的确定则是建立在房间负荷基础之上的。

1. 空调系统负荷

(1) 夏季空调系统的冷负荷。根据系统服务范围内所有空调房间的同时使用情况、空调系统的类型及调节方式的不同，有两种不同的空调冷负荷计算方法：一是将同时使用的各空调房间的逐时冷负荷相加，然后从中选出一个最大值，常被用于变风量空调系统的冷负荷计算；二是将各空调房间逐时冷负荷的最大值相加，而不考虑它们是否同时发生。显然，后一种方法计算出的冷负荷比前一种要大，常被用于定风量空调系统的冷负荷计算。

此外，夏季空调系统的冷负荷还应计入新风冷负荷（处理室外空气需要消耗的冷量），以及风管、风机、水泵、水管和水箱等的附加冷负荷（抵消这些设备和装置及其中的流体温升需要消耗的冷量），如图 2-6 所示。

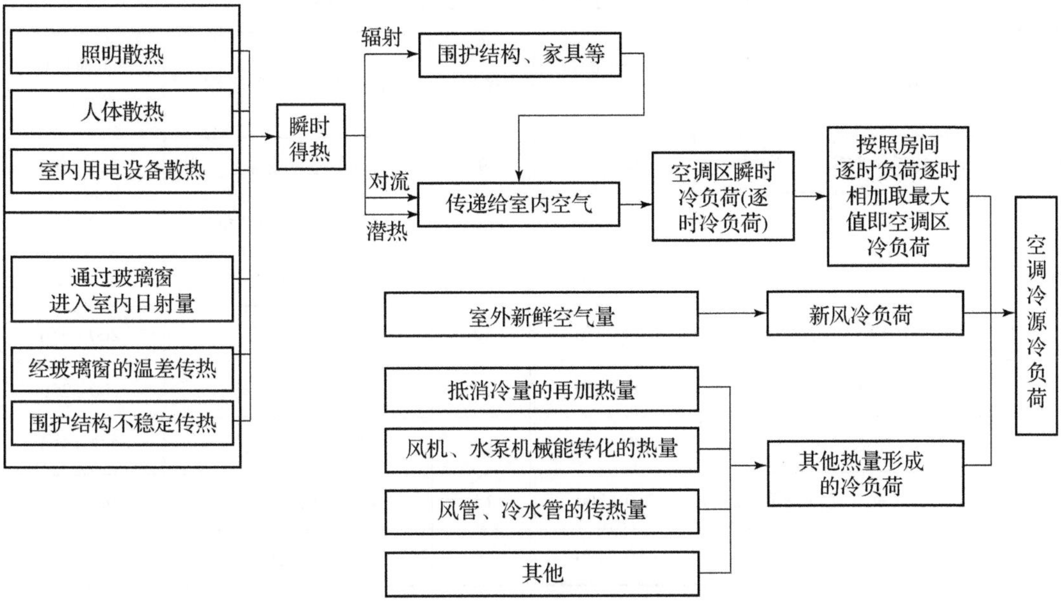

图2-6 建筑物内空调系统冷负荷计算组成框图

(2) 冬季空调系统负荷。冬季空调系统负荷是冷负荷还是热负荷，取决于系统服务范围内的所有空调房间总的耗热量和总的得热量。当总的耗热量大于总的得热量时，空调系统负荷是热负荷；反之，空调负荷是冷负荷。如果空调系统是热负荷，则还要计入新风热负荷，以及风管道、热水管、水箱内的流体温降的附加热负荷。

(3) 空调系统湿负荷。舒适性空调一般不考虑湿负荷，如果要考虑，一般只计算人体的散湿量，并作为空调系统的湿负荷。

一般来说，空调系统的冷热负荷就是冷源和热源需要提供的冷量和热量，也是决定制冷机和锅炉等冷、热源设备总装机容量的依据。而各空调房间配置的末端设备或装置一般是以房间冷负荷为依据选定的，通常也能满足冬季供暖的需要。对于寒冷地区，由于冬季热负荷较大，还需要进行校核确认。

2. 空调负荷的概算

通常情况下，空调系统的冷热负荷应严格按照冷负荷系数法进行计算。但在计算条件不具备时（如建筑设计尚未定局），或为了满足项目报审、招标等需要，但时间上又不允许做详细的计算时，可采用概算的方法来确定空调负荷。

《民用建筑供暖通风与空气调节设计规范》（GB 50736—2012）7.2.1 规定：除方案设计或初步设计阶段可使用冷负荷指标进行必要的估算外，应对空调区进行逐项、逐时的冷负荷计算。也就是说概算法仅限于方案设计或初步设计阶段应用，在绘制施工图时必须进行详细的冷负荷计算。否则，负荷估算偏大，必然导致装机容量偏大、水泵配置偏大、末端设备偏大、管道直径偏大的“四大”现象，造成工程投资增加，运行费用和能耗增大。

常用的空调负荷概算方法是单位空调面积指标法，即根据建筑物每平米的空调面积所需提供的冷热负荷值来估算空调负荷。部分公共建筑的空调负荷概算指标如表2-4所示。

表 2－4　国内部分建筑空调冷负荷概算指标

序号	建筑类型及房间名称	冷负荷指标/(W/m²)	序号	建筑类型及房间名称	冷负荷指标/(W/m²)
1	旅馆：客房（标准层）	80～110	9	理发室、美容室	120～180
2	酒吧、咖啡厅	100～180	10	健身房、保龄球馆	100～200
3	西餐厅	160～200	11	弹子房	90～120
4	中餐厅、宴会厅	180～350	12	室内游泳池	200～350
5	商店、小卖部	100～160	13	舞厅（交谊舞）	200～250
6	中庭、接待厅	90～120	14	舞厅（迪斯科）	250～350
7	小会议室（允许少量吸烟）	200～300	15	办公室	90～120
8	大会议室（不允许吸烟）	180～280	16	高级病房	80～110

从表 2－4 可以看出，上述概算指标的上、下限差别非常大，如何选取负荷指标只能依靠设计人员的经验。因此，在采用空调负荷概算指标时，切忌生搬硬套，应该结合所在地区的室外气象条件、建筑物的结构特点和使用功能以及室内计算参数的要求等因素，综合分析，合理选择，最终还要通过实际计算才能确定。

对于装设空调系统的建筑物，冬季热负荷可按采暖热负荷指标估算后，再乘以空调系统冬季室外新风量的加热系数（1.3～1.5）即可得总热负荷。当只知道总建筑面积时，其采暖负荷指标可参考表 2－5 所列的数值。

表 2－5　部分建筑采暖设计指标

序号	建筑类型及房间名称	采暖负荷指标/(W/m²)	序号	建筑类型及房间名称	采暖负荷指标/(W/m²)
1	住宅	40～70	6	商店	64～87
2	办公楼、学校	58～80	7	单层住宅	80～140
3	医院、幼儿园	64～80	8	食堂、餐厅	116～140
4	旅馆	58～70	9	影剧院	93～116
5	图书馆	46～70	10	大礼堂、体育馆	116～163

2.3　空调房间的送风量和送风状态

目的与要求：

◇ 会确定空调房间夏季送风量及送风状态；

◇ 会确定空调房间冬季送风量及送风状态。

重点与难点：

◇ 学习重点：空调房间夏（冬）季送风量及送风状态的确定方法。

◇ 学习难点：空调房间夏（冬）季送风量及送风状态的确定方法。

在已知空调房间热湿负荷的情况下，为了使空调房间的空气状态保持在工作、生活或生产、科研要求的范围内，必须由空调系统向空调房间输送一定量和一定状态的空气。输送多少空气量和输送什么状态的空气才能满足要求，是本节要讨论和解决的问题。

2.3.1 空调房间送风量的确定

图2-7为一个空调房间的送、排风示意图。已知该空调房间的冷负荷 Q 和湿负荷 W，需要通过送、排风量相同且空气参数不同的方法，来使房间的温湿度保持稳定。即通过向空调房间送入数量为 q_m（kg/s）、状态为O的低焓值和低含湿量的空气（其参数为 h_O 和 d_O），吸收室内的余热和余湿，变成室内空气状态N的空气（其参数为 h_N 和 d_N）后，从排风口等量排出。

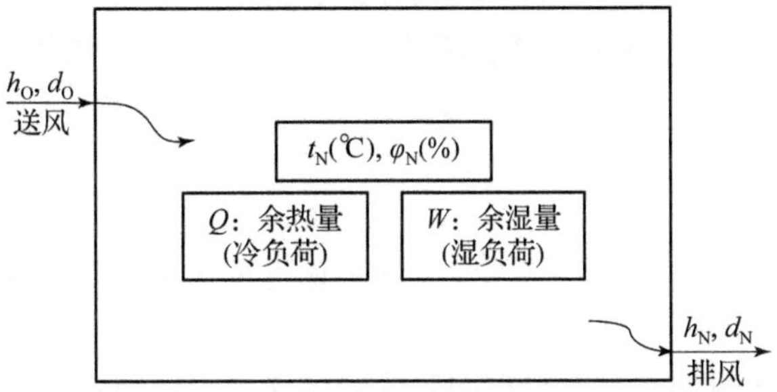

图2-7　空调房间送排风示意图

由空调房间的热湿平衡可得

$$q_m h_O + Q = q_m h_N \tag{2-3}$$

$$q_m d_O + W = q_m h_O \tag{2-4}$$

式中：Q 为空调房间的冷负荷，kW；W 为空调房间的湿负荷，kg/s；q_m 为空调房间的送排风量，kg/s；h_O 为送入空调房间的空气的比焓，kJ/kg$_干$；d_O 为送入空调房间的空气的含湿量，kg/kg$_干$；h_N 为排出空调房间的空气的比焓，kJ/kg$_干$；d_N 为排出空调房间的空气的含湿量，kg/kg$_干$。

式（2-3）和式（2-4）经整理后，可得到两个送风量的计算式：

$$q_m = \frac{Q}{h_N - h_O} \tag{2-5}$$

$$q_m = \frac{W}{d_N - d_O} \tag{2-6}$$

式（2-5）和式（2-6）相比可得空调房间的热湿比为

$$\varepsilon=\frac{Q}{W}=\frac{h_N-h_O}{d_N-d_O} \tag{2-7}$$

从上式可以看出，空调房间的热湿比 ε 是由空调房间的冷负荷 Q 和湿负荷 W 决定的，因此其物理意义是：当数量为 q_m(kg/s)的空气由状态 O 沿 ε 线变化到状态 N 时，就能达到同时除去房间热量和湿量的目的，保持室内要求的温、湿状态。

2.3.2 空调房间送风状态点的确定

从上述分析可知，送风状态点 O 不是一个固定的点，从图 2-8 可以看出，它可以是过室内状态点 N 的热湿比线 ε 上、N 点以下线段上的任意一点。

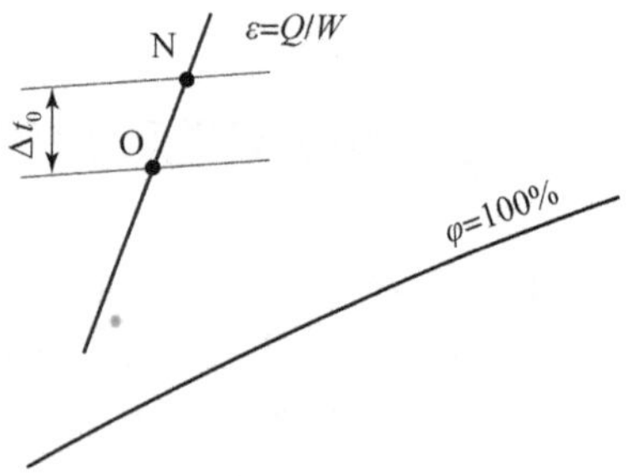

图 2-8　送风量和送风状态点分析图

> **想一想**
>
> 送风状态点 O 取在热湿比线的哪个位置合适呢？

由式（2-5）和式（2-6）可知，送风状态点 O 与送风量 q_m 有许多组合，O 点的位置决定了送风量 q_m 的大小。很明显，送风状态点 O 与室内状态点 N 越接近，h_N-h_O 或 d_N-d_O 的差值就越小，送风温差 Δt_0 就越小，送风量则会越大；反之，送风温差会越大，送风量就越小。

> **想一想**
>
> 送风量是大点儿好还是小点儿好呢？也就是说送风温差该如何确定呢？

空调系统的夏季送风温差是决定空调系统经济性的主要因素之一。在保证既定的技术要求前提下，加大送风温差有突出的经济意义：送风温差加大一倍，送风量可减少一半，空调系统的材料消耗和投资约减少 40%，而动力消耗减少 50%。

但送风量太小时会使室内空气温湿度分布的均匀性和稳定性受到影响。此外，送风量减少，送风温差必定加大，在室内温度一定的条件下，送风温差加大必然会使送风温度降低。而过低的送风温度会使人感到不舒适，甚至引起疾病，还很容易产生送风口结露滴水现象。

因此，送风状态点 O 的确定，也就是送风温差的确定，要从经济和技术两个方面综合考虑。另外，还要与拟采用的送风方式联系起来分析，因为不同的送风方式有不同的合适送风温差。

《民用建筑供暖通风与空气调节设计规范》（GB 50736—2012）中规定舒适性空调的送风温差，当送风口高度小于或等于 5m 时，宜采用 5～10℃；当送风口高度大于 5m 时，宜采用 10～15℃。

《工业建筑供暖通风与空气调节设计规范》（GB 50019—2015）规定工艺性空调的送风温差，宜按表 2-6 给出的数据采用。

表2-6 工艺性空调的送风温差与换气次数

室温允许波动范围/℃	送风温差/℃	换气次数/（次/h）	备注
> ±1.0	≤15	—	—
±1.0	6~9	5	高大空间除外
±0.5	3~6	8	—
±0.1~0.2	2~3	12	工作时间不送风的除外

从表2-6可以看出，送风温差的建议值与空调精度有关，精度越高，送风温差越小，送风量也就越大，即换气次数越大。

换气次数是空调工程中常用的衡量送风量的指标，它的定义是房间通风量 q_v(m^3/h)与房间体积 V(m^3) 的比值，即

$$n = q_v/V(次/h) \tag{2-8}$$

如果用送风温差计算所得送风量折合的换气次数大于表中的 n 值，则符合要求。

> 做一做

根据上述讨论结果，归纳确定送风状态和送风量的步骤：

提示：

(1) 在 $h-d$ 图上找到室内空气状态点N；

(2) 根据算出的 Q 和 W 求出热湿比 $\varepsilon = Q/W$，再通过N点画出过程线 ε；

(3) 根据确定的送风温差求出送风温度，等温线与过程线的交点O即为送风状态点；

(4) 按式（2-5）或式（2-6）计算送风量。

对于有洁净度要求的净化厂房，《洁净厂房设计规范》（GB 50073—2013）对层高小于4.0m的洁净室的换气次数做了明确的规定：8级和9级洁净度换气次数为10~15次/h，7级洁净度换气次数为15~25次/h，《实用供热空调设计手册》推荐8级洁净厂房的换气次数为15次/h。

> 做一做

某空调房间的夏季冷负荷 $Q=3314$W，湿负荷 $W=0.264$g/s，体积 $V=100m^3$，要求室内全年保持空气状态为 $t_N=(22\pm1)$℃和 $\varphi_N=(55\pm5)\%$，当地大气压力为101285Pa，试确定送风状态参数和送风量。

提示：

(1) 计算热湿比 ε。根据式（2-7）可得 $\varepsilon_x = \dfrac{Q}{W} = \dfrac{3314}{0.264}$kJ/kg = 12553kJ/kg ≈ 12600kJ/kg

(2) 确定室内状态点N。根据 $t_N=22$℃和 $\varphi_N=55\%$ 在 $h-d$ 图上（图2-9）确定室内状态点N。

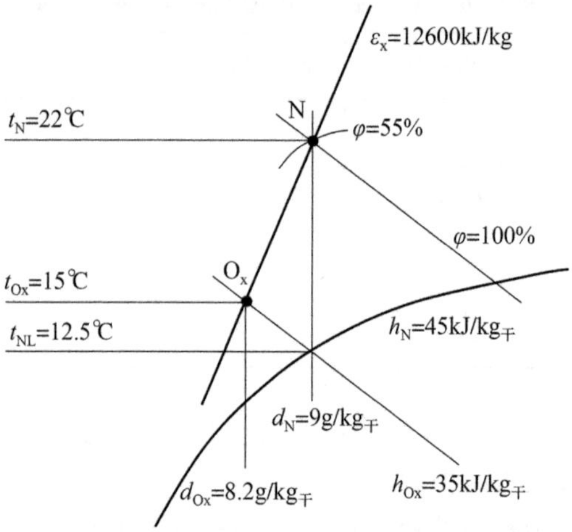

图 2-9　夏季送风状态和送风量的确定

(3) 通过 N 点画出 $\varepsilon_x = 12600\text{kJ/kg}$ 的热湿比线。

(4) 确定送风状态点。根据题中给出的室温允许波动范围，查表 2-6，取送风温差 $\Delta t_{Ox} = 8℃$，则送风温度 $t_{Ox} = 22℃ - 8℃ = 14℃$。查 $h-d$ 图，得到室内状态点 N 的露点温度 $t_{NL} = 12.5℃$，则送风温度 t_{Ox} 与露点温度 t_{NL} 的差值 $t_{Ox} - t_{NL} = 14℃ - 12.5℃ = 1.5℃ < 2 \sim 3℃$，说明送风温差取得过大，使送风温度偏低，不合适。令送风温差 $\Delta t_O = 7℃$，显然可以满足防止送风口结露的要求，此时的送风温度 $t_{Ox} = 15℃$。

(5) 在 $h-d$ 图上找到送风温度 $t_{Ox} = 15℃$ 的等温线与 $\varepsilon_x = 12600\text{kJ/kg}$ 线的交点 Ox，作为送风状态点，查得送风状态参数：$h_{Ox} = 35\text{kJ/kg}_{干}$，$d_{Ox} = 8.2\text{g/kg}_{干}$。

(6) 计算送风量。根据已知条件，在 $h-d$ 图上查得室内状态点 N 的参数：$h_N = 45\text{kJ/kg}_{干}$，$d_N = 9\text{g/kg}_{干}$，则由式 (2-5) 和式 (2-6)，可得

$$q_m = \frac{Q}{h_N - h_{Ox}} = \frac{3314 \times 10^{-3}}{45 - 35}\text{kg/s} = 0.33\text{kg/s}$$

或

$$q_m = \frac{W}{d_N - d_{Ox}} = \frac{0.264}{9 - 8.2}\text{kg/s} = 0.33\text{kg/s}$$

(7) 计算换气次数。由式 (2-8) 可得

$$n = q_v/V(\text{次/h}) = (0.33 \times 3600)/(1.2 \times 100) = 9.9(\text{次/h})$$

由于换气次数 $n = 9.9$ 次/h，大于表 2-6 规定的 5 次/h，所以送风量满足要求。

2.3.3 冬季空调房间送风量和送风状态点的确定

在冬季，通过围护结构的温差传热往往是由室内向室外传递，只有室内热源向室内散热。因此，冬季室内余热量往往比夏季少很多，常常为负值，而余湿量则冬夏一般情况下相同。这样冬季房间的热湿比一般小于夏季，甚至出现负值，所以冬季空调送风温度 t_{Od} 大都高于室温 t_N。

由于送热风时送风温差值可比送冷风时的大，所以冬季送风量可以比夏季小，故一般

是先确定夏季送风量，冬季送风量既可与夏季相同，也可少于夏季送风量。当冬季送风量与夏季相同时，只需要确定冬季的送风状态点。由于冬夏室内散湿量基本相同，所以当冬季室内状态点与夏季室内状态点相同时，冬季送风含湿量取值应与夏季相同，即 $d_{0d}=d_{0x}$。因此过 O_x点的等含湿量线和冬季热湿比线 ε_d的交点 O_d即为冬季送风状态点。

全年采取固定送风量的空调系统称为定风量系统。定风量系统调节比较方便，但不能够节能。若冬季采用提高送风温度、加大送风温差的方法，可以减少送风量，节约电能，尤其对较大的空调系统减少送风量的经济意义更突出。但送风温度不宜过高，一般以不超过45℃为宜，送风量也不宜过小，必须满足最少换气次数的要求。

➢ 做一做

仍按上例的基本条件，如冬季余热量 $Q=-1.105$kW，余湿量 $W=0.264$g/s，试确定冬季送风状态及送风量。

提示：

(1) 求冬季热湿比：

$$\varepsilon_d=\frac{Q}{W}=\frac{-1105}{0.264}\text{kJ/kg}=-4186\text{kJ/kg}$$

(2) 确定室内状态点 N。根据 $t_N=22$℃和 $\varphi_N=55\%$ 在 $h-d$ 图上（图2－10）确定室内状态点 N。

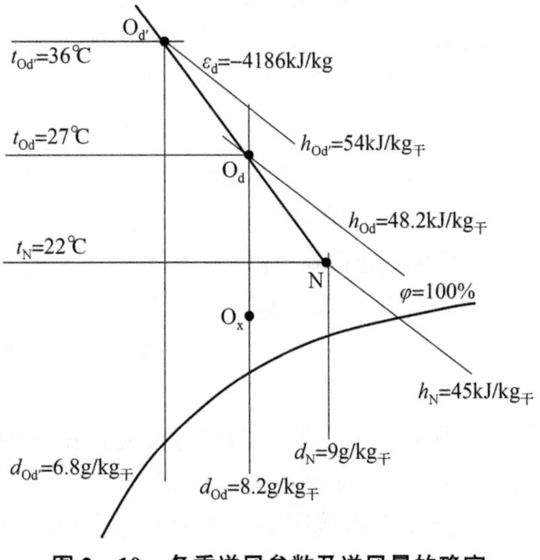

图2－10　冬季送风参数及送风量的确定

(3) 通过 N 点画出 $\varepsilon_d=-4186$kJ/kg 的热湿比线。

(4) 按全年送风量不变确定送风参数。

由于冬、夏季室内散湿量相同，故从 $q_m=W/(d_N-d_O)$ 知，冬季的送风含湿量 d_{Od}应与夏季 d_{Ox}相同，即 $d_{Od}=d_{Ox}=8.2$g/kg干。

在 $h-d$ 图上找到 $d=8.2$g/kg干 的等含湿量线与 $\varepsilon_d=-4185$kJ/kg 过程线的交点 O_d，该点即为冬季送风状态点。查得冬季送风参数：$h_{Od}=48.2$kJ/kg干，$t_{Od}=27$℃，此时送风温差 $\Delta t_{Od}=27℃-22℃=5℃$。

(5) 如希望在冬季充分利用大温差送风的优点来减少送风量，即采用小于夏季送风量的方案，则可先确定送风温差或送风温度后，再计算送风量。例如取送风温度 $t_{Od'}=36℃$（送风温差为 14℃），在 $h-d$ 图上找到 36℃的等温线和 $\varepsilon_d=-4185kJ/kg$ 过程线的交点 $O_{d'}$，并查得：$h_{Od'}=54kJ/kg_干$，$d_{Od'}=6.8g/kg_干$（N 点参数不变，即 $h_N=45kJ/kg_干$，$d_N=9g/kg_干$）。此时送风量

$$q_m=\frac{Q}{h_N-h_{Od'}}=\frac{-1105\times10^{-3}}{45-54}kg/s=0.12kg/s$$

或

$$q_m=\frac{W}{d_N-d_{Od'}}=\frac{0.264}{9-6.8}kg/s=0.12kg/s$$

(6) 计算换气次数。由式 (2-10) 可得

$$n=q_v/V(次/h)=(0.12\times3600)/(1.2\times100)=3.6(次/h)$$

由于换气次数 $n=3.6$ 次/h，小于表 2-6 规定的 5 次/h，所以提高送风温度、加大送风温差后算得的送风量不满足房间送风量的要求，需要增加送风量。

2.4 新风量的确定

空调系统的新风量 q_{mW}，是指夏冬季设计工况下应向空调房间供给的室外空气量，也是空调系统运行期间的最小新风供给量。向空调房间供给新风量是保证良好室内空气环境的基本要求，也是衡量空调系统是否达到健康标准的基本条件。

在夏季，室外空气的焓值一般都比较高，处理新风需要消耗较多的能量，因此供给新风量的多少既与空气质量有关，也与空调系统的能量消耗有很大关系，而且二者是相互独立的：多供新风则室内空气质量好，但空调系统处理新风的能耗大，运行费用高；少供新风则室内空气质量不能保证，但空调系统处理新风消耗的能量少，运行费用低。因此，在确定新风量取值的时候要二者兼顾，但卫生要求是基础。通常取满足人员卫生要求、补充局部排风和保持室内正压三方面要求的最小新风量，作为空调系统的新风量。

1. 满足卫生要求

无论是民用建筑还是工业建筑，人员所需新风量都应根据室内空气的卫生要求、人员活动和工作性质，以及在室内的停留时间等因素确定。在人员停留时间较长的空调房间内，新风量供应的多少对人的健康有直接影响，因为人体生理供氧量和冲淡室内有害气体及异味的任务都要由新风来承担。民用建筑主要是根据 CO_2 的允许浓度，确定符合卫生要求的最小新风量。表 2-7 给出了一个人在不同条件下呼出的 CO_2 量，表 2-8 则规定了各种场合下室内 CO_2 的允许浓度。

表 2-7 人体在不同状态下 CO_2 的呼出量

工作状态	CO_2 呼出量/（L/（h·人））	CO_2 呼出量/（g/（h·人））
安静	13	19.5
极轻的工作	22	33

续表

工作状态	CO_2呼出量/（L/（h·人））	CO_2呼出量/（g/（h·人））
轻劳动	30	45
中等劳动	46	69
重劳动	74	111

表2-8　CO_2允许浓度

房间性质	CO_2的允许浓度/（L/m^3）
人长期停留的地方	1
儿童和病人停留的地方	0.7
人周期性停留的地方（机关）	1.25
人短期停留的地方	2.0

在实际工作中，一般规定：不论每人占房间体积多少，新风量按大于或等于$30m^3$/（h·人）采用；对于人员密集的建筑物，如采用空调的体育馆、会场，每人所占的空间较少（不到$10m^2$），但停留时间很短，可分别按吸烟或不吸烟的情况，新风量以$7\sim15m^3$/（h·人）计算。

2. 补充局部排风量

当空调房间内有排风柜等局部排风装置时，为了不使室内产生负压，在系统中必须有相应的新风量来补偿排风量。

3. 保持空调房间的正压要求

为了防止外界环境空气（室外或相邻的空调要求较低的房间）渗入空调房间，干扰空调房间温湿度均匀性或破坏室内洁净度，需要在空调系统中用一定量的新风q_{mW}来保持房间的正压（即室内空气压力大于室外环境压力）。图2-11表示空调系统的空气平衡关系。

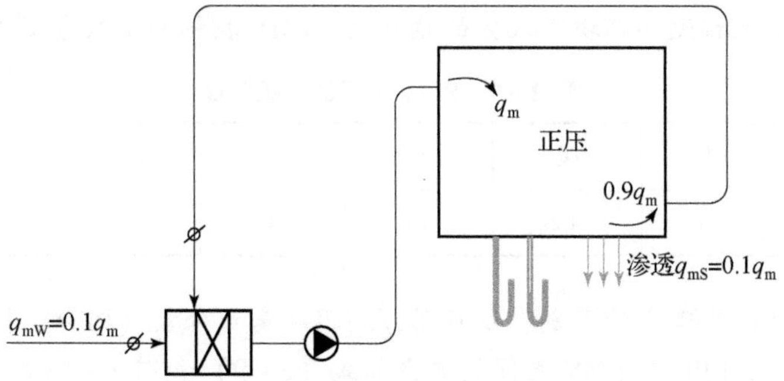

图2-11　空调系统空气平衡的关系图

从图2-11中可以看出，当把这个系统中的送、回风口调节阀调节到使送风量q_m大于从房间吸走的回风量（如$0.9q_m$）时，房间即呈正压状态，而送、回风量差q_{mS}就通过门窗的不严密处（包括门的开启）或排风孔渗出。室内的正压值ΔH（Pa）正好相当于空气从缝隙渗出时的阻力。一般情况下室内正压值在5~10Pa即可满足要求，过大的正压不但没有必要，而且还会降低系统运行的经济性。在实际工程中，对于绝大多数场合来讲，按上述方法得出的新风量不足总风量的10%时，也应按10%计算，以确保卫生和安全。

由上所述，新风量的确定可按图2-12所示的框图来确定。必须指出，在冬夏季室外设计计算参数下规定最小新风比，是出于经济方面的考虑。多数情况下，在春秋过渡季节中，可以提高新风比例，从而利用新风所具有的冷量或热量减少系统的运行费用。

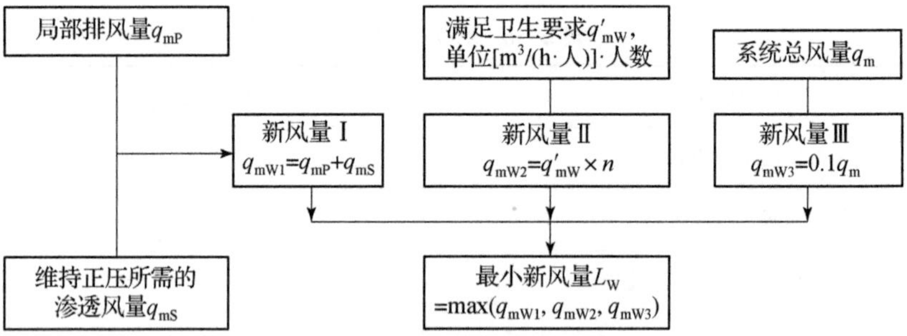

图2-12 新风量确定示意框图

拓展阅读

人体热舒适的PMV和PPD指标

热舒适感是一种人的主观感受，很难给出定量的评价方法，即使在大多数人都满意的环境下，也会有一些人感觉不舒适。为了对人体的热舒适度做出科学的评价，20世纪60年代，丹麦科技大学（Technical University of Denmark，DTU）的P. Fanger教授提出了PMV（Predicted Mean Voted，预测平均投票值）-PPD（Predicated Percentage of Dissatisfied，预测不满意百分数）评价方法。PMV和PPD综合了空气温度、空气湿度、空气流速、平均辐射温度、新陈代谢率和服装热阻6个影响人体热舒适的因素，是迄今为止最全面的评价室内热环境的指标。

PMV表示预计平均热感觉指数或评价，这一指标代表了同一环境下大多数人的冷热感觉，因此可以用来预测热环境下人体的热反应。PMV指标的7级分度见表2-9。

表2-9 PMV指标的7级分度

热感觉	热	暖	微暖	适中	微凉	凉	冷
PMV	+3	+2	+1	0	-1	-2	-3

由于人与人之间生理上的差别，故可用预测不满意百分数（PPD）指标来表示对热环境不满意的百分数，PPD和PMV之间的关系如式（2-9）和图2-13所示。

$$PPD = 100 - 95\exp[-(0.03353PMV^4 + 0.2179PMV^2)] \tag{2-9}$$

从图中可以看出，在PMV=0处，PPD=5%，这说明即使室内环境处于最佳热舒适状态，由于人与人之间存在的生理差异，还会有5%的人不满意。国际标准化组织提出的“室内热环境的评价与测量的新标准化方法（ISO 7730：2005）”，对PMV-PPD指标的推

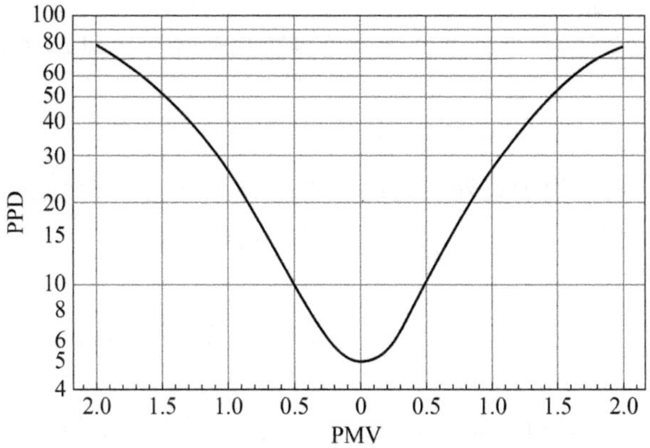

图 2-13　PPD 与 PMV 的关系

荐值为：PPD<10%，即 PMV 值为 -0.5~0.5，相当于允许有 10% 的人感觉不满意。2004 年发布的 ASHRAE Standard 55 修订版中也推荐使用 PMV 和 PPD 指标预测空调环境的热舒适度，并一直沿用至今。

根据我国国家标准《民用建筑供暖通风与空气调节设计规范》（GB 50736—2012）3.0.2 规定，对于舒适性空调，将热舒适度等级分为Ⅰ级热舒适度和Ⅱ级热舒适度，不同热舒适等级对应不同的 PMV 和 PPD 值，如表 2-10 所示，显然Ⅰ级热舒适度较高，Ⅱ级热舒适度较低。

表 2-10　不同热舒适等级对应的 PMV、PPD 值

热舒适度等级	PMV	PPD
Ⅰ级	-0.5≤PMV≤+0.5	≤10%
Ⅱ级	-1≤PMV<-0.5，+0.5<PMV≤+1	≤27%

项目实训

完成实操训练活页式工作手册“项目 4　风机盘管处理风量及供冷量的确定”。

能力测试

一、填空题

1. 夏季空调室外计算参数应采用历年平均不保证 50h 的________和历年平均不保证 50h 的________。

2. 夏季空调室外计算日平均温度应采用历年平均不保证 5 天的________。

3. 冬季空调室外计算________应采用历年平均不保证 1 天的日平均温度，室外计算________应采用累年最冷月平均相对湿度。

4. 得热量在转化为冷负荷过程中，存在着________和________现象。

5.《工业建筑供暖通风与空气调节设计规范》（GB 50019—2015）规定了工艺性空调的送风温差，该值和空调精度有关，要求的精度越高，送风温差越________，送风量越________。

二、选择题

1. 所谓（　　）是相当于室外气温由原来的 t_W（W 表示空气的室外状态）增加了一个太阳辐射的等效温度值，显然这只是为了计算方便推出的一个当量的室外温度，并非实际的室外空气温度。

A. 干球温度　　B. 室外空气综合温度
C. 湿球温度　　D. 露点温度

2. 在某一时刻为保持房间温湿度恒定，需向房间供应的冷量称为（　　）。

A. 得热量　　B. 冷负荷
C. 热负荷　　D. 除热量

3. 当空调系统间歇使用时，室温有一定的波动，引起围护结构额外的蓄热和放热，结果使得空调设备要从室内多取走一些热量，这种在非稳定工况下空调设备自室内带走的热量称为（　　）。

A. 得热量　　B. 冷负荷
C. 热负荷　　D. 除热量

4.（　　）是指在某一时刻由室外和室内热源散入房间的热量的总和。

A. 得热量　　B. 冷负荷
C. 热负荷　　D. 除热量

5. 空调房间的潜热负荷主要来自（　　）。

A. 空气中的热量和相对湿度　　B. 空气中的湿量和绝对湿度
C. 人体散湿和敞开水面散湿　　D. 空气中的热量和人体的散湿

6. 空气中的（　　）增加，就会导致空调的潜热负荷加大。

A. 水蒸气　　B. 温度
C. 压力　　D. 焓

7. 只要送风状态点 O 位于通过室内状态点 N 的（　　）上，将一定数量的这种状态的空气送入室内，就能同时吸收室内的余热量 Q 和余湿量 W，从而保证室内要求的状态 N。

A. 等温线　　B. 等焓线
C. 等含湿量线　　D. 热湿比线

8. 计算送风量的公式是 $q_m = Q/(h_N - h_O)$(kg/h)，其中（　　）

A. h_N为室内状态点的比焓，h_O为送风状态点的比焓
B. h_O为室内状态点的比焓，h_N为新风状态点的比焓
C. h_N为回风状态点的比焓，h_O为室内状态点的比焓
D. h_O为回风状态点的比焓，h_N为送风状态点的比焓

三、判断题

1. 空调机组送风状态点 O 与室内状态点 N 之间的温差称为送风温差，对于工艺性空调，该值是由空调精度决定的。(　　)

2. 设h_N为室内状态点的比焓，h_O为送风状态点的比焓，可通过公式$q_m = Q/(h_N - h_O)$(kg/h)计算送风量。(　　)

四、简答题

1. 影响人体舒适感的因素有哪些？
2. 为什么要确定室内外空气计算参数？
3. 空调基数和空调精度分别是什么意思？ ±1℃和±0.1℃哪个空调精度高？为什么？
4. 与空调设计有关的室外气象参数有哪些？到哪里查取？
5. 空调房间的得热量与冷负荷在什么情况下相等？为什么？
6. 除热量和冷负荷有什么区别？
7. 室内热源包括哪些？
8. 空气调节区的夏季计算散湿量应包括哪些内容？
9. 冬季供暖通风系统的热负荷应根据哪些得热和失热确定？
10. 试说明在热湿比一定的情况下，送风量和送风温差是什么关系？在夏季是否送风量越小越好，为什么？
11. 规定换气次数的目的是什么？换气次数如何取值？
12. 冬季采用与夏季相同的送风量或少于夏季送风量各有什么好处？

五、计算题

1. 某空调房间冬季总余热量$Q = -1105$W，余湿量$W = 0.264$g/s，室内需保持的空气参数$t_N = (22 \pm 1)$℃，$\varphi_N = (55 \pm 5)\%$，问：

（1）该空调房间的空调基数和空调精度分别为多少？

（2）试计算该空调房间的热湿比。

2. 某会议室的长×宽×高为20m×15m×3.5m，夏季冷负荷$Q = 41800$kJ/h，不考虑湿负荷，要求会议室内的空气状态为$t_N = 28$℃，$\varphi_N = 60\%$，试确定其空调送风状态参数及送风量。

3. 某恒温恒湿空调房间的空气参数，要求全年控制在$t_N = (23 \pm 0.5)$℃，$\varphi_N = (50 \pm 5)\%$，当大气压力为101325Pa时，房间夏季冷负荷为20kW，湿负荷为0.2g/s，求送风状态参数和送风量。如果冬季热负荷为3kW，其他条件与夏季相同，且采用与夏季相同的送风量时，求冬季的送风状态参数。

4. 某空调房间要求的空气参数为：干球温度$t = 26$℃，含湿量$d = 9.4$g/kg$_{干}$；计算出的冷负荷$Q = 4500$W，湿负荷$W = 2.5$kg/h；当地大气压力$P_b = 101325$Pa。如果采用7℃的送风温差送风，试求：

（1）送风状态点的干球温度t_O、相对湿度φ_O和含湿量d_O。

（2）保持室内所要求的空气状态所需要的送风量。

5. 某空调房间总余热量$Q = 3314$W，总余湿量$W = 0.3314$g/s，要求室内全年维持空气状态参数为：$t_N = (22 \pm 1)$℃，$\varphi_N = (55 \pm 5)\%$，当地大气压力为1013215Pa，求送风状态和送风量。

学习项目 3

空气的热湿处理设备及其运行维护

在学习项目 2 中，我们学习了确定送风状态和送风量的方法。那么，如何将空气处理到送风状态呢？这就需要使用热湿处理设备对空气进行加热、加湿、冷却、除湿等处理。

与空气进行热湿交换的介质主要有水、水蒸气、冰、各种盐类及其水溶液（如氯化锂溶液、溴化锂溶液）、制冷剂及其他物质（如硅胶、分子筛）等。其中，水最容易获得，且价格低廉、热容量大、调节方便，使用最为广泛。

按热湿交换介质与空气的接触方式不同，空气热湿处理设备可分为直接接触式和间接接触式两大类。直接接触式热湿处理设备将水、水蒸气、盐溶液等介质直接喷入空气中，或将硅胶、氯化锂等热湿交换介质与空气直接接触，使空气状态发生变化，常用的设备主要有喷水室、各类空气加湿器、液体吸湿器等；间接接触式（又称为表面式或间壁式）热湿处理设备是将水、水蒸气、制冷剂等介质通过金属表面与空气进行热湿交换，表冷器、空气加热器、盘管以及蒸发器和冷凝器都属于此类装置，又统称为表面式换热器。

下面我们一起来学习一些常用热湿处理设备的结构、热湿处理原理及其运行维护。

3.1 喷水室的结构及其实现的空气处理过程

目的与要求：

◇ 能说出喷水室的结构、特点及其应用场合；

◇ 能在焓湿图上画出喷水室实现的 7 个空气处理过程。

重点与难点：

◇ 学习重点：喷水室实现的 7 个空气处理过程。

◇ 学习难点：空气与水直接接触时的热湿交换原理。

3.1.1 喷水室的结构、特点及应用场合

喷水室是“空调之父”开利博士发明的人工微气候空调设备，是实现空气与水直接接触的空气处理过程的典型设备。喷水室将不同温度的水喷成雾滴与空气直接接触

(如图3－1所示)，或将水淋到填料层上，使空气与填料层表面形成的水膜直接接触，进行热湿交换，可实现多种空气处理过程，同时对空气还有一定的净化能力，洗涤吸附空气中的尘埃和可溶性有害气体，并且耗金属量少，易于实现工厂化制作和现场安装，在以调节湿度为主的纺织厂、烟厂及以去除有害气体为主要目的的净化车间等场所得到了广泛的应用。但是，它也有对水质要求高、占地面积大、水系统复杂、水泵耗能多、运行费用高等缺点。

图3－1 喷水室

喷水室有多种分类方法。按被处理空气在喷水室内的流速分为低速（2～3m/s）和高速（3.5～6.5m/s）两类，目前多数采用低速喷水室；按喷水室内空气流动方向分为卧式(空气流动方向为水平方向，水以顺喷或逆喷方向喷出）和立式（空气流动由下向上或由上向下，水由上向下喷出）两类，目前多数使用卧式喷水室；按制造喷水室外壳所用的材料分为金属外壳和非金属外壳（如玻璃钢、砖砌或钢筋水凝土）两类。

最常用的就是单级卧（立）式低速喷水室。单级卧式低速喷水室的构造如图3－2（a）所示，主要由外壳、底池、喷嘴与排管、前后挡水板和其他管道及其配件组成。普通单级立式低速喷水室的构造如图3－2（b）所示。立式喷水室占地面积小，空气自下而上流动，水自上而下喷洒，因而热湿交换效果更好，一般用于处理风量较小或空调机房层高较高的场所。无论是何种喷水室，其工作原理基本都是相同的：空气在风机的作用下通过前挡水板进入喷水室，与喷嘴喷出的水滴接触进行热湿交换，发生状态变化后流经后挡水板，使夹带在空气中的水滴分离出来，然后离开喷水室。

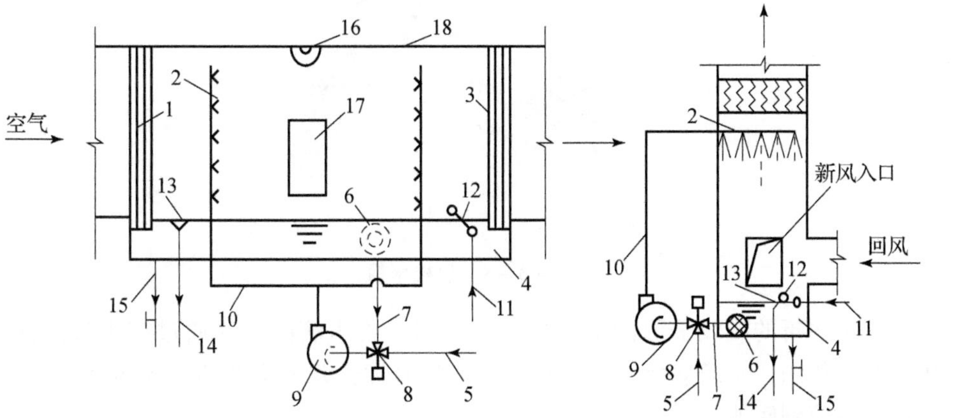

(a) 卧式喷水室　(b) 立式喷水室

图3－2 喷水室的构造示意图

1—前挡水板；2—喷水排管；3—后挡水板；4—底池；5—冷水管；6—滤水器；7—循环水管；8—三通混合阀；9—水泵；10—供水管；11—补水管；12—浮球阀；13—溢水器；14—溢水管；15—泄水管；16—防水灯；17—检查门；18—外壳。

1. 挡水板

挡水板分为后挡水板和前挡水板。前挡水板设置在喷嘴前，可以防止水滴飞溅出喷水室，并能使进入喷水室的空气在整个喷水室横截面上尽量均匀分布，故又称为均风板，如

图 3－3 所示。前挡水板已很少使用，取而代之的是流线型格栅整流器（又称为导流板），如图 3－4 所示。后挡水板（图 3－5）设置在喷水室出口前，作用是分离空气中携带的水滴，防止混合在被处理空气中较大的水滴进入管道和空调房间。

图 3－3　前挡水板

图 3－4　导流板

图 3－5　后挡水板

挡水板由多折的或波浪形的平行板组成，当夹带水滴的空气通过挡水板的曲折通道时，由于惯性作用，水滴就会与挡水板表面发生碰撞，并聚集在挡水板表面上形成水膜，然后沿挡水板流到底池。

在实际工程中，挡水板一般用厚度为 0.75～1.0mm 的镀锌钢板或塑料板制作。前挡水板一般取 2～3 折，夹角为 90°～150°；后挡水板一般取 4～6 折，夹角为 90°～120°；挡水板间距为 25～40mm。挡水板的折数越多、夹角越小、板间距越小、空气流速越低，挡水的效果越好，但对空气的阻力也会增加，并且增大了挡水板的迎风面积。

➢ 想一想

如果后挡水板失效，会出现什么故障现象？

> **做一做**

观察组合式空调机组中安装的挡水板的材质、结构，体会挡水板是如何工作的？

2. 喷嘴

喷嘴是喷水室的核心部件，其作用是使喷出的水雾化，增加水与空气的接触面积。喷嘴一般由铸钢、铸铝、铸铜、不锈钢、塑料（ABS）及尼龙等材料制成。

图3-6所示为一种常用的YX型离心式喷嘴，图3-7为采用离心式喷嘴的喷水排管照片。

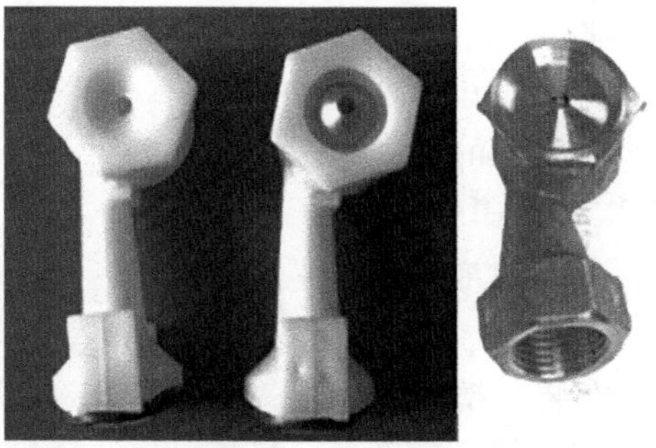

图3-6　离心式喷嘴

图3-7　使用离心式喷嘴的喷水排管

根据喷孔的大小不同，喷嘴可分为粗喷喷嘴、中喷喷嘴和细喷喷嘴。

（1）粗喷喷嘴：指喷嘴孔径在4.0~6.0mm、喷水压力为0.05~0.15MPa的喷射口。它喷出的水滴较大，在与空气接触时，水滴温升较慢，不易蒸发，因而广泛应用于夏季的降温、减湿处理。

（2）中喷喷嘴：中喷喷嘴介于粗喷喷嘴与细喷喷嘴之间，喷嘴孔径为2.5~3.5mm，水压为0.2MPa左右。

（3）细喷喷嘴：细喷喷嘴的孔径为2.0~2.5mm，喷嘴前的水压大于0.25MPa，这种喷嘴喷出的水滴较细，与空气接触时温度升高快，容易蒸发，适用于加湿空气，但是容易堵塞。

使用中喷喷嘴和粗喷喷嘴喷射时，喷嘴喷出的水滴直径较大，与空气接触时的温升慢，适用于空气的冷却干燥。在一般的空气调节使用场合，应优先选用孔径较大的喷嘴，这样既可以对空气进行降温减湿或绝热加湿处理，又可以不必经常更换喷嘴。

为彻底解决现有喷水室喷嘴易堵塞、维护工作量大、能耗较高、系统较复杂及调节不够灵活等问题，撞击流式喷嘴应运而生。撞击流式喷嘴有对喷式和靶式两种，其结构如图3-8所示，图中的δ_1为两个喷嘴之间的距离，δ_2为喷嘴与靶板之间的距离，δ_3为喷嘴内径。

撞击流喷嘴的特点是：

（1）不容易堵塞；

（2）水雾化角可达180°，覆盖面更宽且分散度均匀，在喷嘴密度较小的条件下，达到较高的热湿交换效率；

（3）水流在直短管喷嘴中阻力小，与离心式喷嘴相比，所需的雾化水压低，喷水量较少，降低了风机和水泵的能耗；

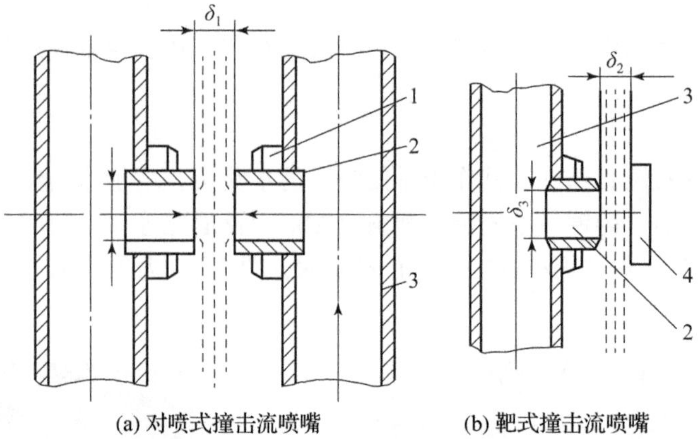

图 3-8　撞击流式喷嘴结构

1—紧固螺母；2—喷嘴；3—供水立管；4—靶板。

(4) 调节灵活，通过调节喷嘴间的距离，便可改变水膜的厚度，从而满足粗喷、细喷的不同要求；

(5) 靶式喷嘴比对喷式喷嘴容易加工和安装，精度要求低，可避免出现对喷式喷嘴由于加工和安装精度不够，使两短管不在同一轴线上，从而影响雾化效果的问题。

喷嘴性能的优劣主要体现在同样喷嘴压力下的喷水量和雾化效果上。同一类型的喷嘴，孔径越小，喷嘴前压力越高，雾化效果越好。孔径相同时，压力越高，喷水量越大，雾化效果越好，但喷水所消耗水泵的功率越大。理想的喷嘴应能在较低喷水压力下，保证喷水室所需要的雾化效果的喷水量，且使用过程中不易被堵塞。图 3-10 为 Y-1 型离心式喷嘴的喷水性能。

图 3-9　靶式撞击流喷嘴

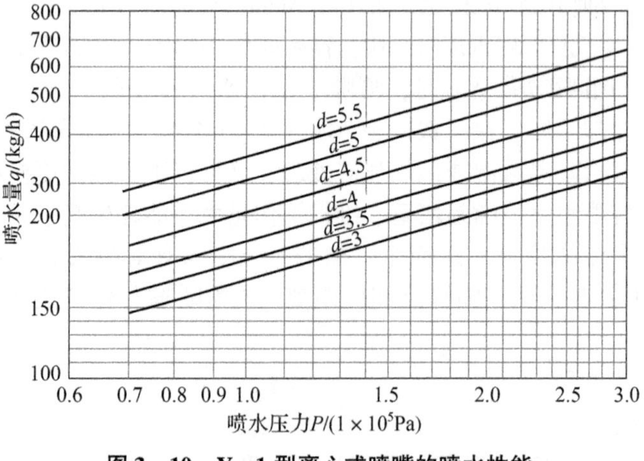

图 3-10　Y-1 型离心式喷嘴的喷水性能

3. 喷水排管

喷水排管的作用是布置喷嘴，通常设置 1~3 排，最多 4 排。喷嘴的喷水方向相对于空气流动方向可顺喷、也可逆喷，当采用双排喷水排管时均为对喷。

以各种减焓处理过程为例，实验证明单排喷嘴的热交换效果比双排的差，而三排喷嘴的热交换效果和双排的差不多。因此，三排喷嘴并不比双排喷嘴在热工性能方面有多大优越性，所以工程上多采用双排喷嘴。只有当喷水系数较大，如用双排喷嘴，需要较高的水压时，才改用三排喷嘴。

并且，在单排喷嘴的喷水室中，逆喷比顺喷效果好。在双排喷嘴的喷水室中，对喷比两排均逆喷效果更好。这是因为单排逆喷和双排对喷时，水能更好地覆盖喷水室断面。如果采用三排喷嘴的喷水室，则应用一顺两逆的喷水方式为好。

4. 底池及其他管路

喷水室的底池与四种管路相通，用来容纳喷淋用水和喷淋落水。

（1）循环水管：底池通过滤水器与循环水管相连，使落到底池的水能重复使用。滤水器的作用是清除水中杂物，以免喷嘴堵塞。

（2）溢水管：底池通过溢水器与溢水管相连，以排除水池中维持一定水位后多余的水。

（3）补水管：当用循环水对空气进行绝热加湿时，底池中的水量将逐渐减少，由于泄漏等原因也可能引起水位降低，因此需设补水管。

（4）泄水管：为了检修、清洗和防冻等，在底池的底部需设泄水管，以便在需要泄水时，将池内的水全部泄至下水道。

5. 喷水室外壳

喷水室外壳一般采用双层钢板制成，内夹玻璃棉、聚苯乙烯或聚氨酯保温材料层，并应由角钢或弯曲钢板加固。有防腐要求时，宜采用玻璃钢外壳，内夹保温层。喷水室外壳也可采用 80 ~ 100mm 的钢筋混凝土现场浇制。

为了观察和检修方便，喷水室应有防水照明灯和密闭检查门。

3.1.2 喷水室能够实现的空气处理过程

1. 空气与水直接接触的热湿交换原理

使用喷水室处理空气，实际上是空气与水直接接触的热湿交换。与水直接接触时，根据水温不同，可能仅发生显热交换，也可能既有显热交换又有潜热交换，温差是显热交换的推动力，而水蒸气分压力差则是湿（质）交换的推动力，如图 3－11 所示。

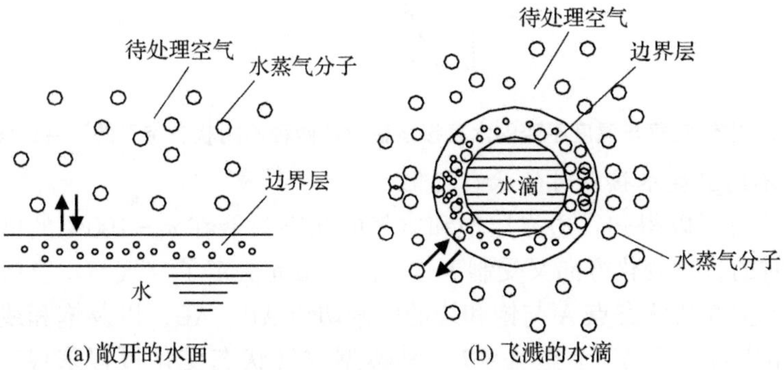

图 3－11 空气与水的热、湿交换

显热交换是空气与水之间存在温差时，由导热、对流、辐射作用而引起的换热结果。潜热交换是空气中水蒸气凝结（或蒸发）而放出（或吸收）汽化潜热的结果。总热交换是显热交换和潜热交换的代数和。

如图 3－11 所示，当空气与敞开水面或飞溅的水滴表面接触时，由于水分子做不规则运动的结果，在贴近水表面处存在一个温度与水表面温度相同的饱和空气边界层。空气与水直接接触时的热湿交换实质是主体空气与水表面饱和空气层的热湿交换。由热力学知识可知，该饱和空气边界层的水蒸气分压力取决于水表面的温度。

空气与水之间的热湿交换量和边界层周围空气（主体空气）与边界层内饱和空气之间的温差及水蒸气分压力差的大小有关。当边界层的温度高于主体空气的温度时，则由边界层向主体空气传热，主体空气被加热；反之，则由主体空气向边界层传热，主体空气被冷却。当边界层的水蒸气分压力大于主体空气的水蒸气分压力时，水蒸气分子将由边界层向主体空气迁移，主体空气中的水蒸气分子数不断增加，即主体空气被加湿，该过程称为蒸发；反之，水蒸气分子将由主体空气向边界层迁移，主体空气中的水蒸气分子数不断减少，即主体空气被减湿，该过程称为冷凝。在蒸发过程中，边界层中减少了的水蒸气分子又由跃出水面的水分子补充；在凝结过程中，边界层中过多的水蒸气分子将回到水面。

如上所述，温差是显热交换的推动力，水蒸气分压力差是湿（质）交换的推动力。进一步，可以证明，焓差是总热交换的推动力。因此，总热交换量与湿空气的焓差有关，或者说与主体空气和边界层空气的湿球温度差有关。

2. 空气与温度不变的水直接接触时的状态变化

空气与水的热湿交换过程可以视为主体空气与边界层空气不断混合的过程，可以按两种不同状态空气的混合过程来对待。如图 3－12 所示，状态点 A 为主体空气，状态点 B 是与水温 t_w 温度相同的边界层饱和空气。根据不同状态空气的混合规律，混合状态点 C 位于状态点 A 和状态点 B 的连线上。C 点的具体位置取决于与空气接触的水量或水滴数量及空气与水接触的时间长短。水量越多，参与混合的饱和空气越多，空气的终状态点（即混合后的状态点 C）就越接近饱和状态点 B。

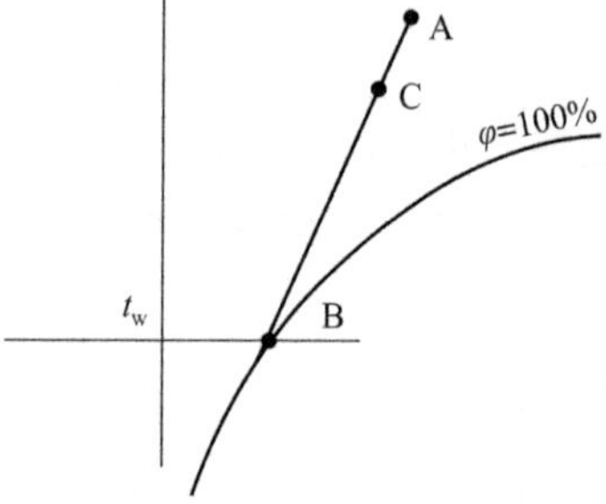

图 3－12　主体空气与温度不变的水直接接触时按两种不同状态空气的混合过程来对待

3. 空气与不同温度水接触时的状态变化

从上面的分析可以得知：边界层饱和空气的状态只能在 $\varphi=100\%$ 的饱和线上，空气与水直接接触时的状态变化方向又受制于这一点，由此决定了空气与水直接接触时的状态变化范围，是由空气初状态点 A 与饱和线的两条切线 AB、AC，以及饱和线所围成的曲线△ABC，这个范围可以用 A－1 至 A－7 7 种典型空气状态变化过程来代表，如图 3－13 所示。

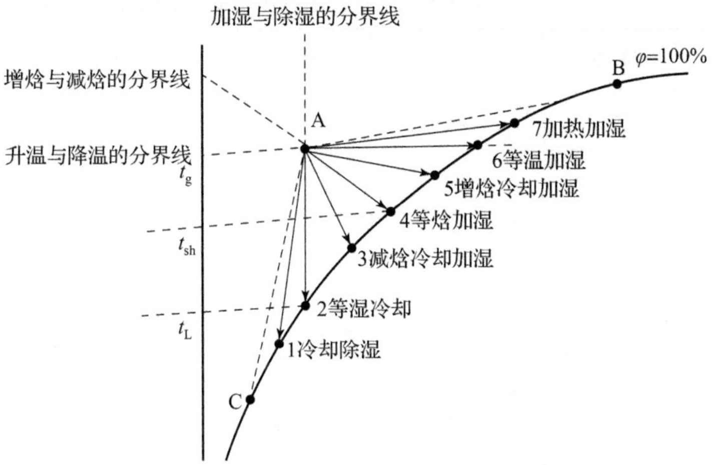

图3－13　空气与水直接接触热湿交换的假想过程

为了分析方便，我们依次按照“假想过程”“理想过程”和“实际过程”来分析空气与不同温度水接触时的状态变化过程。

1）假想过程

假定与空气接触的水量无限大（水温保持不变），接触时间无限长（空气的终状态点将落在 $h-d$ 图的饱和曲线上），可以得到7种典型过程，如图3－13所示。

这7种过程中，A－2过程是空气增湿和减湿的分界线，A－4过程是空气增焓和减焓的分界线，而A－6过程是空气升温和降温的分界线。

（1）当水温低于空气露点温度时，发生A－1过程。此时由于 $t_w < t_L < t_A$ 和 $P_{q1} < P_{qA}$，所以空气被冷却和干燥，水蒸气凝结时放出的热亦被水带走。

（2）当水温等于空气露点温度时，发生A－2过程。此时由于 $t_w < t_A$ 和 $P_{q2} = P_{qA}$，所以空气被等湿冷却。

（3）当水温高于空气露点温度而低于空气湿球温度时，发生A－3过程。此时由于 $t_w < t_A$ 且 $P_{q3} > P_{qA}$，空气被冷却和加湿。

（4）当水温等于空气湿球温度时，发生A－4过程。此时由于等湿球温度线与等焓线相近，可以认为空气状态沿等焓线变化而被加湿。在该过程中，由于总热交换量近似为零，而且 $t_w < t_A$，$P_{q4} > P_{qA}$，说明空气的显热量减少、潜热量增加，二者近似相等。实际上，此时水蒸发所需热量取自空气本身。

（5）当水温高于空气湿球温度而低于空气干球温度时，发生A－5过程。此时由于 $t_w < t_A$ 且 $P_{q5} > P_{qA}$，空气被加湿和冷却。水蒸发所需热量部分来自空气，部分来自水。

（6）当水温等于空气干球温度时，发生A－6过程。此时由于 $t_w = t_A$ 且 $P_{q6} > P_{qA}$，说明不发生显热交换，空气状态变化过程为等温加湿，水蒸发所需热量来自水本身。

（7）当水温高于空气干球温度时，发生A－7过程。此时由于 $t_w > t_A$，$P_{q7} > P_{qA}$，空气被加热和加湿。水蒸发所需热量及加热空气的热量均来自于水本身，当水量有限时水温降低。冷却水系统的冷却塔内发生的便是这个过程。

表3－1列举了这7种空气处理过程的特点。

表 3-1 空气与水直接接触时热湿交换的特点

过程线	水温特点	t 或 Q_X	d 或 Q_q	h 或 Q_Z	过程名称
A-1	$t_w < t_L$	减	减	减	冷却除湿
A-2	$t_w = t_L$	减	不变	减	等湿冷却
A-3	$t_L < t_w < t_{sh}$	减	增	减	减焓冷却加湿
A-4	$t_w = t_{sh}$	减	增	不变	等焓加湿
A-5	$t_{sh} < t_w < t_A$	减	增	增	增焓冷却加湿
A-6	$t_w = t_A$	不变	增	增	等温加湿
A-7	$t_w > t_A$	增	增	增	加热加湿

注：表中 t_A、t_{sh}、t_L 为空气初状态 A 的干球温度，湿球温度和露点温度，t_w 为水温，Q_X 为显热，Q_q 为潜热，Q_Z 为总热量。

2）理想过程

与上述假想过程不同，如果空气与水接触的时间足够长（空气的终状态仍将落在 $h-d$ 图的饱和线上），但水量有限（除 $t_w = t_{sh}$ 的热湿交换过程外，水温都将发生变化，边界层的饱和空气在饱和线上的位置也会发生变化）。图 3-14 描述了用喷水室处理空气的理想过程。

> **做一做**

请学生讲解图 3-14 所示的空气与水直接接触热湿交换的理想过程。

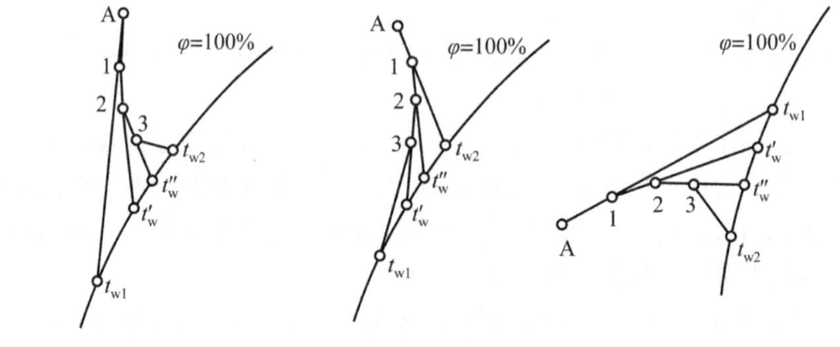

(a) 水初温低于空气露点温度(顺流)　(b) 水初温低于空气露点温度(逆流)　(c) 水初温高于空气温度(顺流)

图 3-14 空气与水直接接触热湿交换的理想过程

> **想一想**

（1）理想过程的空气状态变化过程线与假想过程有什么不一样？

（2）逆流与顺流相比，哪种形式的换热效果好？

提示：以图 3-14（a）为例来分析空气与水直接接触热湿交换的理想过程。从

图3－14（a）可以看出，水的初温低于被处理空气的露点温度，水滴与空气的运动方向相同（顺流），状态为A的空气首先与具有初温 t_{w1} 的饱和空气混合到状态点1，然后状态点1又与温度已经升高到 t'_w 的饱和空气混合到状态点2，依此类推，最后可得到一条表示空气变化过程的折线 A123…t_{w2}，间隔划分越密，则所得过程线越接近于一条平滑曲线，而且在热湿交换充分的理想条件下，空气状态变化的终点将落在饱和曲线上，温度将等于水的终温。

3）实际过程

实际上空气与水接触时，接触时间也是有限的，空气状态的变化过程既不是直线，也难以达到与水的终温（顺流）或初温（逆流）相等的饱和状态。然而在工程中，人们关心的只是空气处理的结果，而并不关心空气状态变化的轨迹，所以在已知空气的终状态时仍可用连接空气初、终状态点的直线来表示空气状态的变化过程，如图3－15所示的过程线AB。

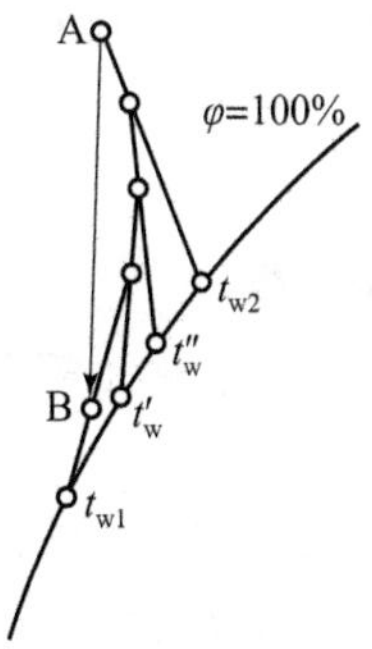

图3－15　空气与水直接接触热湿交换的实际过程

另外，用喷水室处理空气时，空气的状态往往达不到饱和，只能接近饱和，相对湿度一般为90%~95%，但也接近了结露状态，故而常把空气经喷水室（或表面式冷却器）处理后接近饱和状态时的终状态点称为“机器露点”。

3.2　表面式换热器

目的与要求：

◇ 能说出表面式换热器的结构、种类、特点、热湿交换原理、安装要点及应用场合；

◇ 能在焓湿图上画出表面式换热器实现的3个空气处理过程；

◇ 能够对表面式换热器进行运行维护。

重点与难点：

◇ 学习重点：表面式换热器的结构、特点、安装要点；表面式换热器实现的3个空气处理过程；表面式换热器的运行维护。

◇ 学习难点：间接接触式热湿交换原理。

在空调工程中，另一类广泛使用的热湿交换装置是表面式换热器。与喷水室相比，表面式换热器结构简单、体积小、使用灵活、用途广，还可以使用多种热湿交换介质。表面式换热器的别名很多：在组合式空调机组和柜式风机盘管中，用于空气冷却除湿处理时称为空气冷却器或表面式冷却器，简称表冷器；用来对空气进行加热处理时，称为空气加热器；作为风机盘管的部件使用时，称为盘管；用作各种空调器或空调机的四大部件中的换热器时，分别称为蒸发器和冷凝器。表面式换热器包括空气加热器和冷却器两类，前者用热水或蒸汽做热媒，后者以冷水或制冷剂做冷媒。

> **做一做**

请学生观察表面式换热器实物，并说出它们各自的名称。

3.2.1 表面式换热器的结构和种类

空调工程中使用的表面式换热器主要是各种金属肋片管的组合体。

肋片管由基管和肋片（翅片）构成，制作材料为铜、铝、钢等。为了使表面式换热器性能稳定，应使管子与肋片接触紧密，以减小接触热阻，并保证长久使用后也不会松动。

> **想一想**

在换热管上安装肋片的目的是什么？

根据加工方法的不同，肋片管分为绕片管、串片管和轧片管等。

1. 绕片管

将铜带或钢带用绕片机紧紧地缠绕在管子上，可制成绕片管，主要有皱褶式绕片管（图 3－16（a））和光滑绕片管（图 3－16（b））两种。皱褶式绕片既增加了肋片与管子之间的接触面积，又可以使空气流过时的扰动增强，从而提高传热系数。但是，皱褶的存在会使空气流过肋片管的阻力增加，而且容易积灰，不便清理。为了消除肋片与管子接触处的间隙，可将这种换热器浸镀锌、锡，这样还可以防止金属生锈。有的绕片没有皱褶，称为光滑绕片，它们是用延展性好的铝带绕在基管上构成的。

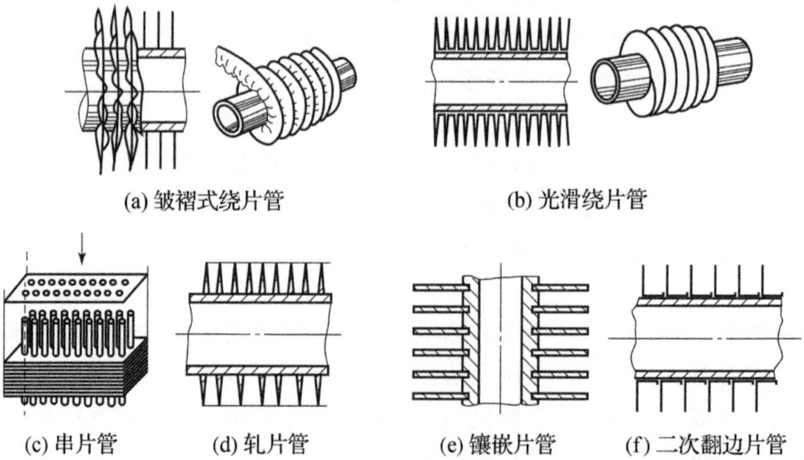

图 3－16 各类肋片管

> **想一想**

哪些表面式换热器采用的是绕片管？

2. 串片管

将提前冲好管孔的肋片与管束串在一起，经过胀管之后可制成串片管，如图3-16（c）和图3-17所示。串片管生产的机械化程度很高，现在大批铜管铝片的表面式换热器均为此法生产。

图3-17　串片式表面式换热器

> 做一做

观察中央空调机组中使用串片管的表面式换热器。

3. 轧片管

用轧片机在光滑的铜管或铝管外表面上轧出肋片，便制成了轧片管，如图3-16（d）所示。由于片和管子是一个整体，没有因存在缝隙而产生接触热阻，所以轧片管的传热性能更好。但是，轧片管的制造成本很高，且肋片不能太高，管壁也不能太薄。

4. 镶嵌片管

由于该管的肋片是镶嵌在管壁表面开的槽中，如图3-16（e）所示，因此管壁与肋片结合紧密，传热性能较好。

> 想一想

观察表面式换热器的结构，你会发现用来增强换热的肋片都是安装在空气侧的，这又是为什么呢？

提示：由于表面式换热器是借助换热管内的冷热媒介质经金属分隔面与空气进行间接的热湿交换，而空气侧的对流换热系数一般远小于管内冷却介质或加热介质的对流换热系数，为了增强表面式换热器的换热效果，降低金属耗量和减小换热器的尺寸，通常采用肋片管来增大空气一侧的换热面积，以达到增强传热的目的。

5. 其他加强换热措施

为了提高表面式换热器的性能，还应该提高管外侧和管内侧的热交换系数。强化管外侧换热的主要措施之一是用二次翻边片（即管孔处翻两次边），如图3-16（f）所示，代替一次翻边片，既保证了肋片的间距，又增加了肋片与管壁的接触强度，从而增加了肋片管的传热效果；二是采用新型肋片管，如波纹形、条缝形和波形冲缝片等（图3-18），以增加气流的扰动性，提高管子外表面的换热系数。强化管内换热的最简单的措施是采用内螺纹管（图 3－19）。研究表明，采用上述措施后可使表面式换热器的传热系数提高 10%~70%。

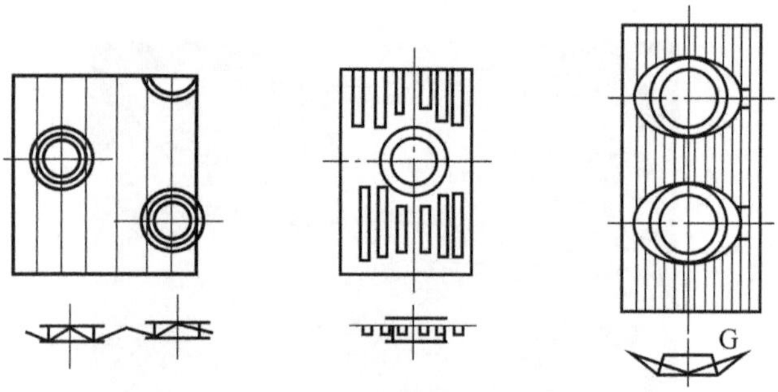

(a) 波纹形片　(b) 条缝形片　(c) 波形冲缝片

图 3－18　肋片管式换热器的新型肋片

> **想一想**

为什么有些表面式换热器使用的肋片是蓝色的呢？

图 3－19　内螺纹管式换热器

在铜管串铝片的换热器生产中，采用亲水铝箔的越来越多，所谓亲水铝箔就是在铝箔上涂防腐蚀涂层和亲水的涂层，并经烘干炉烘干后制成的铝箔。它的表面有较强的亲水性，可使换热片上的凝结水迅速流走而不会聚集，避免了换热片间因水珠“搭桥”而阻塞翅片间空隙，从而提高了热交换效率。另外，在舰船所处海洋、岛屿、海边等环境以及一些特殊工艺含高氯离子环境，还可以使用防腐性能更好的铜肋片。

对由传统肋片管组成的表面式换热器的分类、标记和要求等，国家标准《空气冷却器与空气加热器》（GB/T 14296—2008）均有详细规定可供查阅。

> **想一想**

使用表面式换热器加热或冷却空气，属于你学过的哪种传热方式？使用这种传热方式时，应如何增强换热？设计阶段或工程应用中，应采取哪些措施增强表面式换热器的换热效果？

3.2.2 表面式换热器的安装

表面式换热器可以垂直安装，也可以水平安装或倾斜安装。但是，以蒸汽做冷媒的空气加热器最好不要水平安装，以免聚集凝结水而影响传热性能。此外，垂直安装的表面式冷却器必须使肋片处于垂直位置（图 3－20），否则将因肋片上部积水而增加空气阻力。

图 3－20　垂直安装的表面式冷却器

由于表面式换热器工作时，表面上常有凝结水产生，所以在它们下部应装接水盘和排水管。对于迎风断面面积较大的换热器应在垂直方向分层设置接水盘，接水盘应有一定的深度，以防迎面风速过大时将水盘内的冷凝水带走（图 3－21）。

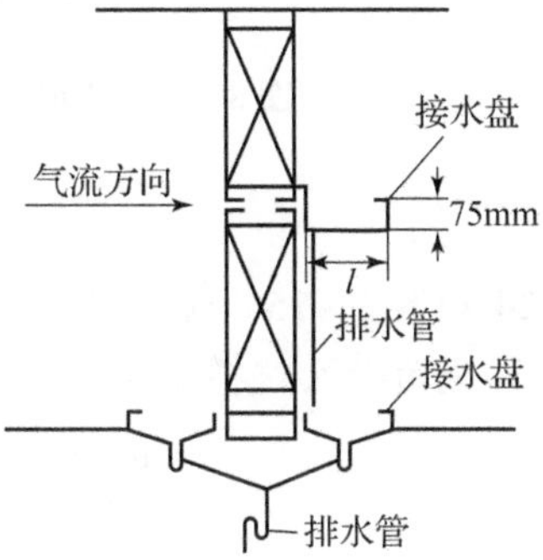

图 3－21　接水盘和排水管的安装

> **做一做**

观察表面式换热器的垂直安装方式及其接水盘。

按空气流动方向来说，表面式换热器可以并联，也可以串联，或者既有并联又有串联。到底采用什么样的组合方式，应按通过空气量的多少和需要的换热量大小来决定。一般是通过空气量大时采用并联，需要空气温升（或温降）大时采用串联。

通常的做法是，相对于空气来说，并联的表面式换热器，其冷热媒管路也应并联（图 3－22）；串联的表面式换热器，其冷热媒管路也应串联（图 3－23）。管路串联可以增加水流速，有利于水利工况的稳定和提高传热系数，但是系统阻力会有所增加。为了使冷热媒与被处理空气之间有较大的传热温差，最好让空气与冷热媒之间按逆交叉型流动，即进水管路与空气出口应位于同一侧（图 3－22 和图 3－23）。

> **做一做**

观察表面式换热器管路的安装方式，体会什么是逆交叉流，并根据以往所学知识说明采用逆交叉流的好处。

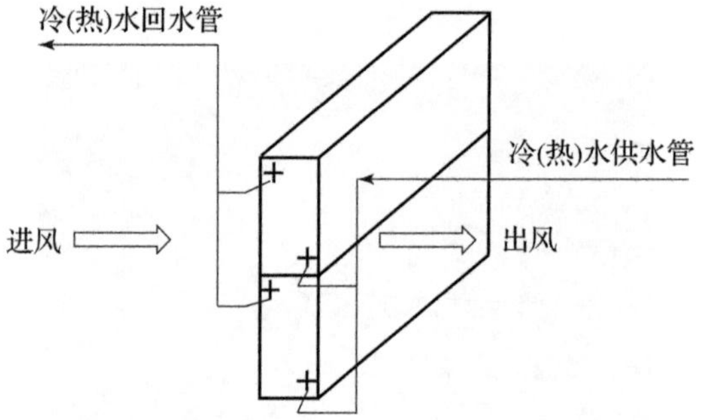

图 3-22　并联表面式换热器的水管并联

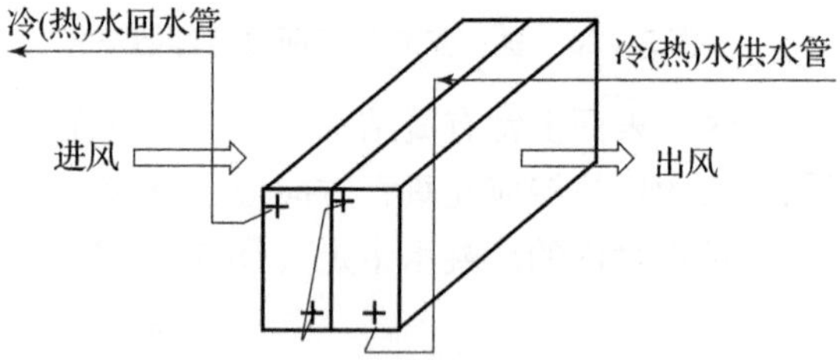

图 3-23　串联表面式换热器的水管串联

➢ 做一做

观察图 3-24 和图 3-25，说一说当蒸汽加热器并联或串联安装时，其汽、水管路是如何安装的？说一说为什么这样安装？

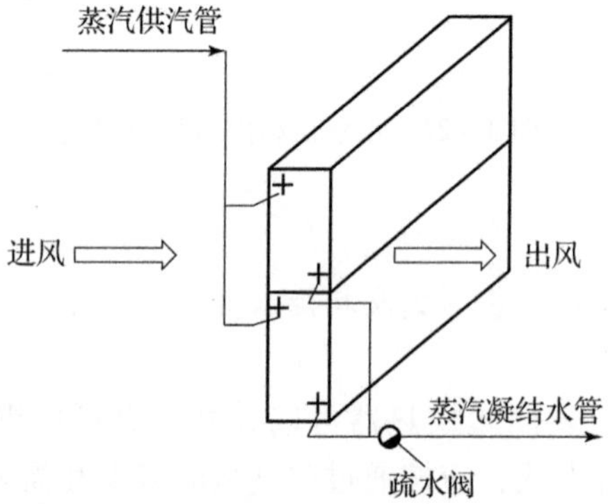

图 3-24　并联蒸汽加热器的汽、水管并联

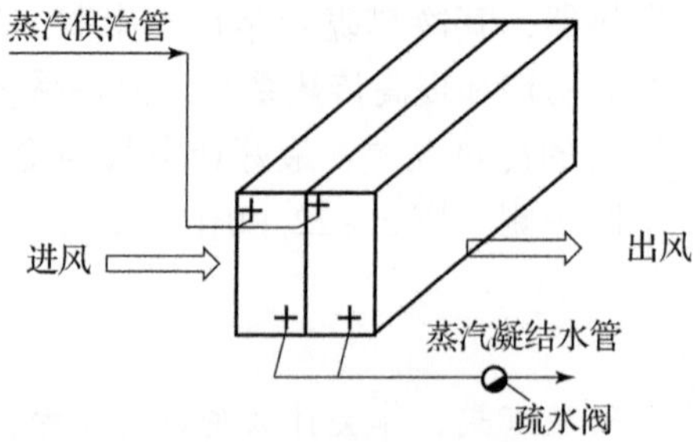

图 3-25　串联蒸汽加热器的汽、水管并联

提示：蒸汽加热器主要利用蒸汽的汽化潜热来加热空气，因此无论换热器是并联还是串联，其蒸汽管只能并联。

为了便于使用和维修，冷热媒管路上应设阀门、压力表和温度计。在蒸汽加热器入口管道上，应安装调节阀，凝结水管上安装疏水器（图3－26），它的前后需安装截止阀，并设旁通管路。为了保证换热器正常工作，在水系统最高点还应设排空气装置，在最低点设泄水和排污阀门。

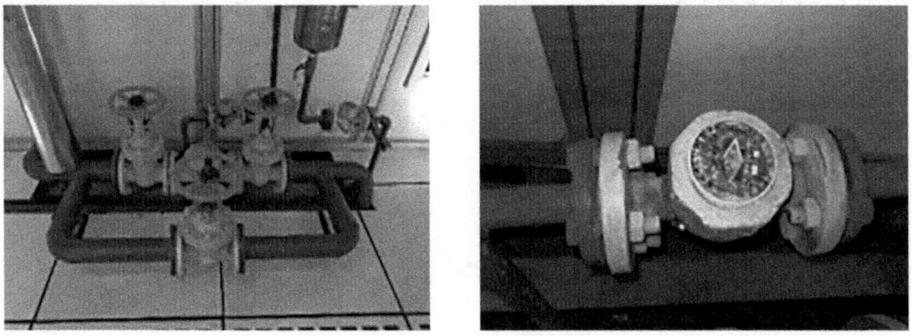

图3－26 疏水器的安装

如果表面式换热器冷热两用，热媒宜采用65℃以下的热水，以免因管道内壁积水垢过多而影响换热器的性能。

➢ **做一做**

观察冷热媒管路上设置的各类阀门、测试仪表等，并说出它们的作用。

3.2.3 间接接触式热湿交换原理

➢ **做一做**：阅读下面的文字，并回答问题。

（1）什么是间接接触式热湿交换？

（2）一般情况下，金属表面的温度更接近于冷、热流体还是空气的温度？为什么？

（3）间接接触式热湿交换的结果取决于什么？

（4）当金属表面温度高于空气温度时，空气以________换热为主、与金属表面进行显热交换，空气的含湿量不发生变化，实现的空气处理过程为________过程。

（5）当金属表面温度低于空气温度，但高于露点温度时，空气以________换热方式为主、与金属表面进行显热交换，此时不发生潜热交换，即空气的________不发生变化，而________降低，实现的空气处理过程是________过程。

（6）说一说当金属表面温度低于露点温度时，表面式换热器与空气热湿交换的原理。

和空气与水直接接触时的热湿交换不同，间接接触式热湿交换是流动空气与金属表面进行热湿交换，热湿交换的结果取决于金属表面的温度。由于空气侧的表面传热系数总是远低于冷、热媒流体侧的表面传热系数，一般情况下，金属表面温度更接近于冷、热媒流体的温度。

当金属表面温度高于空气温度时，空气以对流换热方式为主与金属表面间进行显热交换，而使温度提高此时并不会发生质量交换，即空气的含湿量不发生变化；当金属表面温度低于空气温度而高于空气露点温度时，空气与金属表面同样以对流换热方式为主进行热交换，温度被降低，空气的含湿量同样不会发生变化；当金属表面温度低于空气露点温度时，空气中的部分水蒸气将开始在空气侧的金属表面凝结，随着凝结液的不断增多，在金属表面会形成一层流动的水膜。和空气与水直接接触时的热湿交换原理相同，在与空气相邻的水膜一侧，存在一个温度与水膜温度相同的饱和空气边界层(图 3－27)。此时，空气与金属表面的显热交换会因空气与凝结水膜之间存在温差而发生，使空气温度降低；质交换则因空气与凝结水膜相邻的饱和空气边界层间存在水蒸气分压力差而发生，使空气含湿量减少。

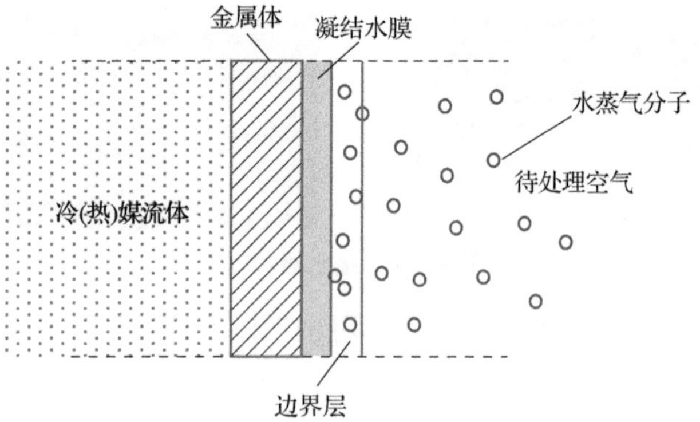

图 3－27　金属表面存在凝结水膜时的示意图

3.2.4　用表面式换热器处理空气的过程与特点

由上述分析可知，表面式换热器只能够实现等湿加热、等湿冷却和冷却除湿 3 个空气处理过程，如图 3－28 所示。

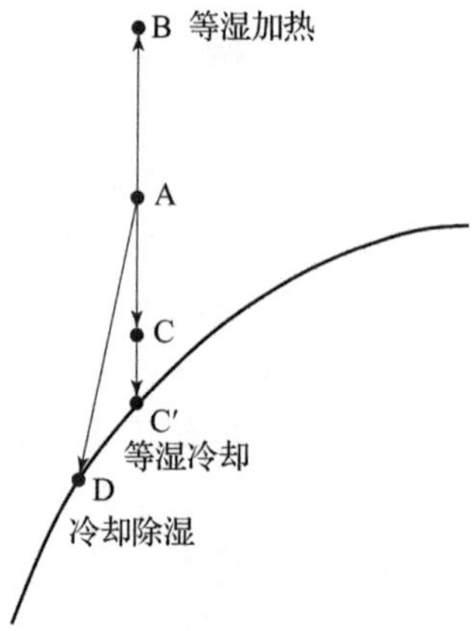

图 3－28　表面式换热器实现的空气处理过程

(1) 当表面式换热器作加热器处理空气时，由于其表面温度高于被处理空气的温度，因此两者之间只有显热交换，即空气被加热，温度将会升高而含湿量不变，空气状态的变化过程为 A 到 B，称为等湿加热过程。B 点的温度由空气得到多少热量决定。

(2) 当表面式换热器作为冷却器处理空气，但其表面温度低于被处理空气的干球温度、高于或等于空气的露点温度时，表面式换热器与空气之间只有显热交换，空气的温度将会降低而含湿量仍然不变，空气的状态变化过程为 A 到 C，称为等湿冷却过程或干冷却，此时表面式换热器为干工况运行。C 点的温度由空气失去多少热量决定。

(3) 当表面式换热器仍作为冷却器处理空气，但其表面温度低于被处理空气的露点温度时，空气首先被等湿冷却到饱和线上，然后再沿饱和线变化。这时空气中将有水凝结出来，在 $h-d$ 图上由 A 到 D 表示。在这个过程中，由于空气不但温度要降低，含湿量也要减少，因此称之为冷却除湿过程，此时表冷器工作于湿工况。D 点的温度由空气失去的水蒸气量决定。

在对空气进行冷却除湿的过程中，由于有凝结水析出，并附着在表冷器的壁面上形成一层凝结水膜，因此与水滴表面存在一个饱和空气边界层的原理相同，在表冷器凝结水膜的表面也存在一个饱和空气边界层。此时，表冷器与空气的热湿交换实际是这个饱和空气边界层与空气间的热湿交换，由于它们之间不但存在温差，而且还存在水蒸气分压力差，所以二者之间不但存在显热交换，还伴随着湿交换的潜热交换。由此可知，湿工况下工作的表冷器比干工况下工作时有更大的热交换能力。

3.2.5 表面式换热器的运行维护

➤ **做一做**：阅读下面的文字，并回答问题。

(1) 为什么要及时清洁表面式换热器？如何清洁？

(2) 组合式空调机组在停用期间，如何处理表面式换热器里的冷媒水？

表面式换热器（表冷器或加热器）担负着将冷热水（蒸汽）的冷热量传递给流过其表面的空气的重要使命。为了保证高效率的传热，要求表面式换热器（表冷器或加热器）的铜管或肋片表面必须保持尽量光洁。但是，难免有粉尘附着在换热器的管道表面或肋片上，如果不及时清洁，就会导致换热器的换热效能不能充分发挥出来。如果附着的粉尘很多，甚至将肋片间的部分空气通道都堵塞，则还会减小组合式空调机组的处理风量，使其空气处理性能进一步降低。

表面式换热器（表冷器或加热器）铜管和肋片的清洁方式主要是用清水冲洗或刷洗，或用专用清洗药水、清洁剂等喷洒后清洗或洗刷，一般每年清洁一次。如果是季节性使用的中央空调系统，则在空调使用季节结束后清洗一次。

组合式空调机组在停用期间，应使其表面式换热器（表冷器或加热器）内充满水，以减少管子锈蚀。但在寒冷季节停机不使用，且有可能因机房气温低于0℃，致使换热器内水温过低而结冰冻裂换热管时，如果在水里添加防冻剂仍不能起到预防作用，就要将换热器内的水全部排放干净。

➤ **做一做**

使用高压水枪对表冷器表面进行清洁操作。

3.3 电加热器

目的与要求：

◇ 能说出电加热器的结构、种类、特点，叙述能实现的空气处理过程及应用场合；

◇ 能对电加热器做运行维护。

重点与难点：

◇ 学习重点：电加热器的应用场合、使用中的注意事项及运行维护。

◇ 学习难点：电加热器在使用中的注意事项。

电加热器是让电流通过电阻丝发热而加热空气的设备。

电加热器有两种基本形式：裸线式和管式，如图3－29、图3－30所示。

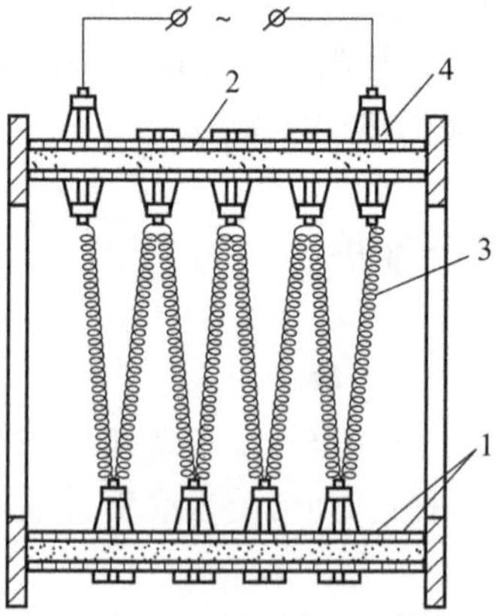

图3－29　裸线式电加热器图

1—钢板；2—隔热层；3—电阻丝；4—瓷绝缘子。

图3－30　管式电加热器

1—接线端子；2—瓷绝缘子；3—紧固装置；4—绝缘材料；5—电阻丝；6—金属套管。

裸线式电加热器由裸露在气流中的电阻丝构成。在定型产品中，常把这种电加热器做成抽屉式，检修更为方便。

裸线式电加热器的优点是热惰性小，加热迅速且结构简单，除批量生产外，也可自己按图加工。它的缺点是电阻丝容易烧断，安全性差，所以使用时必须有可靠的接地装置，并应与风机连锁运行，使发热元件在风机未启动的情况下无法获得电源，这样就可以避免发热元件过热以及可能发生的火情。

➢ 想一想

（1）电加热器一般采用哪种接地方式？如果不接地会有什么问题？

（2）如果风机和电加热器之间没有设置连锁，操作中应注意什么？

管式电加热器由管状电热元件组成。这种电热元件是将电阻丝装在特制的金属套管中，中间填充导热性能好的绝缘材料，如结晶氧化镁等。管状电热元件的优点是加热均匀，热量稳定，使用安全；缺点是热惰性大，结构复杂。

由于电加热器使用的是高品位能源，所以只宜在一部分空调机组和小型空调系统中使用；在温度精度要求较高的大型空调系统中，也常采用电加热器控制局部加热或做末级加热器使用。空调系统中的转轮除湿机的再生风就是由电加热器加热的。图3－31为某空调机组中使用的电加热器。

图3－31　某空调机组中的电加热器

> **想一想**

(1) 什么是高品位能源？在“双碳”目标下，如何合理使用高品位能源？

(2) 电加热器实现的是哪个空气处理过程？

电加热器的检查及维护按表3－2的要求执行。

表3－2　电加热器检查维护要点

序号	检查内容	维护内容
1	加热器表面是否有积灰	如有积灰，应使用吸尘器或其他设备吹扫干净
2	电源线或接地线是否连接正确牢固	如有问题，正确接线并紧固连接处
3	使用兆欧表测量绝缘电阻，应不低于1MΩ①	如发现异常，应查找原因，并进行检修或更换

> **做一做**

(1) 使用吸尘器对电加热器表面进行清洁处理；

(2) 使用兆欧表测量电加热器的绝缘电阻。

3.4　其他加湿装置

目的与要求：

◇ 能说出常见水加湿装置的名称、应用场合及其实现的空气处理过程；

◇ 能说出常见蒸汽加湿装置的名称、应用场合及其实现的空气处理过程；

◇ 能对常用的加湿装置进行维护保养。

重点与难点：

◇ 学习重点：各类加湿装置能够实现的空气处理过程及应用场合；常用加湿装置的

① 引自《金属管状电热元件》(JB/T 2379—2016)。

维护保养方法。

◇ 学习难点：各类加湿装置能够实现的空气处理过程；常用加湿装置的维护保养。

加湿装置是用来增加空气中水蒸气含量的装置。对空气的加湿既可以在空调设备或送风管内集中实施，也可以在空调房间内实施。空气加湿装置的种类繁多，按与空气接触的是水还是水蒸气分为水加湿装置和蒸汽加湿装置两大类。

由本书相关内容可知，用水加湿装置对空气进行加湿时，空气的状态变化过程为近似等焓加湿过程；用蒸汽加湿装置对空气进行加湿处理，空气的变化过程为近似等温加湿过程。

3.4.1 水加湿装置

这类加湿装置都是用液态水与空气进行热湿交换，空气的状态变化过程按等焓加湿过程对待，因此又称为等焓加湿装置。根据与空气接触的是否为水滴，这类加湿装置可以分为强制雾化式和自然蒸发式两种。

1. 强制雾化式加湿装置

将水变成无数微小水滴并散发到被处理空气中，依靠水滴的汽化来给空气加湿是强制雾化式加湿的共同特点，属于这类加湿装置的主要有压缩空气喷雾加湿器、电动喷雾机、喷雾轴流风机、超声波加湿器和高压微雾加湿器等。

1）压缩空气喷雾加湿器

压缩空气喷雾加湿器是利用一定压力的压缩空气通过特制的喷嘴，在喷嘴腔处形成负压区而将供水管提供的无压水吸进喷嘴，两组流体混合后从喷嘴出口高速喷出（图3－32），达到喷出的水滴的雾化效果。这种加湿器加湿效率高，雾化效果好，通常安装在空调房间内直接对空气进行加湿。

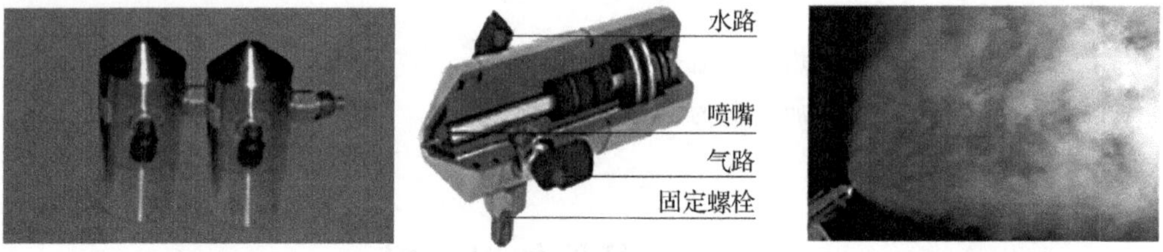

(a) 外观　(b) 结构　(c) 雾化效果

图3－32　压缩空气喷雾加湿器

2）电动喷雾机

图3－33所示的电动喷雾机主要由电动机、风扇、甩水盘和集水盘构成。常温自来水通过上水管供给到甩水盘中心，水呈膜状随水盘高速旋转，在离心力的作用下流向甩水盘的四周并甩出，形成水雾。电动喷雾机也属于安装在空调房间内使用的加湿装置。

3）喷雾轴流风机

喷雾轴流风机如图3－34所示，在电动机的带动下，风机叶轮高速旋转，与叶轮相连的存水套也高速旋转，套内的水就被沿切线方向甩出，与风机吸入的空气混合形成雾气吹出。

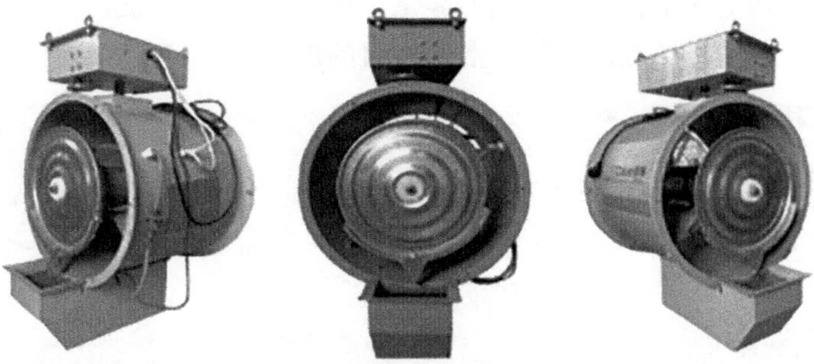

图 3－33　电动喷雾机

图 3－34　喷雾轴流风机

与喷水室相比，采用喷雾轴流风机雾化效果好，水消耗少；不需加压喷淋、无水雾阻力，使水泵和风机的能耗降低；无喷水排管和喷嘴，对水质的要求低，维护保养更方便。

4）超声波加湿器

超声波加湿器如图 3－35 所示，利用换能器（也叫振荡片）将电能转化成机械能，产生每秒 170 万次的高频振荡，将水快速雾化成 1～5μm 的微粒，这些微粒扩散到空气中便吸收空气热量蒸发成水蒸气，从而对空气进行加湿，这就是超声波加湿器的工作原理。超声波加湿器的主要优点是产生的水滴颗粒细，运行安静可靠。目前这种产品应用很广。超声波加湿器的缺点是容易在墙壁或设备表面上留下白色水垢，因此要求对水进行软化处理。

图 3－35　超声波加湿器

5）高压微雾加湿器

高压微雾加湿器如图 3－36 所示，自来水经过加湿器主机（内有加压泵）增压后，再经过特制的喷嘴喷到空气中，并在空气中雾化，水雾粒子与空气进行热湿交换，蒸发后将空气加湿。可将高压微雾加湿器安装在空调机组的加湿段，对空气进行加湿。

图 3－36　高压微雾加湿器

> **做一做**

对高压微雾加湿器的喷嘴做除垢操作。

2. 自然蒸发式加湿装置

自然蒸发式加湿装置利用空气与含水的填料直接接触，使水在空气中自然蒸发而实现对空气的加湿，最常用的就是湿膜加湿器，如图 3－37 所示。湿膜加湿器将清洁的自来水或循环用水送到湿膜顶部的布水器，水在重力作用下沿湿膜表面向下流，从而使湿膜表面湿润，当干燥空气穿过湿膜时即被加湿。

图 3－37　湿膜加湿器

> **做一做**

观察湿膜加湿器的结构及工作情况，体会湿膜加湿的特点。

3.4.2 蒸汽加湿装置

蒸汽加湿装置是将水蒸气直接加入空气中的加湿装置，往空气中加蒸汽的加湿过程在工程上是作为等温加湿来对待的。根据水蒸气是由其他蒸汽源提供的，还是加湿装置产生的，蒸汽加湿装置可分为蒸汽供给式和蒸汽发生式两种。

1. 蒸汽供给式加湿装置

蒸汽供给式加湿装置需要另外的蒸汽源向加湿装置提供加湿用的蒸汽，简称蒸汽加湿装置，属于这种加湿装置的有干蒸汽加湿器和蒸汽喷管。

1）干蒸汽加湿器

干蒸汽加湿器（图3－38）由蒸汽喷管、分离室、干燥室和电动或气动调节阀等组成。蒸汽由蒸汽进口进入外套1内，它对喷管内的蒸汽起加热、保温、防止蒸汽冷凝的作用。由于外套的外表面直接与被处理的空气接触，所以外套内将产生一些凝结水并随蒸汽一道进入分离室3。由于分离室3断面大，使蒸汽减速，再加上惯性作用及分离挡板的阻挡，冷凝水便被分离下来。分离出冷凝水的蒸汽经由分离室顶部的调节阀孔4减压后，再进入干燥室5，残存在蒸汽中的水滴在干燥室中再汽化，最后从蒸汽喷管2喷出的则是干蒸汽。

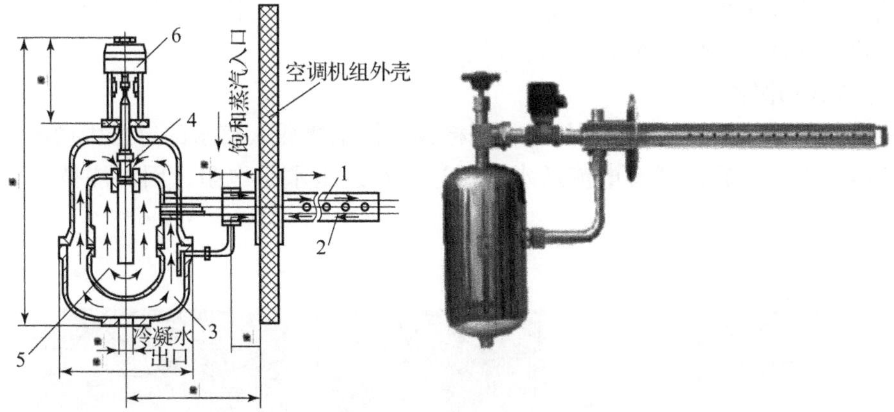

图3－38　干蒸汽加湿器

1—外套；2—蒸汽喷管；3—分离室；4—调节阀孔；5—干燥室；6—电动或气动调节阀。

这种加湿器的特点是加湿速度快，均匀性好，不夹带水滴，能获得高精度湿度，安装方便，卫生节能，适用于对湿度要求严格的场所，如医院手术室、电子生物实验室，以及精密仪器、元件的制造车间等。

➢ **做一做**

对干蒸汽加湿器的喷口进行除垢操作。

2）蒸汽喷管

蒸汽喷管（图3－39）仅是一根直径略大于供气管、上面开有很多小孔的管段。它结构简单，加工制作容易，但喷出的水蒸气中常夹杂有水滴，影响加湿的效果，用于相对湿度精度要求不高的地方。

2. *蒸汽发生式加湿装置*

蒸汽发生式加湿装置是利用电能将水汽化的加湿装置，常用的有以下几种。

1）电热式加湿器

电热式加湿器（图3－40）是用管状电热元件置于水盘中做成的。电热元件通电之后便能将水加热而产生蒸汽，补水靠浮球阀自动控制，以免发生断水空烧现象。此种电热式加湿器的加湿量大小取决于水温和水表面积。

图 3－39　蒸汽喷管

图 3－40　中央空调系统中的电热式加湿器

电热管加热纯净水，形成过热蒸汽后喷入风管进行加湿。因该过程为等温过程，将其置于空调机组处理的末端，便于温湿度控制。

2）电极式加湿器

电极式加湿器（图 3－41）利用三根铜棒或不锈钢棒插入盛水的容器中做电极，将电极与三相电源接通之后，就有电流从水中通过，在这里水是电阻，因而能被加热蒸发成蒸汽。

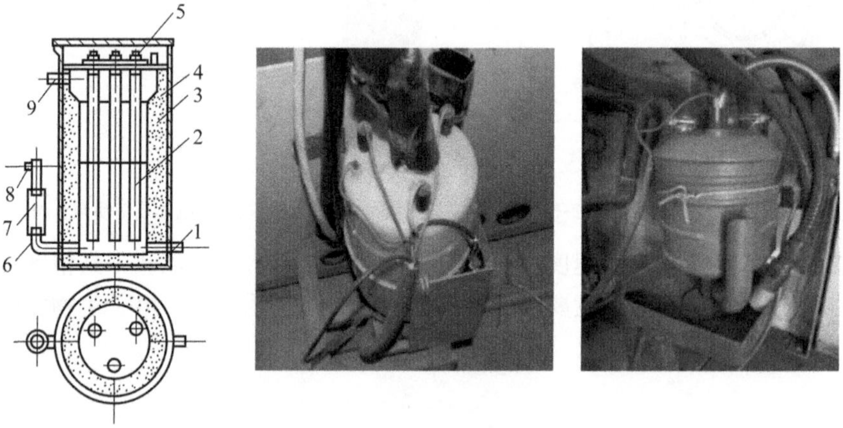

图 3－41　中央空调系统中的电极式加湿器

1—进水管；2—电极；3—保温层；4—外壳；5—接线柱；6—溢水管；7—橡皮短管；8—溢水嘴；9—蒸汽出口。

水位越高，导电面积越大，通过电流也越强，因而发热量也越大。所以，产生的蒸汽量多少可以用水位高低来调节。电极式加湿器的优点是结构紧凑，加湿量容易控制；缺点是电极上易结水垢，而且易产生腐蚀。

➢ **想一想**

（1）电极式加湿器可以使用蒸馏水吗？为什么？

（2）电极式加湿器会不会断水干烧？

3）PTC 蒸汽加湿器

PTC 蒸汽加湿器（图 3－42）也是一种蒸汽发生式加湿装置，它将 PTC 热变阻器（氧化陶瓷半导体）发热元件直接放入水中，通电后将水加热而产生蒸汽。

图3-42　PTC蒸汽加湿器

在一定的电压下，PTC半导体的电阻值随温度升高而变大。加湿器开始运行时，由于水温较低，启动电流为额定电流的3倍，但水温上升很快，5s后即可达到额定电流，并产生蒸汽。

PTC加湿器具有运行安全、加湿迅速、不结露、高绝缘电阻、使用寿命长、维修工作量小等优点，可用于湿度控制要求较严格的中、小型空调系统。

4）红外线加湿器

红外线加湿器属于光波式加湿器，如图3-43所示，主要由红外线灯管、反射器、水槽及水位自动控制阀等部件组成。通电后的红外线灯管对水槽内的水发出红外线（即用特定波长的光波照射水面），形成辐射热（温度可达2200℃左右），水表面经辐射加热而汽化，产生出蒸汽混入流过水面的空气使其加湿。

图3-43　红外线加湿器

红外线加湿器的主要优点是结构简单，加湿迅速，产生的蒸汽中不夹带污染微粒，控制性能较好，加湿用的水可不进行处理。主要缺点是耗电量大，红外线灯管的使用寿命较短，运行费用高。红外线加湿器适用于湿度控制要求严格、加湿量较小的中小型空调系统。

➢ **想一想**

加入空气中的水蒸气温度一般都高于或等于100℃，为什么实现的是等温加湿过程？

3.4.3　加湿装置的运行维护

加湿装置运行维护的主要工作是除垢操作。对于电热式加湿器和PTC加湿器是清洗电热元件、水箱内壁及蒸汽喷口的水垢；对于电极式加湿器是清洗电极、水箱内壁及蒸汽喷口的水垢；对于红外线加湿器，重点是清除测量水位探针上的水垢，以保证探针传感的正确性；对于干蒸汽加湿器是清洗蒸汽喷口的水垢。

➢ **做一做**

使用专用除垢剂对加湿器进行除垢操作。

3.5 其他除湿装置

目的与要求：

◇ 能说出各类除湿装置的名称、结构、工作原理、应用场合及其实现的空气处理过程。

重点与难点：

◇ 学习重点：各类除湿装置能够实现的空气处理过程及应用场合。

◇ 学习难点：各类除湿装置能够实现的空气处理过程。

某些生产工艺过程、仪器设备使用过程或产品的储存，要求空气环境的湿度很低，为此要不断地排除空气中的水蒸气，除了前面学习过的使用喷水室和表冷器除湿之外，常用的除湿方法还有以下几种。

3.5.1 用加热通风法除湿

单纯加热空气的等湿升温过程能降低空气的相对湿度，但不能减少空气的含湿量，所以它不是一种根本的除湿方法。

如果能掌握有利时机，对需要除湿的房间进行通风，以含湿量低的室外空气代替含湿量高的室内空气，也能达到除湿的目的。不过单纯的通风不能调节室内温度，所以也就不能调节室内相对湿度。此外，该法还受室外气象条件限制，在有些季节很难达到除湿要求。

➢ **注意：**把加热和通风结合起来的除湿方法，综合了加热和通风的优点，由于使用这种方法的设备简单，可节省投资和运行费，所以在自然条件允许的地方应优先选用。

3.5.2 用冷冻除湿机除湿

冷冻除湿机（图 3－44）实际上是一个完整的制冷装置，利用其蒸发器将空气温度降到露点温度以下，使空气中的水蒸气冷凝析出，对空气进行除湿，由于是用冷冻机作为除湿手段，所以称为冷冻除湿，属于冷凝除湿或冷却除湿的范畴。

图3－44 冷冻除湿机

1. 一般型冷冻除湿机

一般型冷冻除湿机是由制冷系统和风机等组成的除湿装置，其工作原理如图3－45所示，除湿过程中的空气状态变化见图3－46。

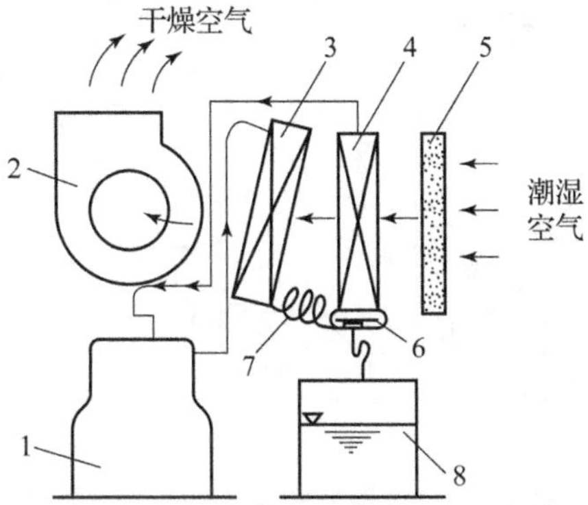

图3－45 一般型冷冻除湿机的工作原理图

1—压缩机；2—风机；3—冷凝器；4—蒸发器；5—过滤网；6—集水盘；7—毛细管；8—水箱。

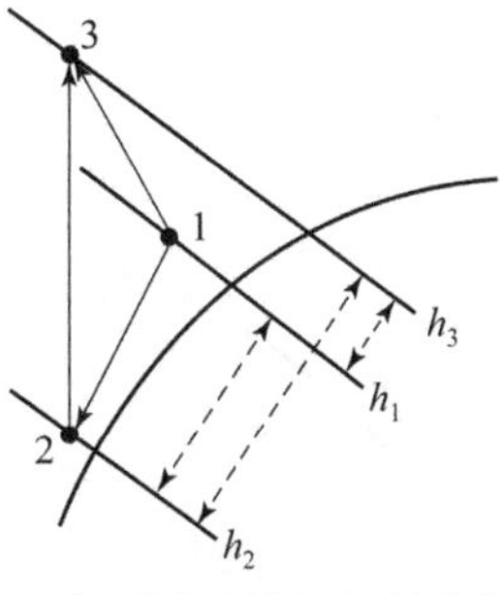

图3－46 一般型冷冻除湿机的空气处理过程

需要减湿的空气由状态1先经过过滤网滤除尘埃，然后经过蒸发器冷却除湿后达到状态2，再经过冷凝器加热达到状态3，所以经过一般型冷冻除湿机后得到的是温度高、含湿量低的空气，是一个增焓加热除湿的过程。

一般型冷冻除湿机只适用于既需要除湿又需要加热的场合。对于既需要除湿又需要降温的场所，可采用具有调温能力的冷冻除湿机。

> **做一做**

对一般型冷冻除湿机的蒸发器和冷凝器进行除尘操作。

> ➢ 做一做

阅读下面关于“调温型冷冻除湿机”的内容，说一说调温型冷冻除湿机是如何实现调温的？能够实现的空气处理过程有哪些？

2. 调温型冷冻除湿机

与一般型冷冻除湿机相比，调温型冷冻除湿机多了一个水冷式冷凝器（图3－47），因此不仅有升温除湿的功能，还有降温除湿和调温除湿的功能，其空气处理过程如图3－48所示。

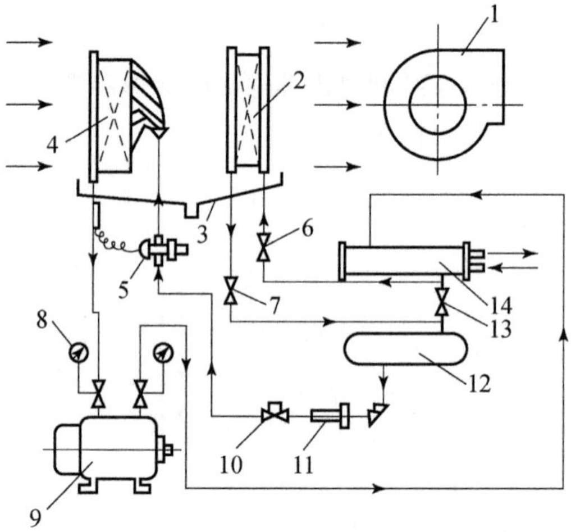

图3－47　调温型冷冻除湿机工作原理

1—风机；2—风冷式冷凝器；3—集水盘；4—蒸发器；5—膨胀阀；6，7，13—阀；8—压力表；9—压缩机；10—电磁阀；11—干燥过滤器；12—贮液器；14—水冷式冷凝器。

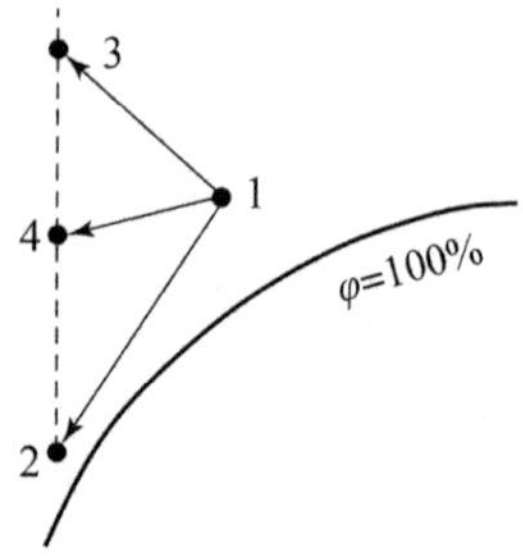

图3－48　调温型冷冻除湿机的空气处理过程

从图3－48中可以看出，除湿机在升温除湿运行时（1到3），关闭阀13，打开阀6和阀7，水冷式冷凝器停用；需要降温除湿运行时（1到2），关闭阀6和阀7，打开阀13，让水冷式冷凝器工作，风冷式冷凝器停用；需要调温除湿运行时（1到4），水冷式冷凝器和风冷式冷凝器都工作，通过调节进入风冷式冷凝器的制冷剂蒸气量来调节除湿机出口处的空气温度。

冷冻除湿机除湿性能稳定，工作可靠，使用管理方便，能连续工作，但设备费用和运行费用较高，并有噪声产生，适用于空气露点温度高于4℃的场合。

➢ **想一想**

为什么冷冻除湿机只适用于空气露点温度高于4℃的场合？如果空气的露点温度低于4℃，应该采用什么方法除湿呢？

3.5.3　用固体吸湿剂除湿

在空调工程中，常用来做固体吸湿剂（干燥剂）的材料有硅胶、氯化锂和分子筛等。空气的状态变化过程是一个等焓减湿升温过程，适用于对空气既需要干燥又需要加热的场合。

1. 吸附式固体吸湿剂

所有吸附式固体吸湿剂本身都具有大量的孔隙，因此具有极大的孔隙内表面。通常，1kg吸附式固体吸湿剂的孔隙内表面可达数十万平方米。

吸附式固体吸湿剂孔隙内的水表面呈凹面。曲率半径小的凹面上水蒸气分压力比平液面上水蒸气分压力低，当被处理空气通过吸附材料层时，空气的水蒸气分压力比凹面上水蒸气分压力高，则空气中的水蒸气就向凹面迁移，由气态变为液态并释放出汽化潜热。在空调工程中广泛采用的吸附式固体吸湿剂是硅胶（主要成分是 SiO_2），如图3－49所示。

图3－49　硅胶

硅胶失去吸湿能力后可用150～180℃的热风加热，使其吸附的水分蒸发（干燥再生），再生后的硅胶仍能重复使用。

沸石（图3－50）是硅铝酸盐的化合物，具有极强的亲水性，其对水的亲和性与所含的Si/Al比例有关，比值越小，亲水性越强。沸石分为天然沸石和合成沸石（分子筛）两种，后者的堆积密度比天然沸石大，而且导热性能比较好。合成沸石具有比较均匀的微孔，可以制成不同孔径的产品用于除湿，在非常低的水蒸气分压力下，也能达到饱和吸湿量。此外，分子筛还具有选择性吸附能力，在对空气进行除湿处理时，能够只吸附水分而不吸附其他气体。

2. 吸收式固体吸湿剂

吸收式固体吸湿剂主要有氯化锂（LiCl）、氯化钾（KCl）等（图3－51），这类固体吸湿剂吸收水分后，本身就变成了含有多个结晶水的水化物，如果继续吸收水分，还会从固态溶解（潮解）成液态，因此这类固体吸湿剂的吸湿过程是个物理化学过程，这类吸湿剂又称为固体液化吸收剂。

(a) 天然沸石　　(b) 人工沸石(分子筛)

图 3－50　沸石

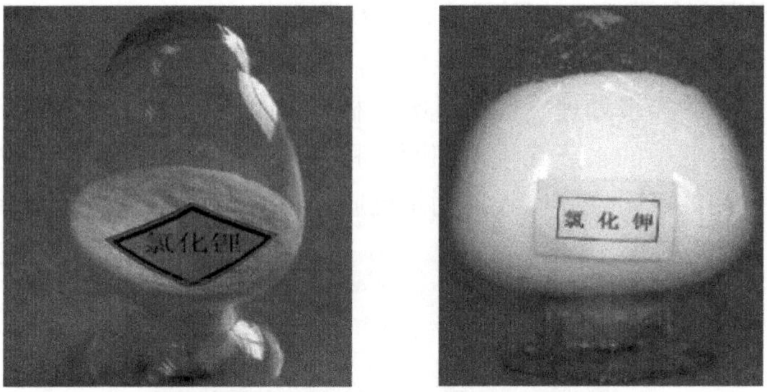

(a) 氯化锂　　(b) 氯化钾

图 3－51　吸收式固体吸湿剂

3. 转轮除湿机

转轮除湿机是固体吸湿剂除湿在工程中的典型应用，图 3－52 为转轮除湿机的结构和工作原理图。这种除湿机由吸湿转轮、传动机构、外壳、风机及再生用加热器（电加热器或热媒为蒸汽的空气加热器）等组成。转轮由波纹状介质构成，形成了许多蜂窝状通道，波纹状介质中载有吸湿材料。转轮以每小时 8～12 转的速度缓慢旋转，潮湿空气由转轮一侧的 3/4 部分进入干燥区，再生空气从转轮另一侧 1/4 部分进入再生区。

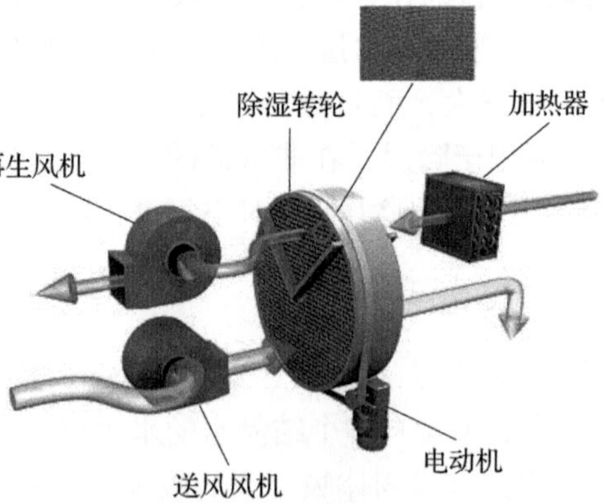

图 3－52　转轮除湿机

显然，转轮除湿机的吸湿部件是蜂窝状转轮。由于采用的吸湿材料种类不同，常用的转轮可分为氯化锂转轮、硅胶转轮和分子筛转轮三种，其中使用最多的是硅胶转轮和氯化锂转轮。

氯化锂转轮将固体吸湿剂（氯化锂和氯化锰形成的共晶体）和保护加强剂（无机胶料聚合铝）的混合物通过浸渍式涂布方法均匀地嵌固在吸湿载体（如石棉纸）的表面，而硅胶和分子筛转轮则把硅胶和分子筛以化学反应方式结晶在波纹状介质上。与氯化锂转轮相比，硅胶和分子筛转轮具有强度高、耐酸碱、耐腐蚀、可以清洗、使用寿命长等优点，但是价格较昂贵。

转轮除湿机按结构不同可分为整体式和组合式两种。整体式转轮除湿机的所有部件均装在一个金属板制作的箱体内，箱体外壳上只留有处理空气和再生空气的进出口（图3－53）。

图3－53　整体式转轮除湿机

> **做一做**

阅读下面的文字，说明转轮除湿机在组合式空调机组中是如何使用的？

组合式转轮除湿机除了除湿段外，在除湿段前有过滤段与表冷器段，在除湿段后有表冷器段及风机段（图3－54）。前面的表冷器段起到辅助冷却除湿作用，后面的表冷器段起降温作用。组合式转轮除湿机处理的空气能更好地满足空调房间的温湿度控制要求。

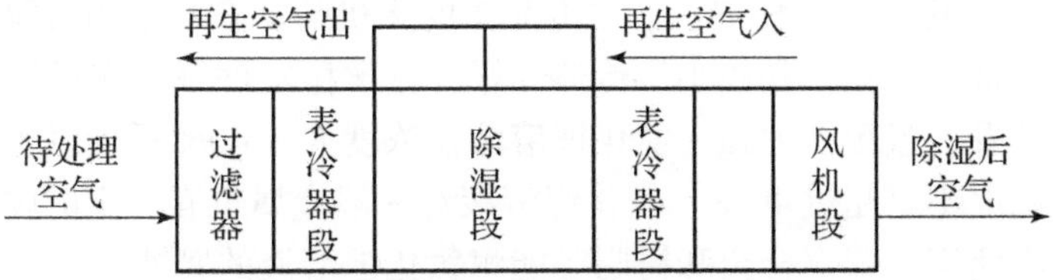

图3－54　组合式转轮除湿机简图

转轮除湿机的特点是除湿能力大，性能稳定，使用年限长，不受露点温度的限制，构造、运行简单，维护管理方便，适用于高温高湿地区的地下建筑，有低温低湿要求的特种工程和用于干燥工艺等，在某些特种空调系统中也有着广泛的应用（图3－55）。

图 3－55　某特种空调系统中的转轮除湿机

3.5.4 溶液除湿

某些溶液对空气中的水蒸气有强烈的吸收作用，因此在空调工程中也常利用它们来对空气进行除湿处理，并称它们为液体吸湿剂。常用的吸湿液体有氯化钙、氯化锂、溴化锂水溶液及三甘醇水溶液等，这些溶液表面水分子少，水蒸气分压力低，而且在一定温度下，溶液浓度越高，水蒸气分压力越低，吸湿能力越强。

1. 常用的液体吸湿剂（图 3－56）

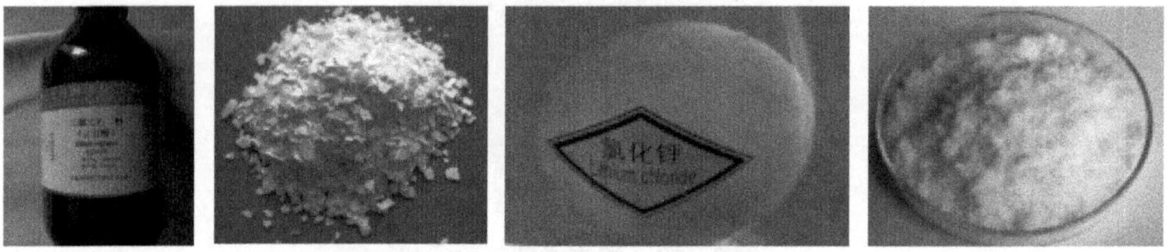

(a) 三甘醇　(b) 氯化钙　(c) 氯化锂　(d) 溴化锂

图 3－56　常用的液体吸湿剂

（1）三甘醇。三甘醇曾被用作空调系统的液体吸湿剂，但由于它是有机溶剂，黏度较大，不利于系统的稳定工作，而且它容易挥发进入空调房间对人体造成危害，上述缺点限制了它在民用建筑溶液除湿系统中的应用。

（2）氯化钙。氯化钙是一种无机盐，具有很强的吸湿性。它吸收空气中的水分后成为水合化合物。无水氯化钙是白色呈菱形的多孔结晶块，略带苦咸味，价格低廉，来源丰富。氯化钙水溶液吸湿能力比固体低，但仍有较强的吸湿能力。不过它对金属有很强的腐蚀性，而且溶解性不好，黏性大，长期使用会有结晶现象发生，所以使用范围也受到了一定的限制。

（3）氯化锂。氯化锂是一种白色、立方晶体的无机盐，在水中的溶解度很大，其水溶液无色、透明、无毒、无臭，黏性小，传热性好，化学稳定性好。在通常情况下，氯化锂溶液不分解，不挥发，吸湿能力强。氯化锂溶液在浓度大于 40% 后即发生结晶现象，所以用于除湿的溶液浓度不宜超过 40%。氯化锂溶液对一般金属也有一定的腐蚀作用，但钛和钛合金、含钼的不锈钢、镍铜合金和树脂等能耐氯化锂溶液的腐蚀。

（4）溴化锂。溴化锂在常温下是无色晶体，无毒、无臭、有咸苦味，极易溶于水。溴化锂溶液有较强的吸收水分的能力，对金属材料也有较强的腐蚀性，但对金属的腐蚀性比氯化钙溶液低，浓度在 60%~70% 时，常温下即发生结晶现象。

2. 湿空气与盐水溶液间的热湿交换

由于溶液表面水分子少，比同温度下水表面的水蒸气分压力低，所以周围空气中的水蒸气有向溶液表面迁移的可能。溶液中盐含量越高、水分子越少，溶液表面上的水蒸气分压力越低。

溶液表面上空气层的水蒸气分压力 P 取决于溶液温度 t 和浓度 ξ。因此，一般使用 $P-\xi$ 图来表示各种盐水溶液的性质。

图 3－57 是氯化锂水溶液的 $P-\xi$ 图。横坐标是溶液的浓度，纵坐标是溶液表面的水蒸气分压力，图中各条曲线是氯化锂水溶液的等温线。

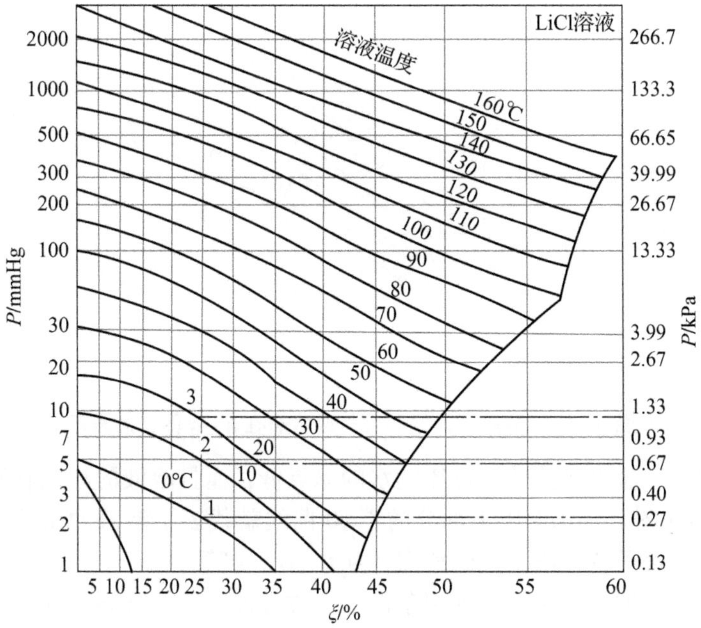

图 3－57　氯化锂水溶液的 $P-\xi$ 图

从图 3－57 中可以看出，当溶液的温度一定时，溶液表面的水蒸气分压力是随着浓度的增加而不断降低的。例如，当温度为 50℃ 时，50℃ 的曲线与纵坐标轴的交点是 13.33kPa。由于该点的溶液浓度 $\xi=0$，所以正好是纯水在 50℃时的饱和蒸汽压力。此后，在 $\xi=25\%$ 时，溶液表面水蒸气分压力为 $P=6.4$kPa；$\xi=35\%$ 时，$P=3.35$kPa；$\xi=45\%$ 时，$P=1.33$kPa。

需要指出的是，盐水溶液的浓度是不能无限增加的。当溶液的浓度增加到一定限度时即达到饱和。超过这个限度，多余的盐分就会结晶出来。所以，图 3－57 右端的粗线为溶液区与结晶区的分界线。由于这条分界线与 50℃温度线交点是 $\xi=48\%$，说明 50℃的氯化锂溶液中最多含 48% 的氯化锂。

根据溶液的 $P-\xi$ 图进一步研究其性质，则不难发现，当浓度一定时，溶液表面饱和空气层的水蒸气分压力 P 与同温度下纯水表面饱和空气层的水蒸气分压力 P_w 之比近似为一常数。例如，在 $\xi=25\%$ 时，取图 3－57 中的 1、2、3 点，则看出：

$$t_1=0℃, P_1=0.31\text{kPa}, P_{w1}=0.62\text{kPa}, P_1/P_{w1}=0.5$$
$$t_2=10℃, P_2=0.63\text{kPa}, P_{w2}=1.26\text{kPa}, P_2/P_{w2}=0.5$$
$$t_3=20℃, P_3=1.2\text{kPa}, P_{w3}=2.4\text{kPa}, P_3/P_{w3}=0.5$$

由此可见，在溶液浓度一定时，溶液表面饱和空气层各状态点的 t_1、P_1、t_2、P_2、t_3、

P_3，在 $h-d$ 图上都可以找到（图3-58），而且因为 P/P_w = 常数 = φ，所以这些状态点位于 $h-d$ 图上同一条等相对湿度线上。换句话说，盐水溶液的每条浓度线都相当于 $h-d$ 图上的某一条等相对湿度线。而 $\xi=0$ 的浓度线相当于 $\varphi=100\%$ 的饱和曲线。因此，利用 $h-d$ 图也可以将盐水溶液的性质（实际上是盐水溶液表面饱和空气层的性质）表示出来。这样，利用图 $h-d$ 图也就可以进行溶液吸湿过程的计算。

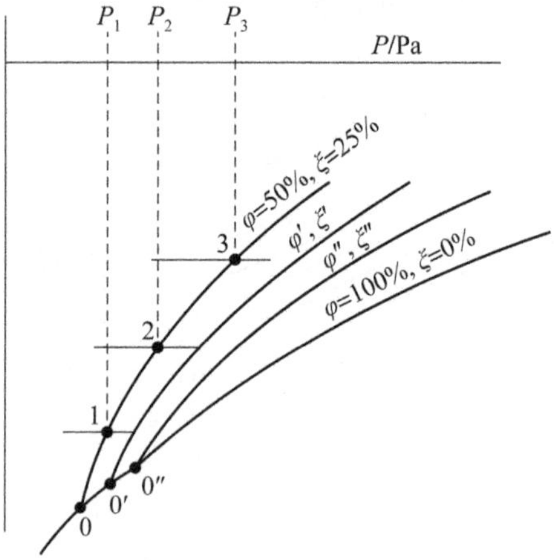

图3-58　溶液表面饱和空气层状态在 $h-d$ 图上的表示

值得注意的是，盐水溶液的冰点比纯水的冰点低，而且溶液的冰点将随着浓度增加而降低。因此，$h-d$ 图上 $t<0℃$ 以下部分的 $\xi=0$ 曲线就代表了溶液的结冰线；各条浓度线与该线的交点都代表了各种浓度下的冰点，如0、0′、0″等。

使用盐水溶液处理空气时，在理想条件下，被处理空气的状态变化将朝着溶液表面空气层的状态变化。根据盐水溶液的浓度和温度不同，可以实现各种空气处理过程。

3. *溶液除湿机*

溶液除湿机主要由除湿单元、再生单元、换热器和泵组成，如图3-59所示。

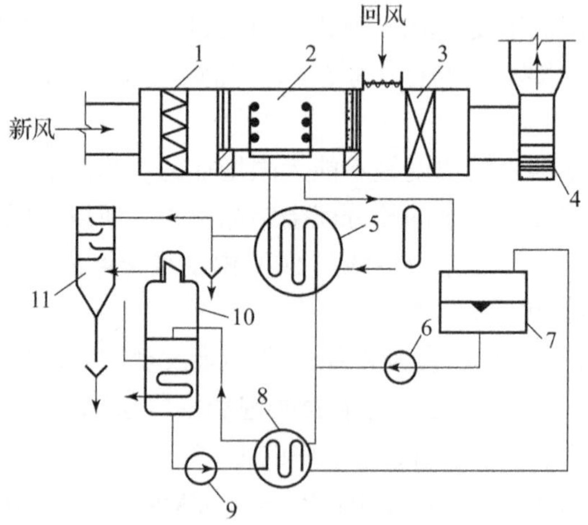

图3-59　溶液除湿系统

1—空气过滤器；2—喷液室；3—表面冷却器；4—送风机；5—溶液冷却器；
6—溶液泵；7—溶液箱；8—热交换器；9—再生溶液泵；10—蒸发器；11—冷凝器。

湿空气在除湿单元中经液体除湿剂的处理后变为干燥空气，而吸收空气水分后的液体除湿剂浓度变小，除湿能力也随之下降，通过在再生单元中加热再生（浓缩）即变为可重新使用的除湿剂。

为了增加空气和盐水溶液的接触面积，在实际工作中，往往是让被处理的湿空气通过喷液室或填料塔等除湿器，在溶液和空气充分接触的过程中达到除湿目的。

空调工程中通常采用溶液除湿机来处理室外新风。图3－60所示为热泵式溶液除湿空气处理机组的夏季运行工作原理图，机组的下层为除湿单元，上层为再生单元，实线表示溶液循环，虚线表示制冷剂循环。

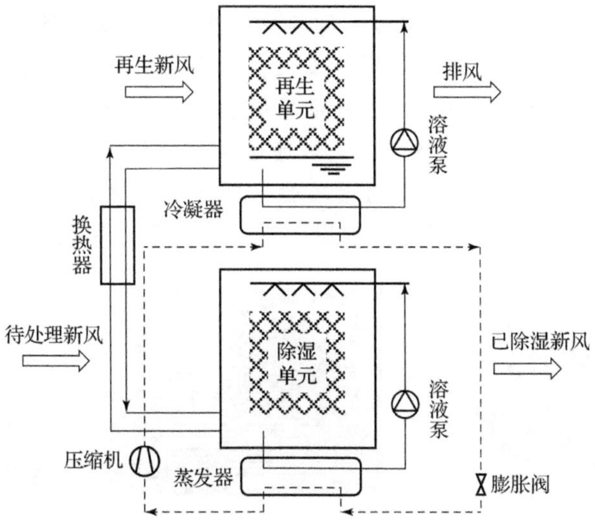

图3－60　热泵式溶液除湿空气处理机组的夏季运行工作原理

室外的高温潮湿新风进入除湿单元，被除湿降温为低温干燥空气。溶液除湿剂在除湿单元中吸收了空气中的水分而变稀，吸湿能力下降的溶液被溶液泵送入再生单元，加热后与再生空气（室外新风）接触，向新风释放水分，实现溶液的浓缩（再生）；溶液被浓缩后再次送入除湿单元，由此完成吸湿溶液的循环过程。

机组中设置的蒸发器的冷量用于冷却进入除湿单元喷淋的吸湿溶液（浓溶液），以增强其吸湿能力；冷凝器的排热量用于加热进入再生单元喷淋的需再生的溶液（稀溶液），从而提高其脱水能力。在除湿单元和再生单元间循环流动的溶液之间设置热回收装置（换热器），利用从再生单元流出的高温浓溶液对低温稀溶液进行预热，同时也实现了高温浓溶液在送入除湿单元前的预冷。

4. 溶液除湿的特点

在空调工程中，目前最常用的空气处理方法是用表冷器（或喷水室）降温除湿。这样，为了满足除湿要求，经常要把空气冷却到很低的温度，可以说冷源的低温首先是为了满足除湿要求。实际上，为了除湿，在冷凝过程中把干空气也冷却到了同样低的温度，而在某些情况下还需要用再热来满足送风要求，这些都造成了能源的浪费。

与之相比较，用液体吸湿剂除湿的方法能把空气的除湿和降温分别处理和调节，使用较高温度的冷源就能把空气处理到合适的送风状态，不但提高了制冷机效率，还能避免空调系统和设备中产生大量的冷凝水以及滋生霉菌，有利于提高空气品质。此外，液体吸湿剂除湿系统可以使用低品位热能，为低温热源的利用提供了有效途径。

并且，与固体除湿装置相比，液体除湿装置处理空气量大，除湿量大，适用范围广，而且可以吸附空气中的部分悬浮颗粒，有些溶液还有杀菌的作用，但也有溶液再生系统复杂、溶液对金属有一定腐蚀作用等缺点。

拓展阅读

微通道换热器①

用尽可能小的体积实现大的换热量，即换热器具有高的紧凑性，这是换热器性能的一个重要指标。为了提升肋片管式换热器紧凑性，需要采用较小管径的换热管，虽然5mm管的应用已经规模化，如果需要通过进一步降低管径提升紧凑性，需要在加工工艺等方面继续做很大改动，会导致经济性变差。微通道换热器与肋片管式换热器一样适用于制冷剂与空气的热交换，但具有更高的紧凑性。图 3－61 所示为微通道换热器的结构，图（a）（b）（c）分别为换热器结构原理图、实物照片图及扁管照片。

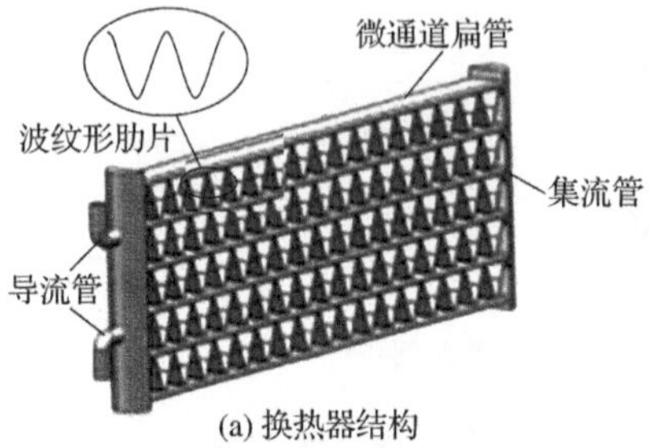

(a) 换热器结构

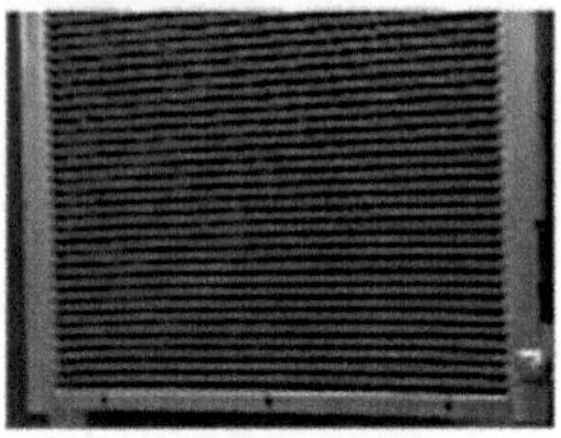
(b) 换热器实物照片

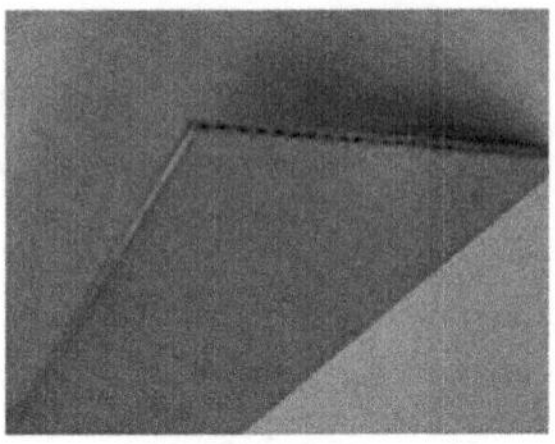
(c) 扁管照片

图 3－61　微通道换热器照片

与肋片管式换热器相比，微通道换热器采用的是扁管，每个扁管中有很多小孔，相当于包含了很多细管径的流道，这些流道可以是圆流道，或者是更复杂的流道形式，其当量直径大多在1mm以下。扁管可以采用多种金属材料和加工工艺完成，目前最为成熟的金属材料为铝材，其采用挤压工艺，一次成型形成多个细管径的流道，加工较为简单。与采用铜管铝翅片的肋片管式换热器相比，全铝的微通道换热器具有更好的紧凑性，有利于减轻重量。目前汽车热管理中基本采用全铝微通道换热器，主要是因为汽车中的空间有限且对于重量敏感。

项目实训

完成实操训练活页式工作手册“项目5　空气热湿处理的方案分析”。

能力测试

一、填空题

1. 空气与水直接接触时，水表面饱和空气边界层与主体空气之间的________差是湿

① 摘自“丁国良．制冷空调用换热器的高效传热技术［J］．制冷与空调，2023，23（4）：57－66.”

(质) 交换的推动力。

2. 空气与水直接接触时，总热交换是________热交换和________热交换的代数和。

3. 根据主体空气与边界层空气的参数不同，表面式换热器可实现三种空气处理过程：________、________和________。

4. 由于表面式冷却器工作时，表面上常有凝结水产生，所以在它们下部应装________。

5. 对于表面式换热器，为了使冷、热媒与空气之间有较大温差，最好让空气与冷、热媒之间按________流型流动，即进水管路与空气出口应位于同一侧。

6. ________式加湿器将铜棒或不锈钢棒插入盛水的容器中做电极，将电极与电源接通后，就有电流从水中通过，在这里水是电阻，因而能被加热蒸发成蒸汽。

7. 用固体吸附剂除湿实现的空气处理过程近似为________过程。

二、选择题

1. (　　) 是空气与水之间存在温差时，由导热、对流和辐射作用而引起的换热效果。

A. 潜热交换　　B. 总热交换
C. 显热交换　　D. 湿交换

2. (　　) 是空气中的水蒸气凝结 (或蒸发) 而放出 (或吸收) 汽化潜热的结果。

A. 潜热交换　　B. 总热交换
C. 显热交换　　D. 热交换

3. 用温度等于空气露点温度的水喷淋空气实现的空气处理过程为 (　　)。

A. 降温、含湿量不变、减焓　　B. 降温、减湿、减焓
C. 降温、加湿、减焓　　D. 降温、加湿、增焓

4. 用温度等于空气干球温度的水喷淋空气，实现的空气处理过程为 (　　)。

A. 降温、加湿、增焓　　B. 降温、减湿、增焓
C. 升温、加湿、增焓　　D. 等温、加湿、增焓

5. 用温度低于空气露点温度的水喷淋空气，实现的空气处理过程为 (　　)。

A. 降温、加湿、减焓　　B. 降温、减湿、减焓
C. 降温、加湿、增焓　　D. 升温、加湿、增焓

6. 用水温等于空气湿球温度的水喷淋空气，实现的空气处理过程是 (　　)。

A. 绝热加湿　　B. 等温加湿
C. 增焓加湿　　D. 减焓加湿

7. 不能通过表面式换热器实现的空气处理过程是 (　　)。

A. 等湿加热　　B. 加热加湿
C. 等湿冷却　　D. 冷却减湿

8. 冬季使用暖气时，室内的空气显得干燥，这是因为 (　　)。

A. 温度高　　B. 含湿量大
C. 含湿量小　　D. 相对湿度小

9. 在减湿冷却过程中，表面式换热器的换热表面是 (　　)。

A. 显热交换　　B. 潜热交换

C. 显热交换和潜热交换同时存在　　D. 不定热交换

10. 使用高于空气干球温度的表面式换热器处理空气，实现的空气处理过程为（　　）。

A. 升温、去湿　　B. 升温、减焓

C. 干式加热　　D. 减湿、减焓

11. 表冷器表面温度低于被冷却空气的露点温度，所实现的空气处理过程是（　　）。

A. 减湿冷却　　B. 干式冷却

C. 增湿冷却　　D. 绝热冷却

12. 判断表冷器表面是否结露，主要看其表面温度是低于还是高于空气的（　　）。

A. 干球温度　　B. 湿球温度

C. 露点温度　　D. 环境温度

13. 肋片换热器在管外设置肋片，采用异形换热管，除了可以增大换热面积外，还可以形成对气流或液流的扰动，使其不断改变流动方向和流速，从而提高（　　）。

A. 换热器压力　　B. 对流效率

C. 射流效率　　D. 换热效率

14. 按空气流动方向来说，表冷器可以并联，也可以串联，一般是当（　　）时采用串联方式。

A. 通过空气量多　　B. 空气温升（或温降）大

C. 空气湿度大　　D. 通过空气量少

15. 按空气流动方向来说，表冷器可以并联，也可以串联，一般是当（　　）时采用并联方式。

A. 通过空气量多　　B. 空气温升（或温降）大

C. 空气湿度大　　D. 通过空气量少

三、判断题

1. 空气与水直接接触时，只能发生潜热交换。（　　）

2. 空气与水之间进行热湿交换的动力是水表面饱和空气边界层与周围空气间的水蒸气分压力差。（　　）

3. 实际上，空气与水直接接触时，接触时间和接触水量都是有限的，因此，空气状态的实际变化过程既不是直线，也难以达到与水的终温（顺流）或初温（逆流）相等的饱和状态。（　　）

4. 用温度低于空气露点温度的水喷淋空气，可实现的空气处理过程为降温、减湿、减焓过程。（　　）

5. 夏季，用温度低于空气温度、边界层的水蒸气分压力低于被处理空气的水蒸气分压力的水处理空气，空气可以被冷却和干燥。（　　）

6. 冬季，用温度等于空气湿球温度的水喷淋空气，空气状态变化是等温加湿过程。（　　）

7. 前挡水板有挡住飞溅出来的水滴和使进水均匀流动的双重作用，因此有时也称为均风板。（　　）

8. 同一类型的喷嘴，孔径越小，喷嘴前压力越高，则雾化效果越好。（　　）

9. 当喷嘴孔径相同时，压力越高，喷水量越大，雾化程度越好，但喷水所消耗的水

泵功率就越大。(　　)

10. 对需要除湿的房间进行通风，以含湿量低的室外空气代替含湿量高的室内空气，也能达到除湿目的。(　　)

四、简答题

1. 与空气进行热湿交换的介质有哪些？

2. 简述喷水室的优点、缺点及应用场合。

3. 简述喷水室能够实现的7个空气处理过程及其实现的水温条件。

4. 空气与水直接接触进行热质交换时显热交换、潜热交换、全热交换的推动力各是什么？

5. 空气与水直接接触进行热质交换时，什么条件下仅发生显热交换？什么条件下仅发生潜热交换？什么条件下发生全热交换？

6. 用喷水室处理空气，如果后挡水板性能不好，造成过水量过多，会给空调房间造成什么影响？

7. 用表面式换热器处理空气时可以实现哪些过程？空气冷却器能否加湿？

8. 试列举一些能够实现等焓加湿的设备。

9. 试列举一些能够实现等温加湿的设备。

五、作图题

1. 试画出喷水室能够实现的7个空气处理过程的简图，并做出文字说明。

2. 试画出表面式换热器能够实现的3个空气处理过程的简图，并做出文字说明。

学习项目 4

中央空调水系统的运行管理与维护

4.1 中央空调冷（热）水系统的形式、定压及分区

目的与要求：

◇ 能说出中央空调冷（热）水系统的形式、特点及应用场合；

◇ 能说出中央空调冷（热）水系统常用定压方式的名称、特点及应用场合；

◇ 能说出中央空调冷（热）水系统分区的目的和常用方式。

重点与难点：

◇ 学习重点：中央空调冷（热）水系统的形式、特点及应用场合；常用定压方式的名称、特点及应用场合。

◇ 学习难点：中央空调冷（热）水系统的定压原理。

中央空调水系统包括冷（热）水系统、冷却水系统和冷凝水系统三个部分。

4.1.1 中央空调水系统的工艺流程

中央空调冷（热）水系统和冷却水系统示意图如图 4－1 所示。

➢ 想一想

夏季供冷时，冷冻水和冷却水的工艺流程是怎样的？

冷水机组 1 制出的 7℃冷冻水，在冷冻水泵 3 的作用下被送至分水器 7，然后由分水器通过各供水支管分别送至各空调房间或区域的空调设备 10。在空调设备中，冷冻水与空气经热湿交换后，水温升至 12℃，又分别由回水支管流回至集水器 8，最后返回至冷水机组 1 再被降温处理至 7℃，如此反复循环。

冷却水泵 5 将冷水机组 1 流出的 37℃冷却水，送到冷却塔 6 冷却到 32℃后，再送回冷水机组循环使用。

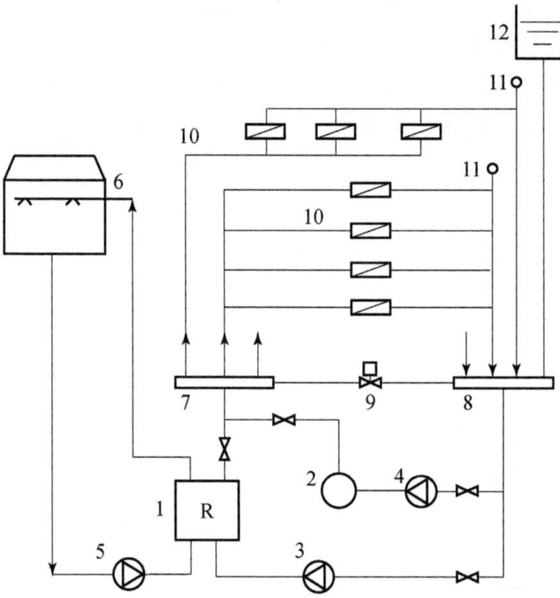

图4-1　空调冷（热）水系统与冷却水系统示意图

1—冷水机组；2—加热器；3—冷冻水泵；4—热水泵；5—冷却水泵；6—冷却塔；7—分水器；8—集水器；9—电磁阀；10—空调设备；11—放气阀；12—高位膨胀水箱。

➢ 想一想

冬季供热时，热水的工艺流程是怎样的？

加热器2制出的60℃热水，在热水泵4的作用下被送至分水器7，然后按夏季供水路线流动，最后返回至加热器被重新加热处理。

➢ 想一想

（1）冷冻水流经冷水机组中的哪个设备？

（2）图4-1中的“空调设备10”可以是哪些具体的设备？

（3）夏季供冷和冬季供热的转换，是如何实现的？

（4）夏季供冷和冬季供暖时，能否共用一台水泵？

4.1.2　中央空调冷（热）水系统的形式

1. 开式和闭式系统

按在管路系统中循环的水是否与空气直接接触，空调冷（热）水系统可分为开式系统和闭式系统。

1）开式系统

（1）特点：如图4-2所示，开式系统不是封闭的，有喷水室或回水（蓄冷）池与大气相通。

（2）优点：用喷水室处理空气时适应范围比较大；采用回水（蓄冷）池时可利用其蓄冷（热）能力，按需调节供冷（热）量。

（3）缺点：循环水易污染，产生水垢进而影响热交换；水的含氧量高，管道和设备易腐蚀；水泵扬程较大，电动机功率配置大，耗电多；当回水不能自流回到制冷机房或加热器时，需增加回水泵。

2）闭式系统

（1）特点：如图 4－3 所示，系统中的水封闭在管路中循环流动，不与大气接触；在系统最高点设置膨胀水箱。

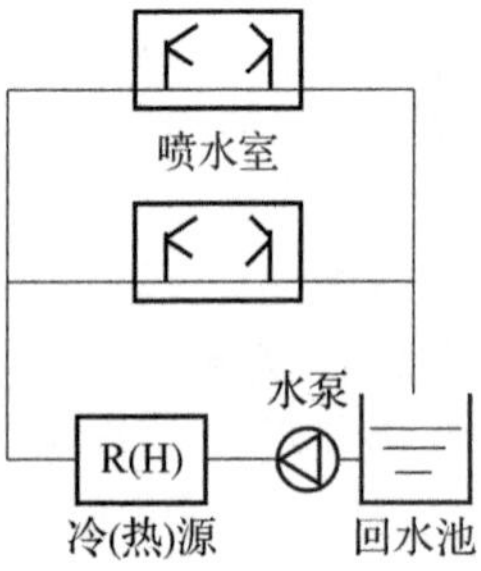

图 4－2　开式系统

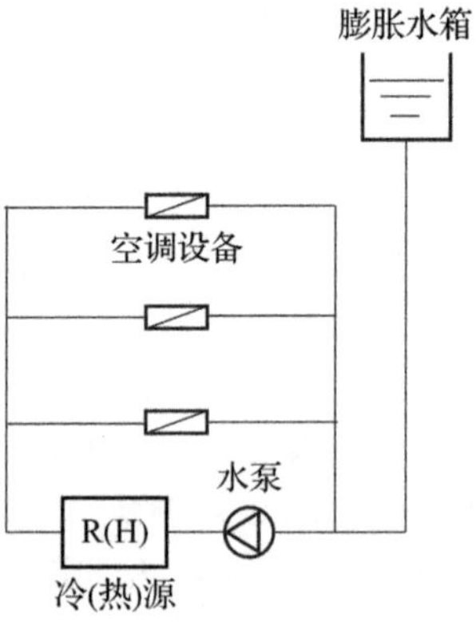

图 4－3　闭式系统

（2）优点：循环水不易受污染；管路系统中不易产生污垢；管道和设备腐蚀程度低；水泵的扬程低，电机功率小，耗电少；不需要回水水泵，系统简单，一次投资少。

（3）缺点：蓄冷（热）能力小；膨胀水箱安装在系统最高点，有时需要装加压水泵；使用定压罐定压时，必须配加压水泵。

➢ 想一想

（1）为什么要在闭式系统中安装膨胀水箱，而开式系统中却不需要？

（2）为什么开式系统比闭式系统耗能？

（3）冬季，空调系统停用时，冷冻水是否应当放出，为什么？

➢ 小贴士

《民用建筑供暖通风与空气调节设计规范》（GB 50736—2012）8.5.2 规定：除设蓄冷蓄热水池等直接供冷供热的蓄能系统及用喷水室处理空气的系统外，空调水系统应采用闭式循环系统。

从节约水泵耗电量考虑，多层和高层建筑的冷（热）水系统，绝大多数采用了闭式水系统。

➢ 做一做

观察中央空调的冷（热）水系统，说一说它是开式系统还是闭式系统。

2. 两管制和四管制系统

按连接空调设备的冷（热）水供、回水管道由几根组成，空调冷（热）水系统可分为两管制系统和四管制系统。

1）两管制系统

（1）特点：如图4-4所示，空调设备接有一根供水管和一根回水管，夏季供冷水，冬季供热水，是应用最广泛的水系统形式。

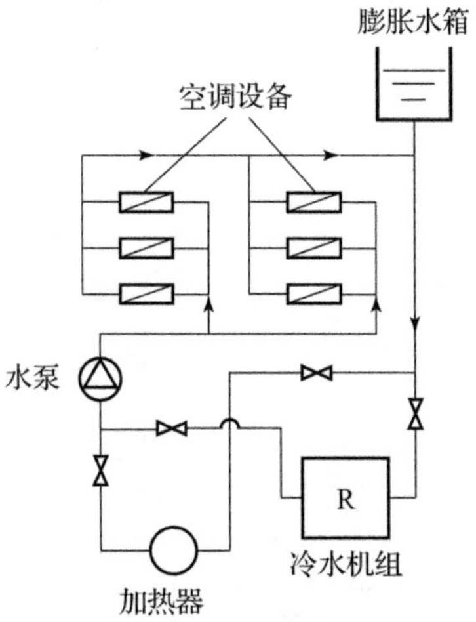

图4-4 两管制系统

（2）优点：系统简单，管路占用空间少，初投资少。

（3）缺点：不能同时供冷和供热。

2）四管制系统

（1）特点：如图4-5所示，四管制系统有两种形式，一种是在一组换热盘管上设有两根供水管和两根回水管，其中一组用于供冷水，一组用于供热水，根据需要由三通阀进行切换；另一种是具有两组换热盘管，由两通阀进行供冷和供热的切换。

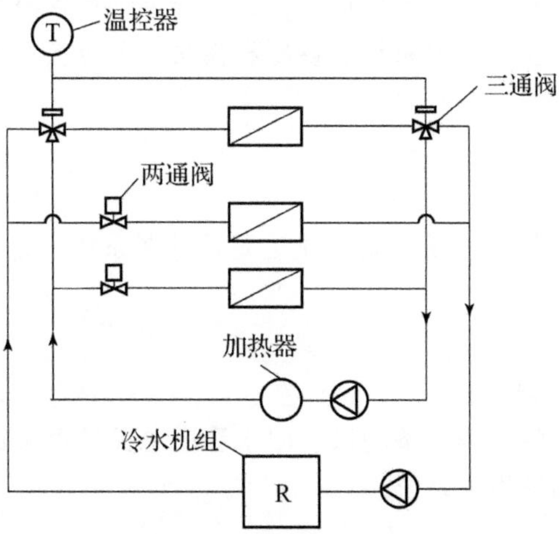

图4-5 四管制系统

（2）优点：可以同时满足各个房间不同的供冷和供热需求，还可以满足同一房间供冷和供热能随时切换的需求。

（3）缺点：管道多，占用空间大，水路复杂，初投资高。

四管制系统只是在一些供冷和供暖转换频繁，或同一时间有的房间需要供冷、有的房间需要供暖，且投资允许的高级宾馆或酒店少量使用。

3）分区两管制系统

某些建筑既有按季节交替进行供冷和供暖的区域，也有需全年供冷的区域，如建筑的外区和内区，如图 4 –6 所示。

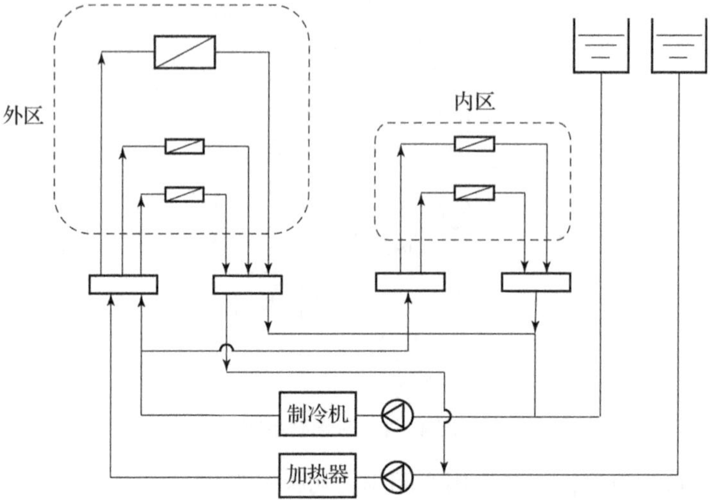

图 4 –6　分区两管制系统

➢ 小贴士

《民用建筑供暖通风与空气调节设计规范》（GB 50736—2012）8. 5. 3 规定：当建筑物所有区域只要求按季节进行供冷和供热转换时，应采用两管制的空调水系统；一些区域的空调系统需全年供应空调冷水、其他区域仅要求按季节进行供冷和供热转换时，可采用分区两管制的空调水系统；当空调水系统的供冷和供热工况转换频繁或需同时使用时，宜采用四管制水系统。

➢ 做一做

观察中央空调冷（热）水系统，说一说它是两管制系统、分区两管制系统还是四管制系统？

3. 异程式和同程式系统

按同一并联环路中，各空调设备的供、回水管道总长是否大致相等，空调冷（热）水系统可分为同程式系统和异程式系统。

1）异程式系统

（1）特点：异程式系统的各并联管路的总长度不等，如图 4 –7 所示。

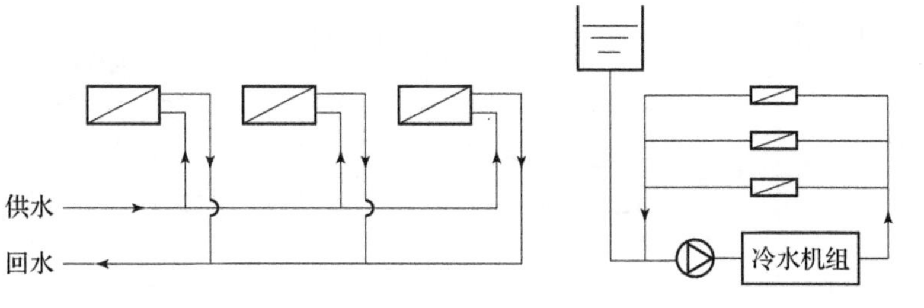

(a) 水平异程式系统　　　(b) 垂直异程式系统

图4-7　异程式系统

（2）优点：管路简单，节省管材，管道占用空间小，初投资费用较低。

（3）缺点：各并联管路间阻力不平衡，从而导致流量分配不均匀，即水力失衡。

➢ 想一想

你能想到什么办法来解决异程式系统的水力失衡问题吗？

提示：使公共管路的管径大一些，以减小沿程阻力；在各并联支管上安装流量调节阀；采用同程式系统。

2）同程式系统

（1）特点：同程式系统的各并联管路的总长度大致相等，如图4-8和图4-9所示，同程式系统与异程式系统的主要区别是有一条同程管。

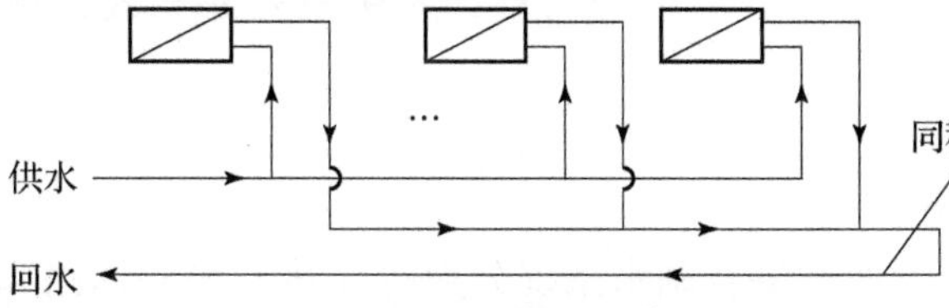

(a) 回水采用同程管

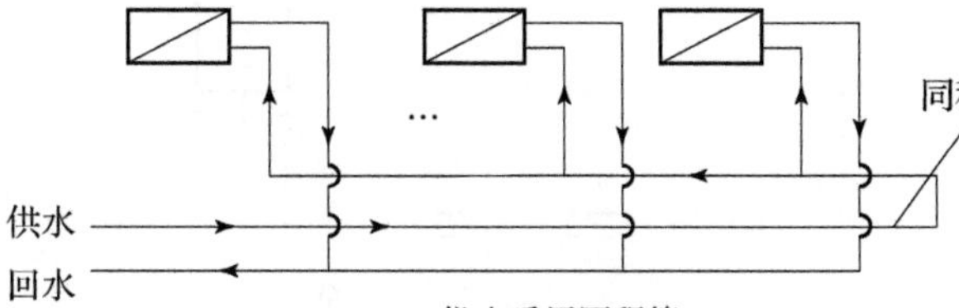

(b) 供水采用同程管

图4-8　水平同程式系统

（2）优点：各并联环路的阻力大致相等，水流量较为均衡。

（3）缺点：设置了同程管，增加了管道长度，增大了初投资，需占用较大的建筑空间。

➢ 想一想

（1）在实际工程中，如果各个支管环路上末端设备的阻力很大，而主干管路上阻力相对较小，宜采用同程式系统还是异程式系统？

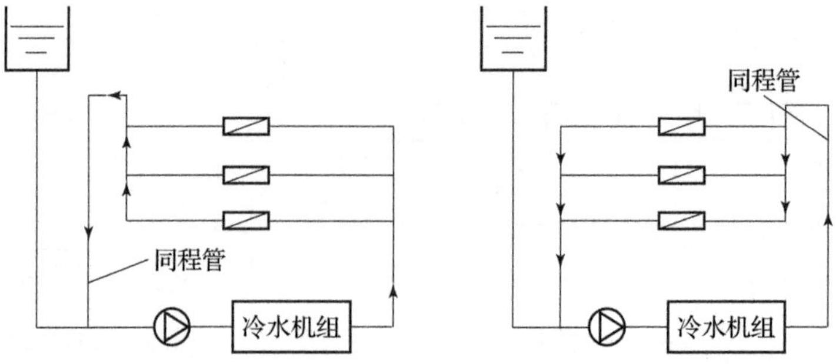

(a) 回水采用同程管　　(b) 供水采用同程管

图 4－9　垂直同程式系统

(2) 如果各支管环路与末端设备的阻力较小且彼此比较接近，整个负荷侧主管路较长，其阻力占的比例较大且起主导作用时，采用同程式系统还是异程式系统？

高层建筑的风机盘管空调系统多采用同程式冷（热）水系统或者每一分区内采用同程式系统。有些多层建筑的供回水总管作竖向分布，按楼层水平分区设置分支干管供回水，每一水平分层采用同程式系统，而竖向总管因管径通常较大，阻力损失相对较小，也可采用异程式系统。这时，在每一水平分区都应设置流量调节阀，以便调整，通常回水支干管上也设置截止阀，以便维修。

➢ 做一做

观察中央空调水系统，说一说它是同程式系统还是异程式系统？试分析一下是否合理。

4. 定流量和变流量系统

为方便分析和表述，通常将空调水系统分为冷（热）源侧回路和负荷侧回路两个部分。如图 4－10 所示，虚线内为冷源侧，其余部分为负荷侧。

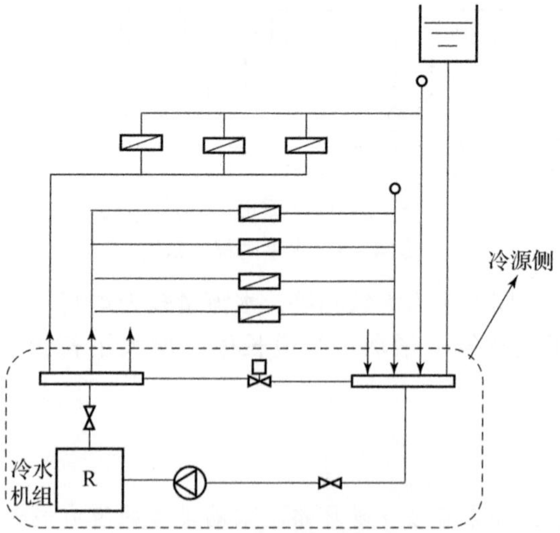

图 4－10　冷源侧和负荷侧

> **想一想**

冷（热）源侧和负荷侧以什么设备为分界线？冷（热）源侧包括哪些设备？负荷侧包括哪些设备？

提示：冷（热）源侧和负荷侧以集水器和分水器为界，冷（热）源侧负责冷（热）水的制备，负荷侧负责冷（热）水的输送。

> **想一想**

通常情况下，冷源侧应保持定流量运行，这是为什么呢？

提示：①保证冷水机组蒸发器的传热效率；②避免蒸发器因缺水而冻裂；③保持冷水机组工作稳定。

按负荷侧回路的循环水流量是否可随负荷的变化进行调节，空调水系统可分为定流量系统和变流量系统。

1）定流量系统

（1）特点：系统中负荷侧回路循环水量为定值，当系统负荷发生变化时，通过改变供回水温差来适应。如图4－11所示，风机盘管或新风机组等空调末端装置的回水管路上安装电动三通阀，当室温未达到设定值时，三通阀旁通孔关闭，直通孔打开，冷（热）水全部通过风机盘管；当室温达到设定值时，三通阀的旁通孔打开，直通孔关闭，冷（热）水不通过风机盘管，而是经旁通管流回回水管。

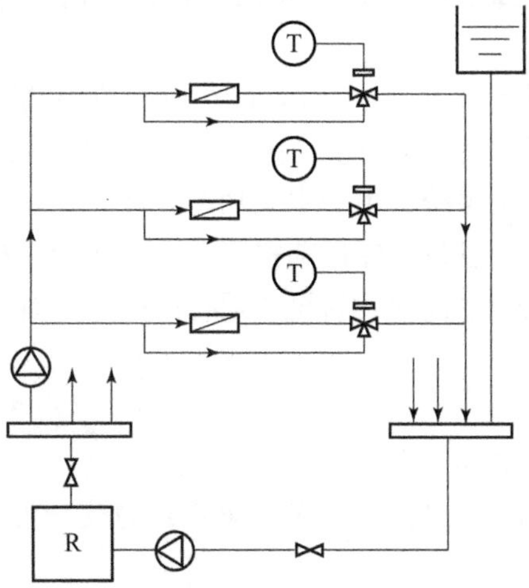

图4－11 定流量系统

因此，负荷侧水系统的总流量不变，但负荷减小时，供回水温差会减小。

（2）优点：系统简单，操作方便，不需要复杂的自控设备。

（3）缺点：输水量是按照最大空调冷负荷来确定的，水泵的输送能耗始终处在最大值，运行费用高。

（4）适用范围：间歇性使用建筑（如体育馆、展览馆、影剧院、大型会议厅等）的空调系统，以及空调面积小、只有一台冷水机组和一台循环水泵的系统。

2）变流量系统

(1) 特点：当空调负荷变化时，通过改变供水量来适应，而供回水温差不变。

如图4－12所示，这种系统的空调末端装置的回水管路上安装电动两通阀。夏季，当房间温度高于设定值时，电动两通阀开启，冷水流经末端设备；当房间温度低于设定值时，电动两通阀关闭，停止向末端设备供水。这样，变流量系统管路中的流量随负荷变化而变化。

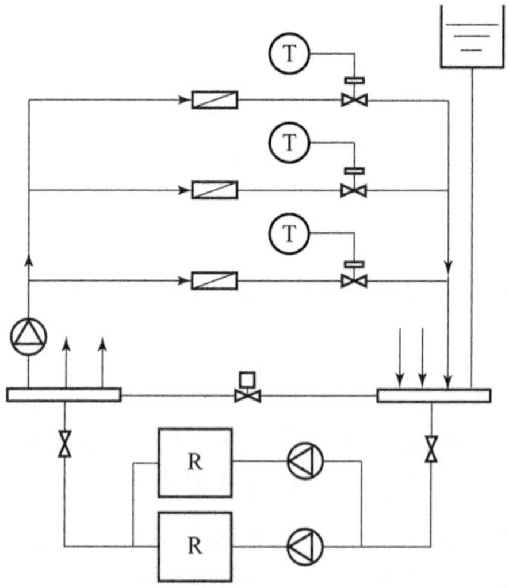

图4－12　变流量系统（二级泵系统）

(2) 优点：管路中的流量随负荷的变化而变化，输送能耗也随之减少，达到节能的目的。

(3) 缺点：由供回水压差来控制水泵运行台数及旁通流量，自控系统较复杂。

(4) 适用范围：冷水水温和供回水温差要求一致且各区域管路压力损失相差不大的小型工程，宜采用变流量一级泵系统；单台水泵功率较大时，经技术和经济比较，在确保设备的适应性、控制方案和运行管理可靠的前提下，可采用冷水机组变流量方式。

变流量系统适用于大面积的高层建筑全年运行的空调系统。

➢ **想一想**

(1) 分析变流量系统的流量控制过程。

(2) 比较图4－11和图4－12，分析变流量系统与定流量系统在结构上有什么区别，为什么会有这样的区别？

➢ **做一做**

观察中央空调水系统，说一说它是定流量系统还是变流量系统，如何实现的定流量或变流量运行？

5. 一级泵和二级泵系统

按负荷侧是否设置一组（台）水泵，空调冷（热）水系统可分为一级泵系统和二级泵系统。

1）一级泵系统

（1）一级泵定流量系统：图 4－13 为一级泵定流量系统，冷源侧和负荷侧共用一台水泵，在空调末端装置上安装三通阀，定流量运行。

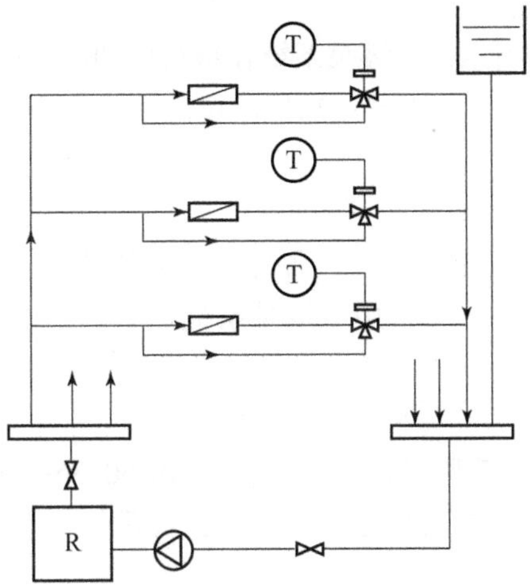

图 4－13　一级泵定流量系统

（2）一级泵变流量系统：图 4－14 为一级泵变流量系统，为了适应系统负荷变化的需求，在集水器和分水器之间安装了一根压差旁通管。

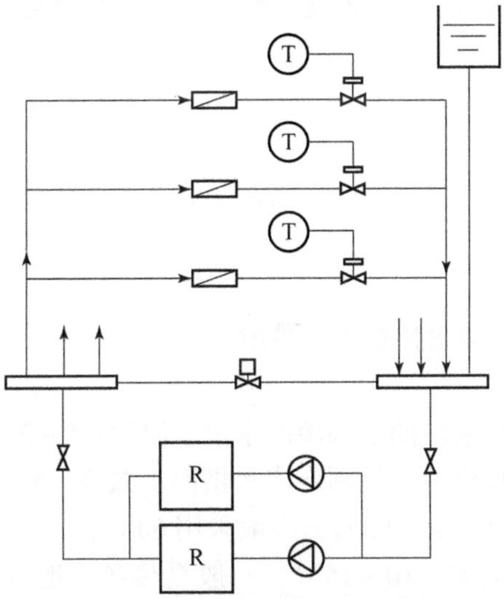

图 4－14　一级泵变流量系统

（3）优点：系统简单，自控装置少，初投资少，管理方便，应用广泛。

（4）缺点：不能调节水泵流量，不节能，特别是各供水分区阻力相差较大时，不仅耗能，还会给系统的水力平衡造成一定的难度。

（5）适用场合：对于系统较小或各环路特性或阻力相差不大的中小型工程。

➢ 想一想

（1）一级泵定流量系统与一级泵变流量系统在结构上有什么差别？

(2) 压差旁通管的作用是什么?

(3) 对于一级泵变流量系统，如何实现水泵台数调节?

2) 二级泵系统

(1) 特点：如图4-12所示，二级泵系统在负荷侧和冷源侧均设置了一组（台）水泵，用两组（台）水泵来分别保持冷热源侧一次回路定流量和负荷侧二次回路中的变流量要求。

(2) 优点：节省能耗。

(3) 缺点：初投资大。

(4) 适用场合：系统作用半径较大，各环路负荷特性相差较大，或阻力悬殊，或各环路之间使用功能有较大区别时，应采用二级泵系统。

> 小贴士

《民用建筑供暖通风与空气调节设计规范》（GB 50736—2012）规定：一级泵系统简单、一次投资较低，但水泵为定流量运行，只能台数调节，不能减少单台泵运行功率，可在中小型工程中采用。

负荷侧系统规模较大、阻力较高时，应设置二级泵系统，在冷源侧和负荷侧分别设置定流量运行的一级泵和变流量运行的二级泵：当各区域管路阻力相差较大或各系统水温或温差要求不同时，宜设置二级泵系统，按区域分别设置二级泵。

经技术和经济比较，在确保设备的适应性、控制方案和运行管理可靠的前提下，可采用变流量水系统。

> 做一做

观察中央空调水系统，说一说它是一级泵系统还是二级泵系统?

4.1.3 空调冷（热）水的供回水温度

(1) 采用冷水机组直接供冷的空调冷冻水供水温度：5~9℃，一般采用7℃。

(2) 采用冷水机组直接供冷的空调冷冻水供回水温差：5~10℃，一般采用5℃。

(3) 空调热水供水温度：40~65℃，一般采用60℃。

(4) 空调热水供回水温差：10~15℃，一般夏热冬冷地区采用10℃，严寒和寒冷地区不宜小于15℃。

(5) 采用直燃式冷（温）水机组、空气源热泵、地源热泵系统等作为热源时，供回水温度应视具体情况确定。

> 想一想

(1) 冷水机组常用的供回水温度是多少?

(2) 在某些空调系统中，冷冻水不采用软化水，是否可行? 为什么?

(3) 在什么情况下，必须使用软化水?

4.1.4 中央空调冷（热）水系统的定压

➢ **想一想**

图 4－15 是一个高位开式膨胀水箱，这是一种在空调冷（热）水系统中常用的定压装置。为什么要在空调冷（热）水系统中装设定压装置？

图 4－15　高位开式膨胀水箱

对水系统定压的作用：一是防止系统中的水“倒空”，即必须保证水系统内充满水，且管道内任何一点的压力都大于大气压，以防空气吸入；二是可以防止水系统中的水汽化，即保证水系统中压力最小、水温最高处的压力要高于该处水汽化的饱和压力，以防止冬季运行时，管道内的热水汽化。

➢ **想一想**

定压点一般设置在水系统的什么位置？为什么？

一般来说，冷（热）水系统的定压点选择在循环水泵的吸入侧。这往往是全系统压力最低的地方，水泵运行后，系统中任何一点的压力都比该点高。

➢ **做一做**

观察中央空调水系统的定压点位置。

➢ **想一想**

工程上有哪些常用的定压方式？

工程上常用的定压方式有高位开式膨胀水箱定压、气压罐＋补给水泵定压，以及补水泵定压这三种形式。

1. 高位开式膨胀水箱定压

如图 4－16 所示，空调水系统的定压点宜设在循环水泵吸入口前的回水管路上。在实际工程中，常将定压点设在集

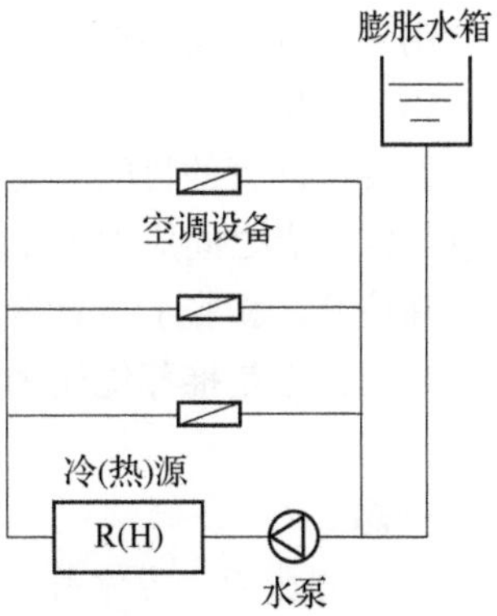

图 4－16　闭式系统

水器上，因为集水器就处在循环泵的吸入侧，便于管理。膨胀水箱通常设在系统的最高处，其安装高度应比系统的最高点至少高出0.5m（5kPa）。

膨胀水箱上各种配管的作用及安装要求如下（图4－17）：

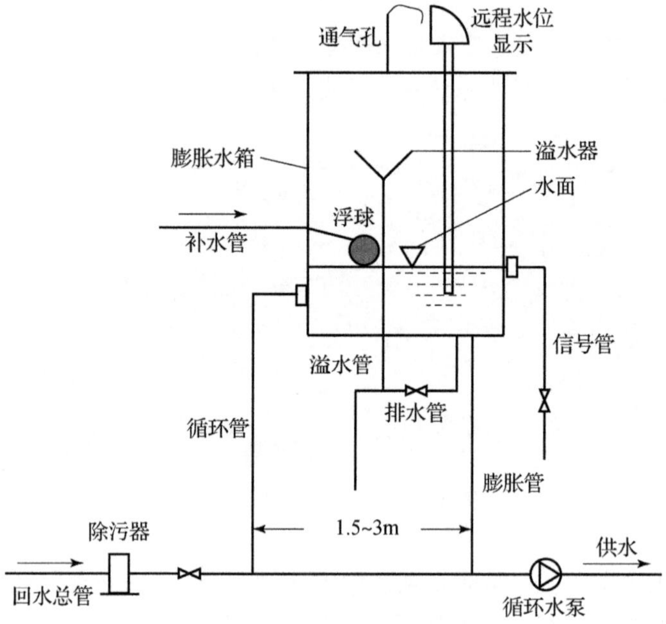

图4－17　膨胀水箱配管示意图

1）膨胀管

接至系统的定压点并向系统补水。膨胀管上严禁安装阀门，否则会因误操作引起系统超压事故。

2）信号管

主要用来检查膨胀水箱内是否有水，一般将它接到制冷机房中容易观察到的地方，如洗手池，信号管上应装阀门。

3）溢水管

当系统内水体积的膨胀超过溢水管的管口时，水会自动溢出，该管不许安装阀门。

4）排水管

用来清洗水箱和放空箱内的脏水，管上应安装阀门。

5）循环管

设置循环管的目的是防止冬季水箱里的水结冰。将该管接至定压点前水平回水管上，该点与定压点之间应保持1.5～3.0m的距离，循环管上严禁安装阀门。

高位开式膨胀水箱具有定压简单、可靠、稳定和省电等优点，是目前工程上最常用的定压方式，也是推荐优先采用的方式。

➢ 想一想

（1）膨胀管、溢水管、循环管安装阀门后，会有什么后果？

（2）一般情况下，从溢水管流出的水应引向何处？

2. 气压罐＋补给水泵定压

气压罐（图4－18）不仅能解决系统中水体积的膨胀问题，而且可实现对系统进行稳压、自动补水、自动排气、自动泄水和自动过压保护等功能。

图4－18　气压罐＋补给水泵

工程上常用来定压的气压罐是隔膜（或囊）式的，其工作原理如图4－19所示。气压罐具有钢制的罐体，罐体内部设有橡胶隔膜内胆（或囊）。隔膜（或囊）与罐之间充有一定压力的压缩空气或氮气。水从下部进入隔膜内胆（或囊），气室内的压缩空气受到再次压缩，储存了能量。水室内的水压为定压点即循环水泵前水的静压力。由于水温变化或泄漏引起定压点压力下降时，气室内的气体膨胀，减缓了水系统的压力波动。

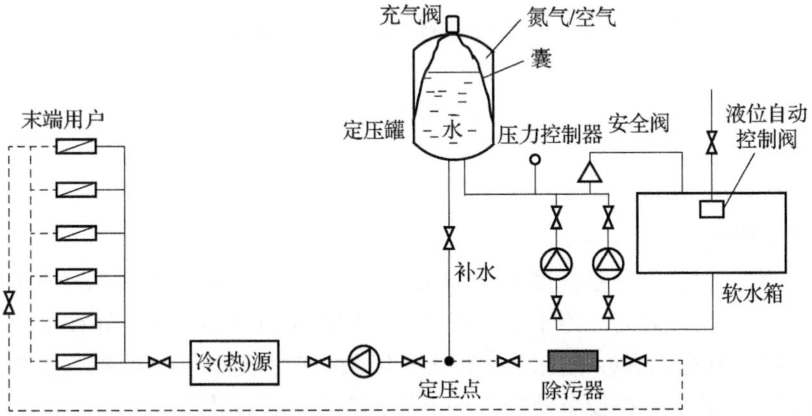

图4－19　气压罐＋补给水泵定压工作原理

通过压力控制器设定气压罐的上限压力 P_2（即补水泵停止压力）和下限压力 P_1（补水泵启动压力）。随着系统中水量的减少，气压罐中的压力随之降低，当下降到下限压力 P_1 时，启动补水泵，由软水箱向系统补水，于是气压罐中的压力随之上升，当压力达到上限压力 P_2 时，补水泵停止，补水结束。

气压罐的布置比较灵活方便，不受位置高度的限制，可安装在制冷机房、热交换站和水泵房内，也不存在防冻的问题。

➢ 做一做

观察气压罐定压系统的结构组成，说一说它的定压原理。

3. 补水泵定压

补水泵定压的方式如图 4－20 所示。图 4－20（a）为连续补水定压，补水泵一直开启，定压点的压力由调压阀来控制；图 4－20（b）为间歇补水定压，补水泵的启停由电压力表或压力控制器来控制。

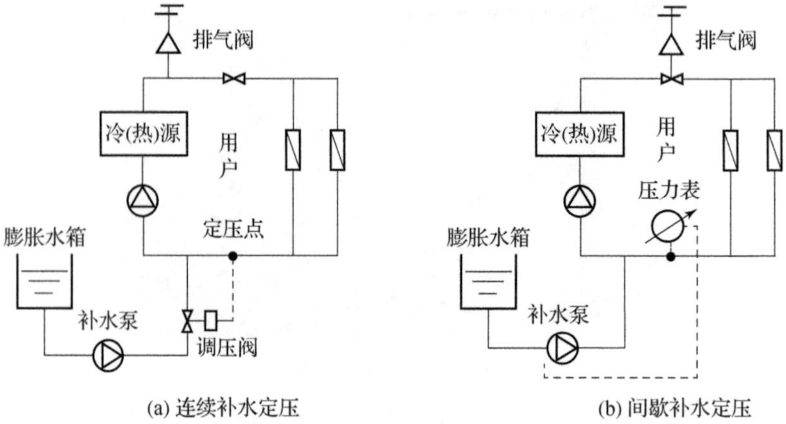

图 4－20　补水泵定压

4.1.5 空调冷（热）水系统的分区

➢ 想一想

为什么要对空调的冷（热）水系统进行分区？有哪些分区方式？

空调冷（热）水系统的分区通常有两种方式，即按水系统承受的压力来分区和按承担空调负荷的特性来分区。

1. 按承压能力分区

1）分区的原则

建筑总高度（包括地下室高度）$H \leqslant 100$m 时，即冷水系统静压不大于 1.0MPa 时，冷水系统竖向可不分区（此时，冷水泵为吸入式，即冷水机组的蒸发器处在水泵的吸入侧），可“一泵到顶”，这是因为标准型冷水机组蒸发器的工作压力为 1.0MPa（换热器的工作压力也是 1.0MPa），其他末端设备及附件的承压也在允许范围内。

建筑总高度 $H > 100$m 时，即系统静压大于 1.0MPa 时，冷水系统应竖向分区。高区宜采用高压型冷水机组（其工作压力有 1.7MPa 和 2.0MPa 两种），低区采用标准型冷水机组。

对于 100m 以上的超高层建筑，冷水机组也可集中设置不分区，在冷水机组承压范围内可直接供冷，超过冷水机组承压允许范围部分的高区采用板式换热器，利用换热后的二次水降温。高区冷热源设备布置在中间设备层或顶层时，应妥善处理设备噪声及振动问题。

➢ 想一想

（1）以 100m 高度作为竖向分区的依据是什么？

（2）为什么加热器要通过换热器来供热？

2）冷水机组的可能布置方式

（1）将冷水机组设置在塔楼以外的裙房顶层，安装两个系统分别向塔楼和裙房供冷水，如图4－21所示。

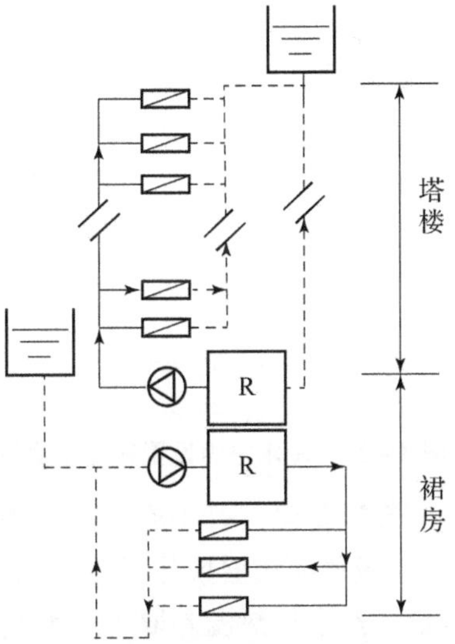

图4－21　冷水机组设置在裙房的顶层

（2）将冷水机组设置在塔楼中部的技术设备层内，分别向高区和低区供冷水，如图4－22所示。高区的冷水机组设在水泵的吸入侧，低区的冷水机组设在水泵的压出侧。采用这个方案，应处理好设备噪声和振动问题。

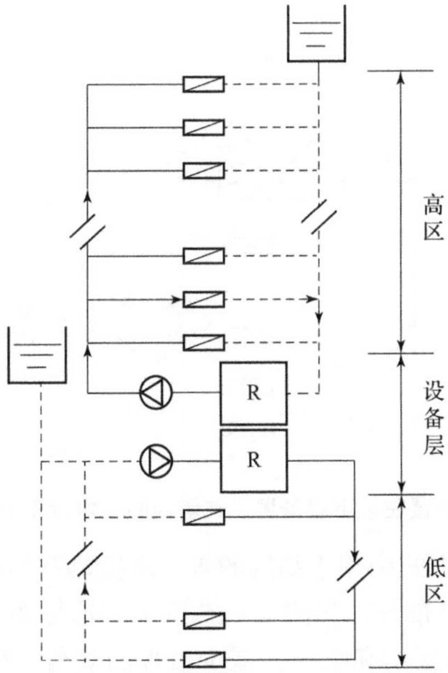

图4－22　冷水机组设置在塔楼中部的设备层

（3）将冷水机组设置在塔楼的顶层，如图4－23所示。冷水机组处于水泵的吸入侧，仅底部的末端设备承压大，对隔振和防止噪声问题必须进行专门的处理，且冷水机组整体吊装就位和日后维修更换都有一定的困难。

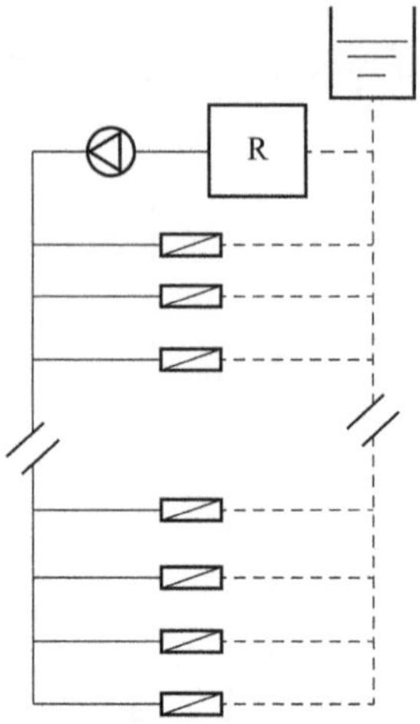

图 4－23　冷水机组设置在塔楼顶层

（4）将冷水机组设置在地下室设备层，对于冷水系统静压不大于 1.0MPa 的低区可直接供冷，超过 1.0MPa 的高区采用板式换热器换热供冷，如图 4－24 所示。采用这种方案时，冷水换热温差取 0.5～1.5℃（热水换热温差取 2～3℃）。

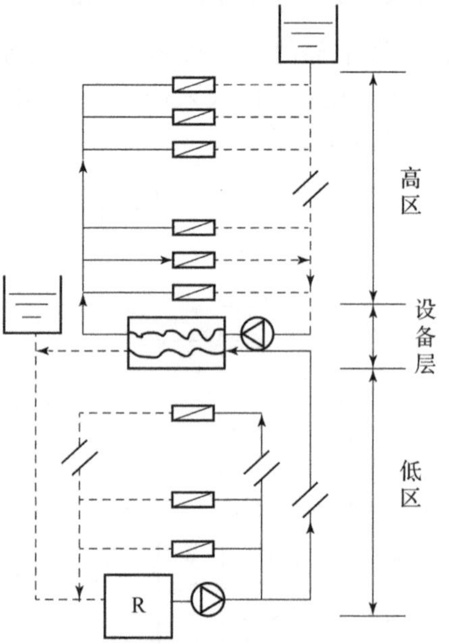

图 4－24　冷水机组设置在地下设备层，在塔楼的技术设备层设水－水板式换热器

（5）将第（4）种布置方式中用于高区的水－水换热器和循环水泵一起移到地下设备层的冷（热）水供应站集中布置，如图 4－25 所示。这样布置的优点是，有利于消除技术设备层内水泵运转产生的振动和噪声，减少楼板的载荷，也便于设备的施工安装和运行维护管理。但是要解决好高区水－水换热器和循环水泵移到地下设备层后的承压问题。

（6）当高区部分负荷量不大或与低区的使用性质和时间不同时，可单独设置冷（热）源设备，例如采用自带冷热源的空调机组或风冷式热泵等。

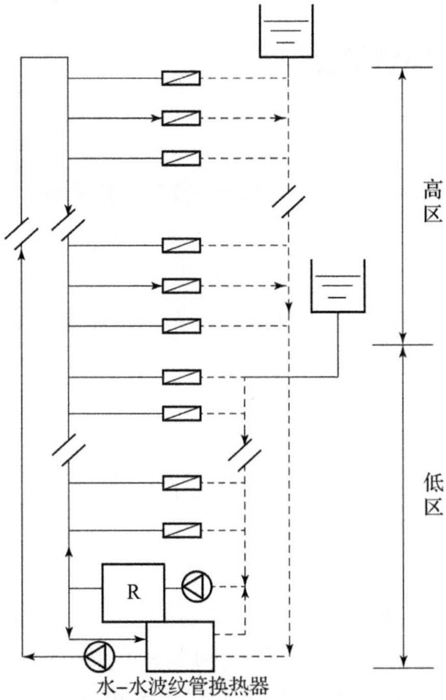

图4-25　将高区用的水-水换热器和循环水泵移到地下设备层集中布置

2. 按负荷特性分区

➢ **想一想**

为什么要根据负荷特性对空调冷（热）水系统进行分区?

提示：针对的是两管制风机盘管水系统，按建筑物的朝向和内外区进行管路布置。①按负荷使用特性分区：各分区在使用时间和使用方式上的分区；②按负荷固有特性分区：朝向及内外分区等。

4.2　水管系统的运行管理与维护

目的与要求：

◇ 会对水管系统中的水管、阀门、水过滤器、膨胀水箱及支、吊构件等进行维护保养。

重点与难点：

◇ 学习重点：水管系统中的水管、阀门、水过滤器、膨胀水箱及支、吊构件等的维护保养方法。

◇ 学习难点：水管系统的检修。

水管系统的运行管理主要是日常对水管、阀门、水过滤器、膨胀水箱及支、吊构件的检查和维护保养。

4.2.1 水管的巡检与维护保养

1. 管道的管材

空调水系统常用的管材有焊接钢管、无缝钢管和镀锌钢管。

焊接钢管造价便宜，但其承压能力较低，一般常用于工作压力不大于1.6MPa的水系统中；无缝钢管的价格略高于焊接钢管，其承压较高，可采用不同厚度来满足水系统对工作压力的要求；镀锌钢管的特点是不易生锈，但其价格较高，大量使用在经济上不合理。

➢ **想一想**

对于不同材质的管道，在维护保养时有什么区别呢？

2. 管道的安装要求

(1) 空调水系统的管道在进行平面敷设时要有一定的坡度，通常为0.003，一般不小于0.002，坡向是沿水流方向由低到高，使气泡与水同向流动，利用水流并借助气泡的浮升作用将气泡推送到设在系统最高点的自动排气装置排除。

➢ **想一想**

在这里，0.003和0.002是什么意思？

在实际工程中，有时受空间限制，设置坡度很难实现，管道只能无坡度敷设，此时就须使管内水流速度不小于0.25m/s，以便把水系统中的气泡裹挟走，使之不能浮升。

(2) 管道与水泵或冷水机组连接时应设置弹性减振接头。

(3) 采用自然补偿或安装补偿器来消除管道中的热应力。

(4) 管路的最高点应设置排气阀，低点处应设置泄水阀。

3. 管道的绝热

一般情况下，空调水管系统所有的冷（热）水供、回水管及其管件，以及冷（热）水供、回水泵和采用镀锌钢管的冷凝水管都需要做绝热处理。

4. 水管巡检的主要内容

水管的绝热层、表面防潮层及保护层有无破损和脱落，特别要注意与支、吊架接触的部位；绝热结构外表面有无结露；对使用粘胶带封闭绝热层或防潮层接缝的，粘胶带有无胀裂、开胶的现象；有阀门的部位是否结露；裸管的法兰接头和软接头处是否漏水，焊接处是否生锈；凝结水管排水是否顺畅等。

➢ **做一做**

对中央空调水系统的水管进行巡检，并填写记录表4-1。

表4-1 中央空调水系统水管的巡检

序号	巡检内容	巡检情况记录
1	绝热层、表面防潮层、保护层是否破损	
2	是否有结露现象	
3	粘胶带是否破损	
4	是否有漏水现象	
5	焊接处是否生锈	
6	凝结水排水是否顺畅	

5. 水管的维护保养

1）冷冻（热）水管的维护保养

日常维护主要任务：修补破损和脱落的管道绝热层、表面防潮层及保护层；更换胀裂、开胶的绝热层或防潮层接缝粘胶带。

➢ 做一做

修补破损和脱落的管道绝热层、表面防潮层及保护层；更换胀裂、开胶的绝热层或防潮层接缝粘胶带。

2）冷却水管的维护保养

冷却水是裸管，通常都采用镀锌钢管，除了焊接部位外，管外表一般也不用刷防锈漆，因此日常不需要额外的维护保养。但由于冷却水一般都要使用化学药剂进行水处理，使用时间长了，难免伤及内管壁，因此要注意监控管道的腐蚀问题。在冬季有可能结冰的地区，室外管道部分还要采取防冻措施。

➢ 想一想

对于冷却水系统，冬季如何防冻？

3）冷凝水管的维护保养

➢ 想一想

空调系统中，什么地方会用到冷凝水管？

冷凝水管是空调系统中的无压自排、不回用水的水管。由于凝结水的温度一般较低，为防止管壁结露到处滴水，通常冷凝水管也要做绝热处理。

对冷凝水管的维护保养主要有两个方面：一是从清洁口处用加压清水或药水冲洗管道；二是修补破损和脱落的管道绝热层、表面防潮层及保护层，更换胀裂、开胶的绝缘层或防潮层接缝粘胶带等（镀锌钢管）。

> **想一想**

为什么冷凝水管容易堵塞?

凝结水的排放方式是无压自流，其流速往往容易受管道坡度、阻力、管径以及水的浑浊度等影响，当有成块、成团的污物时流动更困难，容易堵塞管道，为保证水流畅，应定期冲洗管道。

4.2.2 阀门的巡检与维护保养

1. 认识空调水系统中的阀门

空调水系统中使用数量最多的装置就是用来开闭管路、调节和控制输送介质参数（温度、压力和流量）的各种阀门。根据主要使用功能，阀门可分为关断阀、止回阀、调节阀、平衡阀、自动排气阀等。

1）关断阀

常用的关断阀主要有蝶阀、闸阀、截止阀和球阀等，在管路中主要起开闭作用。

（1）蝶阀（图 4－26）。蝶阀是一种旋转阀，其启闭件（阀芯）为圆形阀板，将其绕垂直于通路的轴线旋转，当阀板平面与通道轴线一致时，为全开；当阀板平面与通道轴线垂直时，为全闭。蝶阀一般用在公称直径大于 100mm、以开关为目的管路上。

图 4－26　蝶阀

蝶阀的阀体长度小，受场地的限制较小；操作方便，既可用手轮或蜗杆传动方式，也可用手柄式。其缺点是严密性较差。

> **做一做**

观察空调系统中蝶阀的安装位置、外观结构及工作状况。

（2）闸阀（图 4－27）。闸阀又称为闸板阀，有明杆和暗杆等种类。闸阀通过闸板的升降来实现管路的开启和关断，一般用在公称直径大于 50mm 的管路上，只能作为全开或全闭使用，不可用来调节流量。

闸阀沿水流方向阀体尺寸小，流动阻力小，启闭较省力。但其关闭的严密性不好，大直径闸阀开启困难；操作行程大，启闭时间长；开启高度较大，所需安装的空间亦较大。

图 4－27　闸阀

> **做一做**

观察空调水系统中的明杆闸阀和暗杆闸阀的安装位置、外观结构及工作状况。

(3) 截止阀（图4-28）。截止阀也有明杆和暗杆之分，其关闭件（阀芯）在阀杆的带动下作升降运动，实现管路的开启和关断，一般用在公称直径小于50mm、以控制流量为主要目的、开闭为次要目的的管路上。截止阀的严密性好，但阀体较长，流动阻力大。

图4-28 截止阀

> **做一做**

观察空调水系统中截止阀的安装位置、外观结构及工作状况。

(4) 球阀（图4-29）。球阀又称为球形阀，也是一种旋转阀，其启闭件（阀芯）为开孔的圆球体，将其绕垂直于通路的轴线旋转，使球体开孔正对着管道轴线时为全开，转90°为全闭，一般应用在公称直径较小的管路上。球阀关闭较严密，有一定的调节性能。与其结构和工作原理相类似的阀门还有旋塞阀，与球阀不同的是旋塞阀的阀芯为开孔的圆锥体。

图4-29 球阀

> **做一做**

观察空调水系统中球阀的安装位置、外观结构及工作状况。

2) 止回阀

止回阀又称为逆止阀、单向阀，主要应用在单向流动的管道上，防止水倒流，保护设备，能利用水的动能自行开启，反向流动时自动关闭，常设于水泵出口及其他不允许水流反向流动的地方。常用的止回阀有旋启式、升降式和轴流式等。

旋启式止回阀（图4-30）的阀芯可绕轴转动，当水流从左向右流动时，推动阀芯绕轴向右上方旋转，通路打开；水向反方向流时，阀芯在自身重力和水流的推动下落回垂直状态，阀芯被压紧在阀座上而通路被截断。

升降式止回阀（图4-31）的阀芯上部连有导杆，导杆可沿着阀盖上的导向套筒上下移动，流体从左向右流动时，阀芯被水流抬起，形成通路；反向流动时，阀芯在重力的作用下落下，并被压紧在阀座上而通路被截断。

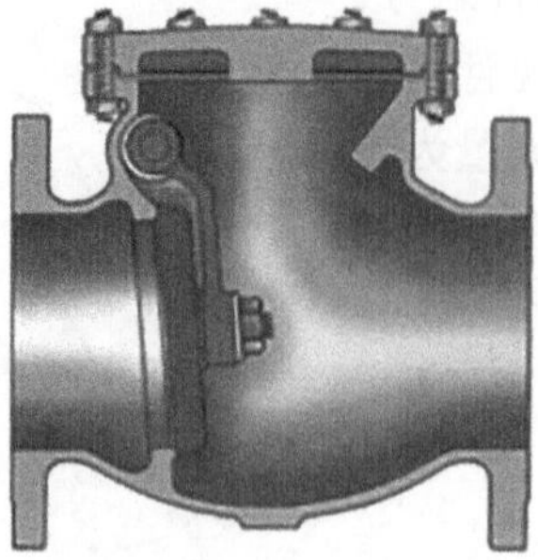

图4-30 旋启式止回阀

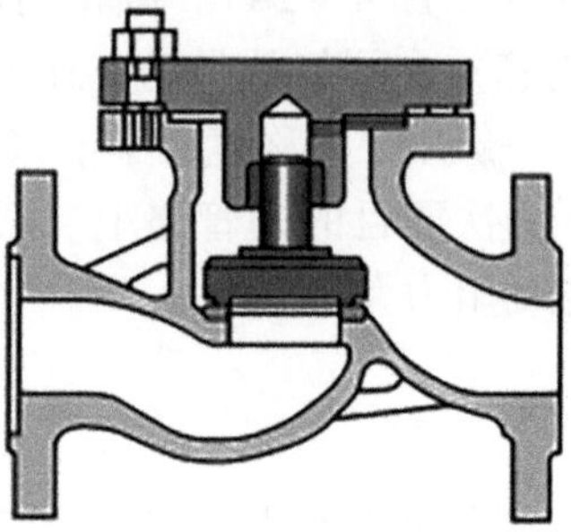

图4-31 升降式止回阀

轴流式止回阀（图4-32）的阀芯在弹簧和水流压力的作用下沿轴向运动，当流体正向流动时，水压克服弹簧力将阀门打开，当流体反向流动时，阀门关闭切断水流。

> **做一做**

观察中央空调水系统中止回阀的安装位置及类型。

> **想一想**

水泵停止运行时，水倒流会带来什么后果？

3）调节阀（图4-33）

图4-32 轴流式止回阀

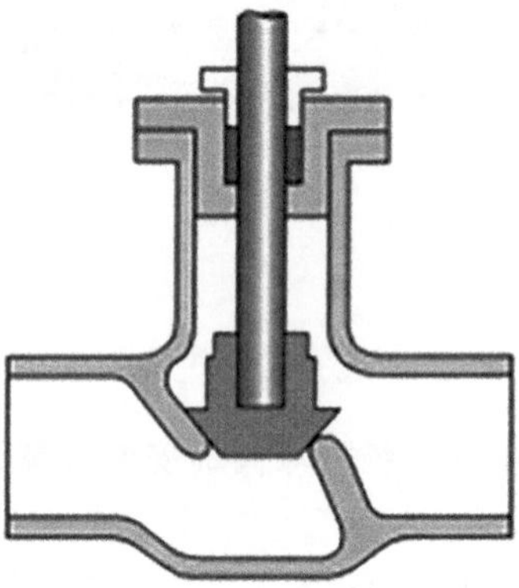

图4-33 调节阀

调节阀又称为节流阀，通过其阀芯的运动来改变水流通路截面积，从而调节水流量，分为手动和自动两大类。

调节阀从外形和结构上看与截止阀基本相同，不同的是阀芯，截止阀的阀芯端部是平的，调节阀的阀芯端部是锥形的。当阀前、阀后压差一定时，随开度变化，通过调节阀的流量逐渐变化，而截止阀的开度在较大范围内变化时，其流量变化并不大，而到某一开度时，流量急剧变化，即调节性能不佳，这是调节阀与截止阀特性的主要区别。

空调水系统中的电动调节阀：微型电动机通过齿轮减速机构带动调节阀的阀杆上下移动，阀杆上的阀芯与阀座位置的相对变化改变了流通截面大小，以调节水的流量。

电动调节阀一般安装在表冷器或表面式加热器的回水管道上，作为自控系统的执行机构调节水流量。

> **做一做**

观察中央空调水系统中电动调节阀的安装位置、外观结构及类型。

4）平衡阀

工程中常用设置平衡阀的方法来解决空调水系统的水力平衡问题，特别是对于那些阻力先天不平衡的支路环路。常用的手动平衡阀（图4－34）主要由阀体、阀芯、手轮和测压接口等部分组成。平衡阀的主要功能有调节流量、测量流量和隔断。

图4－34　平衡阀

调节流量：通过旋转手轮，可调节流量并读出阀门的开度值，一旦阀门达到设定的开度后可以锁定。

测量流量：通过测压接口测得水流经平衡阀时的压力差，将压力差通过专用的压差变送器传递给专用智能仪表，可读出被测的流量值。

隔断：阀门处于全关位置时，可以完全截断水流，相当于一个截止阀。

为了确保系统中各个分区能分配到设计规定的水流量，对于规模较大的水系统，有条件时，宜在各个分支管路处安装平衡阀。

在空调水系统中安装平衡阀时应注意：一是平衡阀要尽可能设在回水管路上，以保证供水压力不致降低；二是为使流经阀门前后的水流稳定，保证测量精度，平衡阀应尽可能安装在水流稳定的直管段上，满足阀前5d、阀后2d的要求（d为管道公称直径）。当阀前为水泵时，直管段长度应加大至10d。

> **做一做**

观察中央空调水系统中平衡阀的安装位置、外观结构及类型。

5）自动排气阀

为了便于排出水系统中的空气，在每个坡顶和每根立管顶端均需设置自动排气阀（图4－35和图4－36），以消除“气塞”，保证水流正常流动。

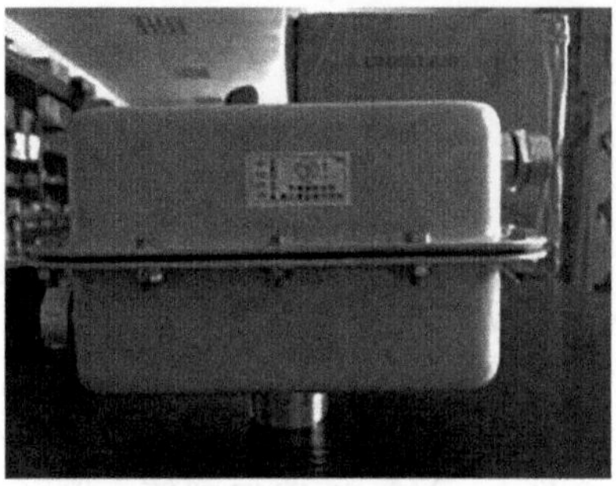

图 4-35　卧式自动排气阀

图 4-36　立式自动排气阀

为检修方便，在排气装置的接管上应加装一个阀门；为避免排气装置的排气管漏水造成不良后果，其排气管最好接管并引至水池或室外。

➢ 观察空调水系统中自动排气阀的安装位置及结构，想一想：

（1）在正常工作中，自动排气阀的防尘帽应处于拧紧状态，还是松开状态？

（2）如何判断自动排气阀的工作状态是否正常？

2. 阀门的巡检

阀门巡检的内容有：各种水阀是否能根据运行调节的要求转动灵活、定位准确、稳固；是否能关严实、开到位或卡死；是否漏水；自动排气阀是否工作正常；电动或气动调节阀的调节范围和指示角度是否与阀门开启角度一致等。

➢ **做一做**

对空调水系统中的阀门进行巡检，并将巡检结果填入表 4-2。

表 4-2　中央空调水系统阀门的巡检

序号	巡检内容	巡检情况记录
1	是否转动灵活、定位准确、稳固	
2	是否能关严实、开到位或卡死	
3	是否漏水	
4	自动排气阀是否动作正常	
5	电动或气动调节阀的调节范围和指示角度是否与阀门开启角度一致	

3. 阀门的维护保养

（1）保持阀门的清洁和油漆的完好；

(2) 阀杆螺纹部分要涂抹黄油或二硫化钼，室内6个月一次，室外3个月一次；

(3) 不经常调节或启闭的阀门定期转动手轮或手杆，以防生锈咬死；

(4) 对机械传动的阀门要视缺油情况向变速箱内及时添加润滑油，在经常使用的情况下，每年全部更换一次润滑油；

(5) 在冷冻（热）水管路上使用的阀门，要修补其破损和脱落的绝热层、表面防潮层及保护层，更换胀裂、开胶的绝热层或防潮层接缝粘胶带；

(6) 对动作失灵的自动动作阀门，如止回阀和自动排气阀，进行修理或更换；自动排气阀一般3个月应检查一次自动排气效果，排气孔堵塞时要及时清理，动作不灵敏的要进行检修；

(7) 对电磁阀和电动调节阀，除了阀体部分的维护保养外，还要特别注意对电控元件和线路的维护保养。

4. 阀门的正确操作方法

(1) 当阀门锈蚀、开关不灵活时，外加物件以加长力臂来开关阀门会使阀杆变形、扭曲甚至断裂，从而造成不应有的事故。

> **想一想**

阀门锈蚀、开关不灵活时的正确操作是什么？

(2) 各种手动阀门在开启过程中，尤其是在接近最大开度时，一定要缓缓扳动手轮或手柄，不能用力过大，以免造成阀芯被阀体卡住、阀板脱落现象。而且在阀门处于最大开度时（以手轮或手柄扳不动为限），应将手轮或手柄回转1~2圈。

> **小贴士**

对于一般阀门而言，其开度在70%~100%之间时流量变化不大。回转的目的是避免操作者在不了解阀门是开或关状态的情况下，进行开启操作时用力过大而使阀杆变形或断裂。

(3) 为了避免对阀门的误操作而造成事故，可将需处于常开或常闭状态阀门的手轮或手柄摘掉，其他阀门最好挂上标明开、关状态的指示牌，以起到提示作用。

(4) 不能用阀门支承重物，并严禁操作或检修时站在阀门上工作，以免损坏阀门或影响阀门的性能。

4.2.3 水过滤器的巡检与维护保养

常用的水过滤器是Y型过滤器（图4－37），它利用过滤网阻留水中的杂质。过滤网一般为不锈钢金属网，使用时可定期将排污螺栓拆下清除阻留的杂质，或将过滤网拆下清洗。

一般3个月应拆开拿出过滤网清洗一次。对于新投入使用的系统、使用年限较长的系统以及冷却水系统，清洗周期要适当缩短，滤网有破损要及时更换。

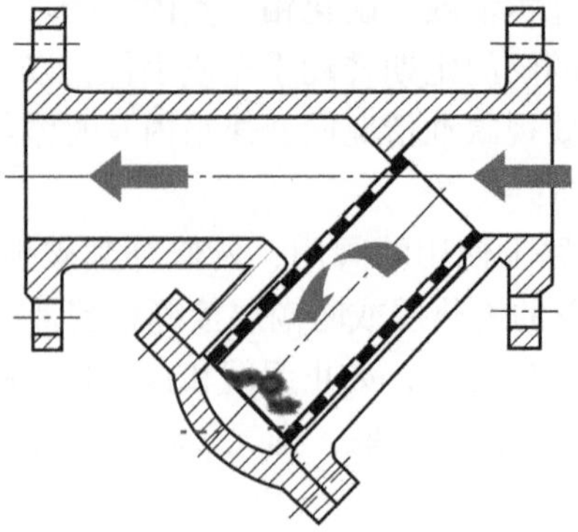

图 4-37　Y 型过滤器

➢ **做一做**

(1) 观察空调水系统中 Y 型过滤器安装的位置及方向。

(2) 打开 Y 型过滤器的端盖，取出过滤网，用清水清洗。

4.2.4 膨胀水箱的巡检及维护保养

膨胀水箱通常设置在露天屋顶上，应每班检查一次，主要检查水箱中的水位是否适中，浮球阀的动作是否灵敏，出水是否正常。

一般每年清洗一次膨胀水箱，并对箱体和基座进行除锈和刷漆处理。

➢ **做一做**

清洗膨胀水箱，并对箱体和基座进行除锈或刷漆处理。

4.2.5 支、吊构件的维护保养

水管系统支、吊构件包括支架、吊架、管箍等，它们在长期运行中会出现变形、断裂、松动、脱落和锈蚀等（巡检内容），其日常维护保养的方式要在分析其产生原因后进行。

(1) 变形、断裂是因为所用材料机械强度不高或用料太小，在管道及绝热材料的重量和热胀冷缩力的作用下造成的，还是因为构件制作质量不高造成的？是人为损害，还是支、吊构件的设置距离过大压坏或拉坏的？

(2) 松动、脱落是因为零部件安装不够牢固造成的，还是因为构件受力太大或管道振动造成的？

(3) 锈蚀是因为原油漆质量不好，还是刷油漆的质量不高造成的？

根据支、吊构件出现的问题和引起的原因，有针对性地采取相应措施来解决，根据需要进行修理、更换、补加、紧固和补刷油漆等。

> 做一做

观察分析水系统中的支、吊构件的状态，并对有问题的支、吊构件进行更换、紧固、补刷漆等处理。

4.2.6 管路系统的水锤现象及防治

在承压水管中流动的液体由于阀门或水泵的突然关闭或开启，使得流体速度和动量发生急剧变化，从而引起液体压力的骤然变化，这种现象称为水击。水击所产生的增压波和减压波交替进行，对管壁或阀门的作用犹如锤击一样，故又称为水锤。其危害性很大，严重时会使管路发生破裂。

减弱水锤的措施主要有：

（1）尽量缩短管路；

（2）增加阀门关闭或开启的时间；

（3）在管路上设置安全阀，这样在水锤发生瞬间危及管路和设备时，安全装置开启，把管路系统中部分液体放出，或把部分空气引入系统。

（4）空调热水通过蒸汽热交换器时，蒸汽管道中蒸汽流速较快，必须使凝结水管沿水流方向设有0.002～0.003的下降坡度，使其顺利地流至疏水器后，再流至凝水干管，以防止水锤现象的发生。

> 想一想

水锤是如何产生的？如何避免水锤的产生？

4.3 离心式水泵的运行管理与维护

目的与要求：

◇ 能说出离心式水泵的结构及工作原理；

◇ 能说出离心式水泵主要性能参数的含义；

◇ 会对离心式水泵做启动前、启动中及运行中的检查；

◇ 会对离心式水泵做开停机操作；

◇ 会对离心式水泵做维护保养和解体检修。

重点与难点：

◇ 学习重点：离心式水泵的结构及工作原理；离心式水泵的主要性能参数；离心式水泵启动前、启动中及运行中的检查；离心式水泵的开停机操作；离心式水泵的维护保养和解体检修。

◇ 学习难点：离心式水泵的工作原理及主要性能参数。

水泵是中央空调系统中重要的辅助设备，冷（热）水系统和冷却水系统通过水泵进行水的输送与循环。水泵有许多种类，如离心泵、轴流泵、混流泵、往复泵、回转泵等，在中央空调水系统中，普遍使用的是离心泵。

4.3.1 离心式水泵的类型

离心式水泵有许多类型：按照安装形式，可分为卧式泵和立式泵；按叶轮的级数，可分为单级泵和多级泵；按叶轮的吸入方式，可分为单吸泵和双吸泵。

卧式离心泵和立式离心泵如图 4－38 所示。这两种泵的工作原理相同，其最大区别是立式泵的电动机为立式安装，而且与水泵连为一个整体，不需要另外占安装位置。因此，立式泵的优点是占地面积小，与管道连接方便，使用灵活，但同时其流量和扬程都受到了限制，这就是它只能在小型水系统中使用的根本原因。这两种水泵不仅工作原理相同，而且基本组成和构造也相似，因此在维护保养、运行调节、运行中常见问题和故障的产生原因以及解决方法等方面都有许多相同之处。

图 4－38　卧式离心泵和立式离心泵

➢ **做一做**

观察中央空调水系统中的离心式水泵，说一说它是卧式泵还是立式泵？

单级泵和多级泵如图 4－39 所示。多级泵具有较高的扬程，这类泵在结构上是将几个叶轮装在同一根转轴上，每个叶轮叫做一级，一台泵可以有两级到十余级，每级叶轮之间设有固定的导叶。流体进入第一级叶轮加压后经导叶依次进入第二级、第三级叶轮，第一级一般为单吸式，但也可以制成双吸式的。多级泵通常用于高扬程提升液体和锅炉给水。

图 4－39　单级离心泵和多级离心泵

双吸式离心泵如图4－40所示，这种泵实际上等于两个相同的叶轮背靠背地装在同一根转轴上并联工作。液体是从两侧的轴向流入两个叶轮，然后转为径向进入叶片间的流道，最后在机壳内汇合流向出口。这种泵的流量较大，能自动平衡轴向推力。

图4－40　双吸式离心泵

➢ **做一做**

观察中央空调水系统中的离心式水泵，说一说它是单级泵还是多级泵，是单吸泵还是双吸泵。

4.3.2 离心式水泵的结构及工作原理

启动离心式水泵前，应先将泵和进水管灌满水，水泵运转后，在叶轮高速旋转而产生的离心力的作用下，叶轮流道里的水被甩向四周，压入泵壳，叶轮入口形成真空，进水管内的水在压力的作用下被吸入，补充了这个空间，吸入的水继而又被叶轮甩出，经泵壳进入出水管，这样就形成了离心式水泵的连续灌水，如图4－41所示。

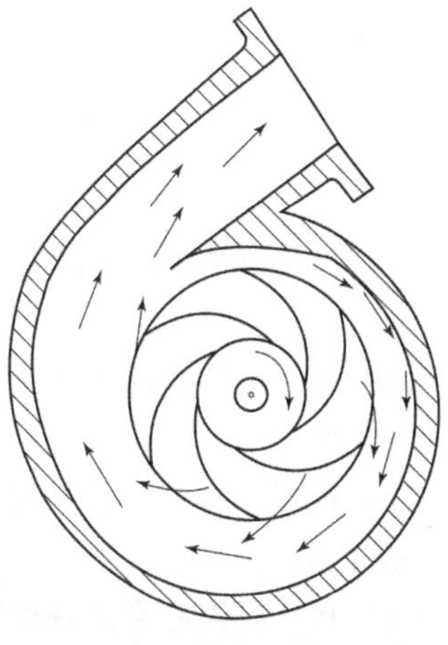

图4－41　离心式水泵的工作原理图

离心式水泵的主要零部件有蜗壳、叶轮、泵轴、轴承、密封装置等。叶轮是离心泵的做功部件，依靠它的高速旋转对液体做功而实现液体的输送，是离心泵的重要零部件之一。水泵的叶轮一般由两个圆形盖板组成，盖板之间有若干片弯曲的叶片，叶片之间的槽道为过水的叶槽，有封闭式、半封闭式和开式三种形式，如图4－42所示。

封闭式叶轮效率较高，但要求输送的介质较清洁，如空调系统中的给水泵、凝结水泵均采用封闭式叶轮；半封闭式叶轮没有前盖板，而其他都与封闭式叶轮相同，适宜输送含有杂质的流体；开式叶轮只有叶片和轮毂，而没有前、后盖板，适宜输送含杂质颗粒大些、多些的流体。

泵轴穿过泵壳时会有间隙存在，泵内液体会通过间隙泄漏至泵外。如果泄漏出的液体

(a) 封闭式　(b) 半封闭式　(c) 开式

图 4-42　离心式水泵的封闭式、半封闭式和开式叶轮

有毒、有腐蚀性，则会污染环境。倘若泵吸入端是真空，则外界空气就会漏入泵内，严重威胁泵的安全工作。为了减少泄漏，一般在间隙处装有轴端密封装置。目前采用的轴端密封装置主要有填料密封和机械密封两类（图 4-43）。

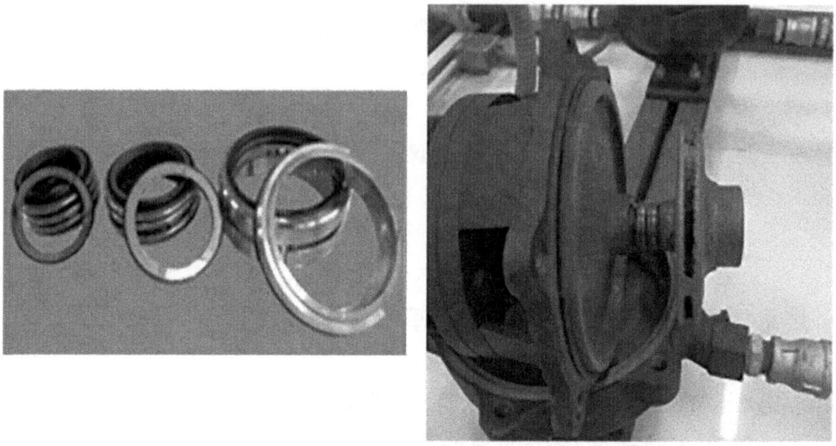

图 4-43　机械密封及使用机械密封的离心式水泵

4.3.3 离心式水泵的性能参数

离心式水泵的性能参数主要有流量、扬程、功率、效率、转速、允许吸上真空高度和气蚀余量等。

（1）流量：单位时间内泵所输送的流体体积，即体积流量，以符号 Q 表示，单位为 m^3/h 或 L/s。

（2）扬程：离心泵的扬程即压头，指的是泵所输送的单位质量的流体从进口到出口的能量的增加值，即单位质量的流体流过泵所获得的有效能量。扬程以符号 H 表示，单位为 m。

（3）功率：电动机传到泵轴上的功率，即轴功率，用符号 P 表示，单位为 W 或 kW。

（4）效率：离心泵的效率用来表示输入的轴功率 P 被利用的程度，即有效功率 P_e 与轴功率 P 的比值。效率的符号为 η，$\eta = P_e/P$。

η 是评价泵性能好坏的一个重要指标，η 越大，说明泵的能量利用率越高，效率越高。

（5）转速：泵的叶轮每分钟的转数，用符号 n 表示，常用的单位是 r/min。

（6）允许吸上真空高度：指水泵在标准状况下（即水温 20℃，表面压力为 1.01325 ×

10^5Pa）运转时，水泵所允许的最大吸入真空高度（即水泵吸入口的最大真空度），用 H_s 表示，单位为 m。

（7）气蚀余量：指水泵进口处单位重量液体所具有的超过饱和蒸汽压力的富裕能量，用符号 H_{sv} 表示，单位为 m。

H_s 和 H_{sv} 是从不同角度反映吸水性能好坏的参数。

> **小贴士**

以下是某一水泵铭牌的内容：

型号 IS－100－65－200A	转速 2900r/min
流量 $125m^3/h$	功率 22kW
扬程 45m	效率 76%
允许吸上真空高度 5.8m	出厂年月 ×年 ×月

其中，IS 代表国际标准离心泵，100 表示水泵进口直径 100mm，65 表示水泵出口直径 65mm，200 表示水泵叶轮名义直径为 200mm，A 表示叶轮第一次切割。

> **做一做**

观察中央空调水系统中的离心式水泵，说一说它们的铭牌参数。

4.3.4　离心式水泵的检查

对水泵的检查，根据检查的内容、所需条件以及侧重点的不同，可分为启动前的检查与准备、启动检查和运行检查三部分。

1. 水泵启动前的检查与准备

> **想一想**

什么时候要对水泵作启动前的检查呢？

当水泵停用时间较长，或是在检修及解体清洗后准备投入使用时，必须要在开机前做好以下检查与准备工作：

（1）水泵轴承的润滑油充足、良好。

（2）水泵及电动机的地脚螺栓与联轴器（又叫靠背轮）螺栓无脱落或松动。

（3）水泵及进水管全部充满了水，当从手动放气阀放出的是水而没有空气时即可认定。如果也能将出水管充满水，则更有利于一次开机成功。在充水的过程中，要注意排放空气。

> **想一想**

水泵中有气对启动有什么影响？

（4）轴封不漏水或为滴水状（但每分钟的滴水数符合要求，如不超过60滴），如果漏水或滴水数过多，要查明原因并改进到符合要求。

（5）关闭好出水管的阀门，以有利于水泵的启动。如装有电磁（动）阀，则手动阀应是开启的，同时要检查电磁（动）阀的开关是否动作正确、可靠。

> **想一想**

为什么在水泵启动前要关闭出水阀门？

（6）对卧式泵，要用手扳动联轴器，看水泵叶轮是否能转动。如果转不动，要查明原因，消除隐患。

> **做一做**：对离心式水泵作启动前的检查，并将检查结果填入表4－3。

表4－3 离心式水泵启动前的检查与准备记录表

序号	检查准备内容	检查准备情况记录
1	轴承润滑油是否充足、良好	
2	螺栓无脱落或松动	
3	是否充满水	
4	轴封不漏水或为滴水状	
5	出水阀门是否关闭好	
6	联轴器是否能转动	

2. 启动检查

启动检查是启动前停机检查工作的延续，因为有些问题只有水泵“转”起来后才能发现。

（1）点动电动机，观察水泵的转向是否正确。

> **想一想**

如何判断水泵的转向是否正确？对于三相异步电动机，如果出现反转，如何改正？

以常用的IS型水泵为例，正确的旋转方向为从电动机端向水泵方向看泵轴（叶轮），如果顺时针方向旋转，则转向正确，否则应将旋转方向改正过来。

对于使用三相异步电动机拖动的水泵，只需将三根电源线中的任意两根对调即可改变电动机转向。

> **做一做**

点动三相异步电动机，观察水泵的转向，若转向错误，更改为正确转向。

（2）短时间运行水泵，观察压力表读数是否正常，是否振动，是否需要放气。

> **想一想**

如果水泵内有气体，运行时会出现什么现象？如何解决？

如果水泵内没有充满水，即泵内有气体存在时，启动水泵后，水泵出水口的压力上不去，流量非常小或没有流量，这时就需要考虑泵内有气体了。

那么怎么解决呢？点动，排气，再点动，再排气，直到水泵正常运行。

3. 运行检查

启动检查结束后，在出水阀门关闭的情况下，启动水泵，待转速正常后逐渐打开出水阀门，直至水泵运行正常，出口管路的阀门开启不应超过 3min。

水泵有些问题或故障在停机状态或短时间运行时是不会出现或产生的，必须运行较长时间才能出现或产生。因此，运行检查是检查工作中不可缺少的一个重要环节。日常运行检查要做好以下常规检查项目：

（1）电动机不能有过高的温升（一般应小于 80℃），无异味产生。

> **想一想**

①这个温升标准是怎么来的？

②如何测量电动机温度？

③如果电动机温升过高，可能是什么原因造成的？如何解决？

（2）轴承润滑良好，轴承温度不得超过周围环境温度 35～40℃，轴承的极限最高温度不得高于 80℃。

> **想一想**

①轴承温度如何测量？

②轴承温度过高，可能是什么原因造成的？如何解决？

（3）轴封处（除规定要滴水的形式外）、管接头（法兰）均无漏水现象。

> **想一想**

如果轴封处漏水，可能的原因是什么？如何解决？

（4）运转声音和振动正常。

> **想一想**

①如果运转声音异常，可能是什么原因？如何解决？

②如果有振动，可能的原因是什么？如何解决？

（5）地脚螺栓和其他各连接螺栓的螺母无松动。

（6）基础台下的减振装置受力均匀，进、出水管处的软接头无明显变形。

(7) 转速在规定或调控范围内。

(8) 电流数值在正常范围内。

(9) 压力表指示正常且稳定，无剧烈抖动。

➢ **做一做**

启动水泵，对水泵作运行中的检查，并填写运行检查记录表 4-4。

表 4-4 水泵运行检查记录表

序号	运行检查内容	检查情况记录
1	电动机温升是否正常，有无异味	
2	轴承润滑是否良好，温升是否正常	
3	轴封、管接头是否漏水	
4	有无噪声、振动	
5	螺栓有无脱落或松动	
6	减振装置是否受力均匀，是否变形	
7	转速、电流、压力是否正常	

4.3.5 离心式水泵的维护保养

1. 轴承加（换）油操作

轴承采用润滑油润滑的，在水泵使用期间，每天都要观察油位是否在标识范围内。

缺少润滑油，就要通过注油孔加油，并且要每年清洗、换油一次。根据工作环境温度情况，润滑油可以用 20 号或 30 号机械油。

轴承采用润滑脂（俗称黄油）润滑的，在水泵使用期间，每工作 2000h 换油一次。润滑脂最好使用钙基脂，也可以采用 7019 号高级轴承脂。

2. 更换轴封操作

由于轴封用一段时间就会磨损，当发现漏水或漏水滴数超标时，就要考虑是否需要压紧或更换轴封。对于采用普通填料的轴封，泄漏量一般不得大于 30~60mL/h，而机械密封的泄漏量则一般不得大于 10mL/h。

3. 解体检修操作

一般每年应对水泵进行一次解体检修，内容包括清洗和检查。清洗主要是刮去叶轮内外表面的水垢，特别是叶轮流道内的水垢要清除干净，因为它对水泵的流量和效率影响很大。此外还要注意清洗泵壳的内表面以及轴承。在清洗过程中，对水泵的各个部件顺便进行详细认真地检查，以便确定是否需要修理或更换，特别是叶轮、密封环、轴承、填料等部件要重点检查。

4. 除锈刷漆操作

每年应对没有进行绝热处理的冷冻水泵的泵体表面进行一次除锈刷漆作业。

5. 放水防冻操作

水泵停用期间，如果环境温度低于 0℃，就要将泵内的水全部放干净，以免由于水结冰胀裂泵体。特别是安装在室外的水泵，尤其不能忽视，如果不注意做好这方面的工作，会造成重大损失。

4.4 冷却塔的运行管理与维护

目的与要求：

◇ 能说出常用冷却塔的类型、结构特点、工作原理及应用场合；

◇ 会对冷却塔作使用前及运行中的检查；

◇ 会对冷却塔做维护保养。

重点与难点：

◇ 学习重点：常用冷却塔的类型、结构特点、工作原理及应用场合；冷却塔使用前及运行中的检查；冷却塔的维护保养。

◇ 学习难点：冷却塔的维护保养。

4.4.1 冷却塔的类型

目前，工程上常用的冷却塔有逆流式、横流式、喷射式和闭式 4 种类型。

1. 逆流式冷却塔

机械通风逆流式冷却塔（图 4－44）的冷却水经布水器均匀地喷洒在填料层上，并在填料层表面形成均匀的水膜，同时有部分水在填料之间溅散成细小的水滴，空气在冷却塔顶部风机的作用下，经导风板均风后进入冷却塔且自下而上通过填料层。这样自下而上流动的空气与自上而下的水由于温差和水蒸气分压力差而传热传质，使水降温。

图 4－44　逆流式冷却塔

➢ **做一做**

观察逆流式冷却塔，说一说它的结构组成及工作原理。

2. 横流式冷却塔

横流式冷却塔（图 4－45）的空气自外向内流经填料层，同时水自上而下流经填料层。

横流式冷却塔热湿交换效率不如逆流式冷却塔高。它可以根据处理水量大小来设置多台风机，也可根据夏季室外空气湿球温度的变化，随意增减运行风机的数量，这样有利于节能。而且，其塔底的高度低，排列组装时占地面积较小。

图 4 - 45　横流式冷却塔

> **做一做**

观察横流式冷却塔，说一说它的结构组成及工作原理。

3. 喷射式冷却塔

喷射式冷却塔的冷却水经喷嘴雾化喷入冷却塔（图 4 - 46）。由于喷嘴的高速喷射，使喷嘴周围形成负压，于是将塔外空气经空气稳流器吸入塔内，与雾化成大量细小水滴的水有效混合，水与空气在无填料的情况下进行热湿交换，以达到降低水温的目的。

图 4 - 46　喷射式冷却塔

与装有填料的机械通风式冷却塔相比，喷射式冷却塔无风机，无填料，振动小，噪声低，结构简单，造价较低，能耗小，但其所用水泵扬程高，且喷嘴易堵塞，对水质要求比较高。

4. 闭式冷却塔

闭式冷却塔的工作流体在闭式冷却塔的盘管内进行循环，其热量通过盘管与管外的水换热。同时，冷却塔周围的空气在风机的抽吸作用下从进风格栅进入塔体，与水的流动方向正好相反，自下而上流出塔体。

采用闭式冷却塔的冷却水系统是闭式的，不与外界相接触，不易被污染，在室外空气的湿球温度较低时，可利用制备好的冷却水作为冷水使用，直接送入空调系统的末端设备，以减少冷水机组的运行时间。

4.4.2 冷却塔使用前的检查

当冷却塔停用时间较长，准备重新使用前，如在冬、春季不用、夏季又开始使用，或是在全面检修、清洗后重新投入使用，启动前应进行必要的检查与准备工作。准备使用前应检查以下内容。

（1）冷却塔安装是否牢固，所有连接螺栓的螺母是否松动，特别是风机系统部分。

（2）开启排污阀门，扫清塔体集水盘内的泥尘污物等杂物，冲洗进水管道及塔体各部件，以免杂物堵塞水孔，如图4－47所示。

图4－47　冷却塔的集水盘和填料

（3）检查布水器转动是否灵活，布水管锁紧螺母是否拧紧，如图4－48所示。

图4－48　冷却塔上的布水器

（4）拨动风机叶片检查旋转是否灵活，是否与其他物件相碰，叶片与塔体内壁的间隙是否均匀一致，各连接螺钉有无松动，如图4－49所示。

图 4－49　齿轮传动的冷却塔风机

（5）开启手动补水管的阀门，与自动补水管一起将冷却塔集水盘（槽）中的水尽量注满（达到最高水位），以备冷却塔填料从干燥状态到正常润湿状态要消耗一部分水。

（6）如果使用皮带减速装置，要检查皮带的松紧是否合适，几根皮带的松紧程度是否相同，如图 4－50 所示；如果使用齿轮减速装置，要检查齿轮箱内润滑油是否充满到规定的油位，否则要补加到位，如图 4－49 所示。

图 4－50　皮带传动的冷却塔风机

（7）检查集水盘（槽）是否漏水，各手动阀门是否开关灵活并设置在要求的位置上。

➢ **做一做**

对冷却塔进行使用前的检查，并填写表 4－5。

表 4－5　冷却塔使用前的检查记录表

序号	检查内容	检查情况记录
1	连接螺栓的螺母是否有松动	
2	集水盘内是否有泥尘、污物等杂物，是否漏水	
3	布水器是否转动灵活，布水管锁紧螺母是否拧紧	
4	补水阀门是否开启	
5	减速装置状态是否正常	
6	集水盘是否缺水	

4.4.3 冷却塔的启动检查

（1）启动时，应点动风机，看其叶片是否俯视时是顺时针转动，风向是从下向上，如果转向反了，需要调整过来。

➢ **想一想**

如何调整风机的转向？

（2）短时间启动水泵，俯视圆形塔的布水装置（又叫配水、洒水装置），判断其是否为顺时针转动，转速是否在表4-5所示的冷却水量对应的范围之内。

表4-6 圆形冷却塔布水装置参考转速

冷却水量/（m^3/h）	6.2~23	31~36	62~195	234~273	312~547	626~781
转速/（r/min）	7~12	5~8	5~7	3.5~5	2.4~5	2~3

（3）短时间启动水泵时还要注意检查集水盘（槽）内的水是否会出现抽干现象。

➢ **做一做**

对冷却塔作启动检查，并填写表4-7。

表4-7 冷却塔的启动检查记录表

序号	检查内容	检查情况记录
1	风机转向	
2	布水装置转向和转速	
3	集水槽是否有抽干现象	

4.4.4 冷却塔的运行检查

冷却塔的运行检查内容如下：

（1）冷却塔所有连接螺栓的螺母是否有松动，特别是风机系统部分，要重点检查。

（2）浮球阀开关是否灵敏，集水盘（槽）中的水位是否合适。

（3）圆形塔布水装置的转速是否稳定、均匀，是否减慢或是否有部分出水孔不出水。

（4）矩形塔的配水槽（又叫散水槽）内是否有杂物堵塞散水孔，槽内积水深度不小于50mm。

（5）集水盘（槽）各管道的连接部位、阀门是否漏水。

（6）塔内各部位是否有污垢形成或微生物繁殖，特别是填料和集水盘（槽）里。

（7）是否有异常声音和振动，有无明显的飘水现象。

（8）对使用齿轮减速装置的，齿轮箱是否漏油。

（9）风机轴承温升一般不大于35℃，最高温度低于70℃。

➢ 做一做

对冷却塔进行运行中的检查，并填写表4－8。

表4－8 冷却塔运行中的检查记录表

序号	运行检查内容	运行检查记录
1	所有连接螺栓的螺母是否有松动	
2	浮球开关是否灵敏，水位是否合适	
3	布水器转动是否稳定、均匀	
4	配水槽内是否有杂物，槽内积水深度应不小于50mm	
5	集水盘是否漏水	
6	各部位是否有污垢	
7	运行中是否有异响、飘水	
8	风机温升是否正常	
9	减速箱是否漏油	

4.4.5 冷却塔的维护保养

由于冷却塔长期置于室外，其维护保养工作的重点如下：一是保持塔内外各部件的清洁；二是确保风机、电动机及其传动装置的性能良好；三是保证补水与布水（配水）装置工作正常；四是定期消毒，防止军团菌滋生。

1. 清洁

冷却塔的清洁，特别是其内部和布水（配水）装置的定期清洁，是冷却塔能否正常发挥冷却效能的基本保证，不能忽视。冷却塔的清洁工作，除了外壳可以不停机清洁外，其他都要停机后才能进行。包括：

（1）外壳的清洁。目前常用的圆形冷却塔和矩形冷却塔，其外壳都是采用玻璃钢或高级PVC材料制成的，能抵抗太阳紫外线和化学物质的侵蚀，密实耐久，不易褪色，表面光亮，不需另刷油漆做保护层。

（2）填料的清洁。填料作为空气与水在冷却塔内进行充分热湿交换的媒介，通常是由高级PVC材料加工而成的，属于塑料一类，很容易清洁，可采用高压水枪冲洗，或拆下来清洗。

（3）集水盘（槽）的清洁。集水盘（槽）中有污垢或微生物积存最容易发现，采用刷洗的方法就可以很快清洁干净。

（4）布水装置的清洁。对于圆形冷却塔，应将布水管从旋转头上拆下来仔细清洗；对于方形冷却塔，应认真刷洗配水槽。

（5）吸声垫的清洁。吸声垫一般使用疏松纤维制成，长期浸泡在集水盘中，很容易附着污物，因此可使用高压水枪配合清洁剂进行冲洗。

➢ **做一做**

清洗冷却塔。

2. 其他维护保养

（1）对使用皮带减速装置的，每两周停机检查一次传动皮带的松紧度，不合适时要调整。

（2）对使用齿轮减速装置的，每个月停机检查一次齿轮箱中的油位。

（3）每年必须做一次电动机绝缘情况测试，如果达不到要求，要及时处理或更换电动机。

（4）检查填料是否损坏，如果有损坏要及时修补或更换。

（5）风机系统所有轴承的润滑脂一般每年更换一次。

（6）当采用化学药剂进行水处理时，要注意风机叶片的腐蚀问题。

（7）在冬季冷却塔停止使用期间，有可能因积雪而使风机叶片变形，可以采取两种办法加以避免：一是停机后将叶片旋转到垂直于地面的角度紧固；二是将叶片或连轮毂一起拆下放到室内保存。

（8）在冬季冷却塔停止使用期间，有可能发生冰冻现象，这时要将集水盘（槽）和管道中的水全部放光，以免冻坏设备和管道。

（9）冷却塔的支架、风机系统的结构架以及爬梯通常采用的镀锌钢件，一般不需要油漆。如果发现有生锈情况，再进行除锈刷漆工作。

➢ **做一做**

使用兆欧表测量风机电机的绝缘电阻。

3. 军团菌的预防与冷却塔消毒

军团菌的预防是冷却塔的维护保养工作内容之一。为了有效地控制冷却塔内军团菌的滋生和传播，要积极做好冷却塔军团菌感染的预防措施。在冷却塔长期停用（一个月以上）再启动时，应进行彻底的清洗和消毒；在运行中，每个月需清洗一次；每年至少彻底清洗和消毒两次。

对冷却塔进行消毒比较常用的方法是加次氯酸钠（含有效氯 5mg/L），关风机开水泵，将水循环 6h 消毒后排干，彻底清洗各部件和潮湿表面。充水后再加次氯酸钠（含有效氯 15mg/L）以同样方式消毒 6h 后排水。

4.5 中央空调水系统的水质管理

目的与要求：

◇ 能说出中央空调水系统常见的水质问题及解决办法；

◇ 会对中央空调水系统作日常维护及清洗和预膜；

◇ 能说出软水系统的结构及工作原理，并能对软水系统进行运行维护。

重点与难点：

◇ 学习重点：中央空调水系统的日常维护及清洗和预膜；软水系统的运行维护。

◇ 学习难点：中央空调水系统常见的水质问题及解决办法；软水系统的结构及工作原理。

中央空调系统中使用的大部分是循环水，所采用的循环水系统有开式和闭式两种。由于系统形式的不同，其水质管理和水处理的方式也有所差别。

4.5.1 冷却水系统的水质管理

冷却水系统多为采用冷却塔的开式系统，冷却水在与空气不断接触的过程中，将不可避免地出现结垢、腐蚀和菌藻繁殖的现象，这将对中央空调系统的运行费用、设备运行效率和设备管道的使用寿命等产生很大影响。因此，必须要做好冷却水的水质管理。

1. 冷却水的化学处理

开式冷却水系统的水处理，是根据水质标准，通过投加化学药剂或其他方法来防止结垢、金属腐蚀、微生物繁殖，使用最广泛的方法是应用化学方法进行水处理（简称化学水处理），所使用的化学药剂根据其主要功能分为阻垢剂、缓蚀剂和杀生剂三种。

1）垢和阻垢剂

黏附在冷却水侧管壁上的沉积物统称为垢，按沉积物的成分可分为水垢、污垢和黏泥，如图4－51所示。

图4－51 冷凝器结垢

水垢也叫水生垢、无机垢或硬垢，是溶于水中的盐类物质。由于温度升高或冷却水在冷却过程中的不断蒸发浓缩，使冷却水中的盐类物质超过其饱和溶解度而结晶、析出、沉积在金属表面上，因此又叫盐垢，如碳酸钙、硫酸钙、磷酸钙、碳酸镁、氢氧化锰、硅酸钙等，其中碳酸钙最常见，危害也最大。

含有泥沙、杂物碎屑、腐蚀产物、天然有机物、微生物新陈代谢产生的分泌物、微生物残骸、腐殖物以及凝胶状物质的沉积物为污垢，又称为软垢。

如果沉积物的主要成分是微生物的分泌物、残骸、凝胶物质以及有机腐殖质时，所形成的黏浊物就称为黏泥，为胶黏状或絮状。

对于污垢、黏泥可以采取定时冲洗并部分排水同时补充新鲜水的排污法来解决。而对于水垢，国内外应用最广泛、效果最好的方法是投加阻垢剂。

2）腐蚀和缓蚀剂

冷却水系统中的腐蚀主要是电化学腐蚀和微生物腐蚀，如图4－52所示为被腐蚀的管路和冷凝器。为了防止电化学腐蚀，一般在水中投放缓蚀剂，缓蚀剂在金属表面形成保护膜，能阻碍水中溶解氧扩散到金属表面，从而抑制腐蚀反应的进行。

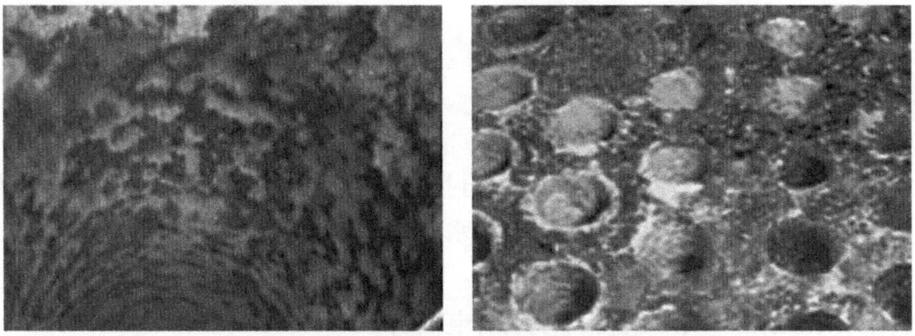

图4－52　被腐蚀的管路和冷凝器

3）微生物和杀生剂

循环水系统中的微生物，常见的有藻类、细菌和原生动物（图4－53）。

图4－53　冷却塔里的藻类

微生物在循环水系统中的生长繁殖，不仅使水质恶化，而且附着于冷却塔填料和管道的管壁上，干扰空气和水的流动，降低冷却效率；微生物还与其他有机或无机的杂质构成黏泥沉积在系统中，增加水流阻力；附着在热交换器管壁上形成污垢，降低热交换器的传热效率；在妨碍缓蚀剂发挥防腐蚀功能的同时还促进腐蚀过程，其危害不可轻视。

常用的杀生剂有氯气、次氯酸钠等。

阻垢剂、缓蚀剂和杀生剂的添加可采用人工方式，也可采用自动加药系统自动加药。

2. 冷却水的物理处理方法

目前常用的物理水处理方法有磁化法、高频水改法、静电水处理法和电子水处理法等。

采用物理水处理法的除垢机理还不是十分明确，但是对于结垢、腐蚀、微生物繁殖都有一定的作用。

➢ **注意：**

工程实践证明，排污+加药（阻垢剂、缓蚀剂、杀生剂）+物理处理+旁滤设备，效果较好。

➢ **做一做**

观察中央空调水系统中的物理水处理装置，说一说它们的安装位置及工作原理。

4.5.2 冷冻水系统的水质管理

冷冻水的水温低，循环流动系统一般为封闭的，不与空气接触，不受阳光照射，防垢和微生物控制不是主要问题。闭式循环冷冻水系统的水质管理主要是防腐蚀。

闭环水系统的腐蚀主要由三个方面引起：一是厌氧微生物；二是渗入的少量氧气造成的电化学腐蚀；三是由不同金属材料导致的电偶腐蚀。

冷冻水的日常水处理主要是解决腐蚀的问题，可加入合适的缓蚀剂予以解决；如果需要防垢也可使用阻垢剂。

4.5.3 离子交换水处理

运用离子交换原理，用钠离子交换树脂吸附水中的钙、镁离子，除去水中的硬度物质，使水得到软化，以防止水系统结垢，这种装置称为软水器。

1. 离子交换水处理原理

离子交换树脂是高分子化合物，一般呈球状，不溶于水，经过化学处理后，引入活性基团磺酸基（$-SO_3H$）。离子交换树脂经过盐水浸泡后，成为阳离子交换树脂。当原水通过装有阳离子交换树脂的软水器时，水中的钙、镁离子与交换剂中的钠离子进行交换。以R代表树脂本体，交换反应可用方程式表示为

$$2RNa + Ca^{2+} = R_2Ca + 2Na^+ \text{ 和 } 2RNa + Mg^{2+} = R_2Mg + 2Na^+$$

去除了钙、镁离子的软化水，作为给水或补水进入空调水系统。吸附钙、镁离子饱和后的树脂经过钠盐溶液的处理，可重新转化为钠型阳离子交换树脂而恢复其软水能力，这一再生过程可用方程式表示为：

$$R_2Ca + 2NaCl = 2RNa + CaCl_2 \text{ 和 } R_2Mg + 2NaCl = 2RNa + MgCl_2$$

上述正向和反向离子交换反复进行，就可使软化水持续不断地产生。

图4-54 软水器

工程中，使用软水器实现上述的工作过程，图4-54所示

为软水器形貌，主要由树脂罐、控制阀、盐箱等组成。

2. 软水器的工作循环

软水器的工作过程分为以下几步：

（1）运行：原水在一定压力（0.2~0.6MPa）和流量下，通过控制阀进入树脂罐，自上而下通过树脂层，使钙、镁离子含量达到既定要求，实现硬水的软化。

（2）反洗：树脂失效后，进行再生前，先用水自下而上进行反洗。其目的有两个：一是使运行中压紧的树脂层发生松动，有利于树脂颗粒与再生液充分接触；二是使树脂表面积累的悬浮物及碎树脂随反洗水排出，从而使水流阻力不会越来越大。

（3）再生吸盐：盐箱中的再生用盐液在一定浓度流量下，自上而下流经失效的树脂层，使其恢复原有的交换能力。

（4）置换（慢速清洗）：再生盐液停进后，树脂罐内尚有未参与再生交换的盐，用小于或等于再生液流速的清水进行慢速清洗，以充分利用盐液的再生作用并减轻正洗的负荷。

（5）正洗（快速清洗）：利用清水自上而下清除树脂层中残留的再生废液，直至出水合格为止。

（6）盐箱注水：使盐箱中储存再生一次所需的盐水溶液。

现在，软水器通常制作成全自动型，可根据时间或流量实现自动循环。

➢ 做一做

观察软水器的结构组成，说一说它的工作原理。

4.5.4 中央空调水系统的清洗与预膜

中央空调水系统运行一定的时间后，由于在使用过程中受物理或化学作用的影响，系统中常会产生一些盐类沉淀物、腐蚀杂物和生物黏泥等。这些污染物都会直接影响热交换效率和减少管道的过水断面，因此必须进行清洗。清洗是预膜处理的基础。

预膜处理是为了保护金属表面免遭腐蚀，某些化学药剂与水中的金属离子（如 Ca^{2+}、Zn^{2+}、Fe^{2+} 等）可形成络合物，在金属表面形成一层非常薄的膜，牢固地黏附在金属表面上，从而抑制水对金属的腐蚀。

实践证明，水系统的清洗和预膜处理是减少腐蚀、提高热交换效率、延长管道和设备使用寿命的有效措施之一。清洗和预膜的过程为：水冲洗→化学药剂清洗→预膜→预膜水置换→投加水处理药剂→常规运行。

1. 清洗

中央空调水系统的清洗包括冷却水系统的清洗和冷冻水系统的清洗。

冷却水系统的清洗主要是清除冷却塔、冷却水管内壁、冷凝器内表面的水垢、生物黏泥、腐蚀产物等沉积物；冷冻水系统的清洗主要是清除蒸发器内表面、冷冻水管道内壁、空调末端换热器内表面的污垢和腐蚀产物等沉积物。

清洗方式一般分为物理清洗和化学清洗两种方式。

1）物理清洗

物理清洗的主要方法是利用较大的水流速度（不小于1.5m/s）对水系统中的所有设备和管道进行循环冲洗，借助水流的冲击力来洗刷设备和管道内的泥沙、松散沉积物和各种碎屑杂物，并通过主管道的最低点或排污口排放掉污水，同时拆洗Y型过滤器。

需要注意的是：物理清洗方法需要在中央空调系统停止运行后才能进行；由于换热器内的换热铜管管径较小，为避免系统清洗出来的污泥杂物堵塞换热管，水应从热交换器的旁路管道通过。热交换器的清洗则采用拆下端盖，单独用刷子和水对每根换热管进行清洗的方法。

物理清洗不存在化学清洗后废液的处理或排放问题，也不会引起管路和设备的腐蚀，但是物理清洗必须停机后进行，并且有些方法有可能对管路或设备的内壁造成物理损伤。

2）化学清洗

化学清洗则是采用酸、碱或有机化合物的复合清洗剂来清除设备和管道中的污染物，通过化学药剂的化学作用，使被清洗设备和管道中的沉积物溶解、疏松、脱落或剥离的清洗方法。为了减少化学清洗剂的用量，可以先进行物理清洗。

化学清洗可以不停机进行，清洗彻底，效果好，但是化学药剂有可能腐蚀管路和设备内壁，清洗后的残液还有可能造成环境污染。

（1）水系统停机化学清洗。

在中央空调系统不供冷或不供暖的情况下，在一个闭合回路中，化学清洗一般按下列步骤进行：水冲洗→杀菌灭藻清洗→碱洗→水冲洗→酸洗→水冲洗→中和钝化（或预膜）。如果系统中没有油污，可省去碱洗。

金属设备或管道经过酸洗后，其金属表面处于活性状态，很容易重新与氧结合而被氧化生锈。因此，设备或管道在清洗后暂时不用时，就要进行钝化处理，然后加以封存。

钝化即金属经阳极氧化或化学方法（如强氧化剂）处理后，由活泼状态转变为不活泼状态（钝态）的过程。钝化后的金属由于表面形成致密的氧化物保护薄膜，因而不易腐蚀。

如果设备或管道清洗后马上就投入使用，则酸洗后可直接预膜而不需要进行钝化。

（2）不停机化学清洗。

在不能停止供冷或供暖，但中央空调系统需要清洗时可采用不停机的化学清洗方法。不停机化学清洗过程中要根据系统不同部位的情况分别单独开启或关闭。

利用冷却塔的集水盘（槽）作为配液容器，将各种清洗药剂直接加入冷却塔的集水盘（槽）中，通过冷却水的循环流动，将清洗剂带到冷却水系统各处，产生清洗作用。

对于冷冻水系统，则利用膨胀水箱或外接配液槽来加入清洗药剂。当使用膨胀水箱加药时，要在加药后，从系统的排污口排出一些冷冻水，使膨胀水箱的药剂能吸入系统中。当使用外接配液槽时，配液槽与系统的连接管要接在冷冻水泵的吸入口段。在清洗药剂吸入系统后，药剂会随冷冻水循环流到系统各处，同时产生清洗作用。

不停机清洗不存在清洗后系统不使用的问题，因此在清洗后也就不需要钝化而只需要预膜。中央空调循环水系统不停机化学清洗的程序为：杀菌灭藻清洗→酸洗→中和→预膜。

2. 预膜处理

循环水系统设备和管道的内表面，经化学处理后呈活泼状态，极易产生二次腐蚀，因此要在化学清洗后立即进行预膜处理。预膜处理就是向循环水中投加化学药剂，使与循环水接触的所有经清洗后的设备、管道金属表面形成一层非常薄、耐腐蚀、不影响换热、不易脱落的均匀致密保护膜的过程。

预膜处理和酸洗后的钝化处理作用一样，也使金属的腐蚀反应处于全部极化状态，消除产生电化学腐蚀的阴、阳极之间的电位差，从而抑制腐蚀。在确认系统已清洗干净并换入新水后，投加预膜剂，启动水泵使水循环流动20~30h进行预膜。预膜后如果系统暂不使用，则任由药水浸泡；如果预膜后即转入正常运行，则于一周后分别投加缓蚀阻垢剂和杀生剂。经预膜处理后的系统，一般均能减轻腐蚀，延长设备和管道的使用寿命，保证连续安全地运行，同时能缓冲循环水中pH值波动的影响。

拓展阅读

人工智能技术在雄安高铁站中央空调系统中的应用①

雄安高铁站是目前亚洲最大的高铁站，整体结构为桥式站。车站以地面层进站为主、高架层进站为辅。主体共5层，其中地上3层、地下2层，且地面候车厅两侧利用地面层和站台层之间的空间设置出站夹层。铁路用房总面积150000m^2，最高聚集人数为5000人，建筑中人员密度高、设备多且散热量大、空间形式复杂、中央空调系统能耗较大。

高铁站传统的空调控制虽采用了建筑自动化控制系统（Building Automation System，BAS）或环境设备监控系统（Equipment Monitoring Control System，EMCS），以实现对空调数据的采集和处理，进而对空调设备统一进行监控，但BAS对空调的控制只能实现简单的基于点动规则的启停控制与连锁保护，不能根据环境参数对这些设备和系统进行统一的协调控制。

雄安高铁站的中央空调智能控制系统，采用基于人工智能机器学习+知识图谱2.0技术的节能运行优化算法，获取环境参数、末端冷量需求以及制冷站机房设备的实时状态，采用自学习技术寻找类似工况下能耗最优的操作方案并下发到相关设备，从而控制冷水主机、冷冻水、冷却塔及末端等设备参数，从而实现舒适度达标前提下的节能运行。该系统需要实现以下3个目标：①利用现有的空气分布特性指标（Air Diffusion Performance Index，ADPI）作为高铁站大空间舒适度评价指标之一，一般应使当前环境舒适度指标ADPI大于80%。②能效比高。能效比通过计算EER（Energy Efficiency Ratio）或是COP（Coefficient of Performance）进行评价。③能耗最低。

智能控制系统综合运用人工智能算法、知识图谱、强化学习技术，可实现试探式自主调优，并智能执行优化方案，如图4-55所示。具体方法包括：①基于人工智能机器学习模型，对系统运行数据进行计算分析，达到空调管理的舒适度调整目标、能效调整目标，确定舒适度调整模型和能耗调整模型。②基于对已有运行规划规则与经验数据的知识挖掘，确定能效最低目标；根据数据监测点的传感器采集数据测试点的环境参数，并根据环境参数以及建筑自动化控制系统的参数进行分析，以确定节能降耗混合策略，使空调

① 摘自“董建林. 雄安高铁站中央空调系统节能运行优化方法研究［J］. 机械设计与制造工程，2024，51（12）：112-115.”

系统高效、节能、稳定运行。③通过动态在线学习历史数据，使用强化学习模型迭代产生操作策略数据表；通过获取当前环境参数以及建筑自动化控制系统的当前参数，进行反馈评估，并查询操作策略数据表以确定当前的操作策略，从而实现节能降耗。

人工智能控制模式下制冷站机房COP明显高于非人工智能控制模式。

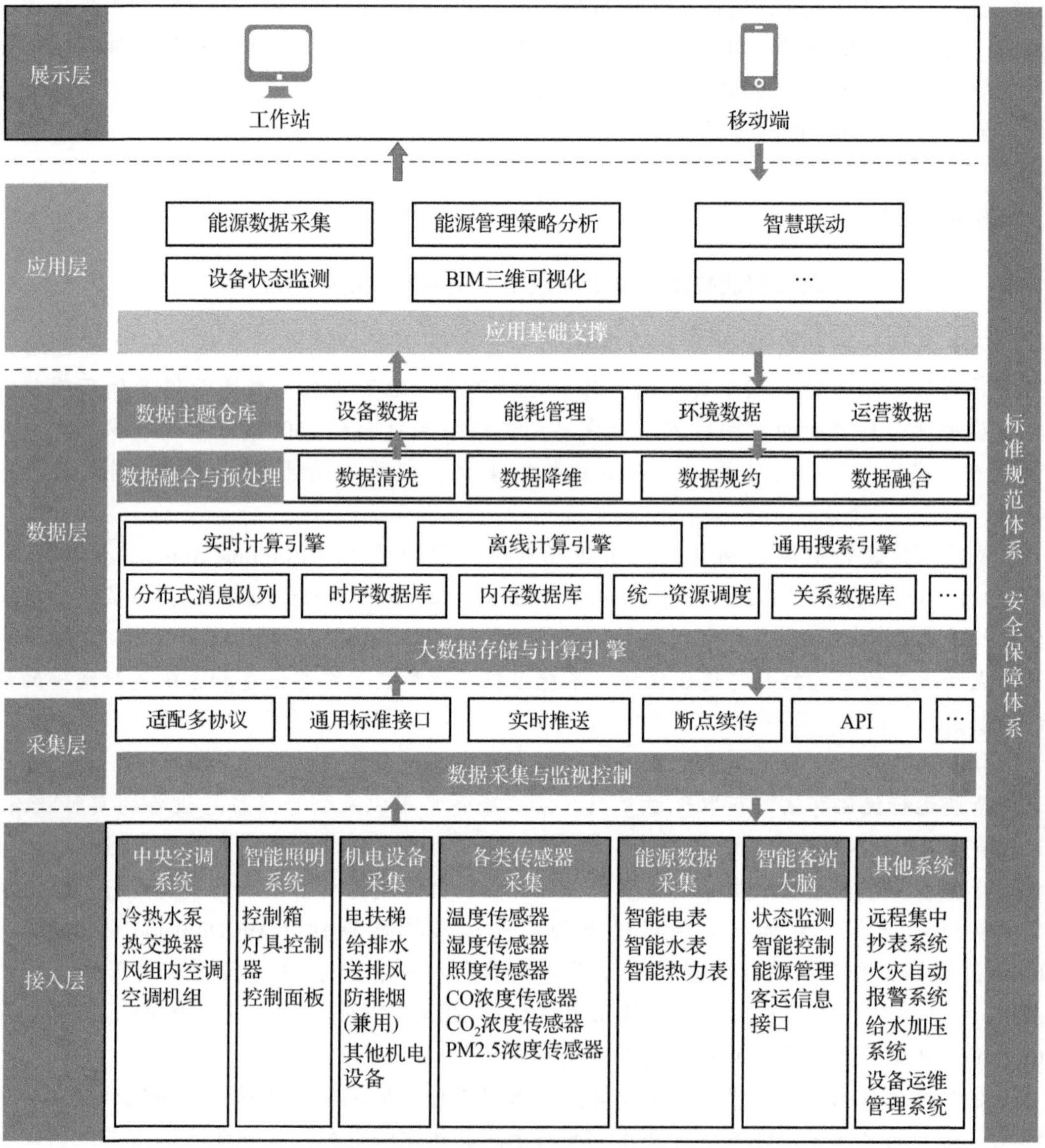

图4－55　中央空调智能控制架构图

项目实训

完成实操训练活页式工作手册“项目6　认识气压罐＋补给水泵定压系统”“项目7　蝶阀的解体及维护保养”“项目8　闸阀的解体及维护保养”“项目9　离心式水泵的解体检修”“项目10　中央空调冷却水系统的清洗和预膜”。

能力测试

一、填空题

1. 就空调工程的整体而言，空调水系统包括________、________和________。

2. 《民用建筑供暖通风与空气调节设计规范》（GB 50736—2012）8.5.2 指出“除设蓄冷蓄热水池等直接供冷供热的蓄能系统及用喷水室处理空气的系统外，空调水系统应采用________系统”。

3. 定流量水系统是指系统中循环水量保持不变，当空调负荷变化时，通过改变供、回水的________来适应。

4. 变流量系统是指系统中供回水温差保持不变，当空调负荷变化时，通过改变________来适应。

5. 水系统的竖向是否分区应根据制冷、空调设备、管道及各种附件等的________能力来确定。

6. 在闭式循环的空调水系统中，为使水系统在确定的压力水平下运行，系统中应设置________设备。

7. 在空调水系统中，为了便于连接通向各个空调分区的供水管和回水管，设置了________和________。

8. 工程中常用设置________来解决空调水系统的水力平衡问题，特别是对于那些阻力先天不平衡的支管环路。

9. 空调________系统是指利用冷却塔向冷水机组的冷凝器供给循环冷却水的系统。

10. 目前，工程上常用的冷却塔有________、横流式、喷射式和闭式等4种类型。

二、选择题

1. 《民用建筑供暖通风与空气调节设计规范》（GB 50736—2012）规定：全年运行过程中，供冷和供热工况频繁交替转换或须同时使用的空气调节系统，宜采用（　　）。

A. 两管制水系统　　B. 三管制水系统
C. 四管制水系统　　D. 分区两管制水系统

2. 《公共建筑节能设计标准》（GB 50189—2015）规定：当建筑物内有些空气调节区需全年供冷水，有些空气调节区需冷、热水定期交替供应时，宜采用（　　）。

A. 两管制水系统　　B. 三管制水系统
C. 四管制水系统　　D. 分区两管制水系统

3. 一般来说，当末端设备支环路的阻力较小，而负荷侧干管环路较长，且阻力所占的比例较大时，应采用（　　）。

A. 同程式系统　　B. 异程式系统
C. 开式系统　　D. 闭式系统

4. 一般来说，当管路系统较小，支管环路上末端设备的阻力大，其阻力占负荷侧干管环路阻力的2/3～4/5时，可采用（　　）。

A. 同程式系统　　B. 异程式系统
C. 开式系统　　D. 闭式系统

5. 在大型中央空调系统中大都采用间接冷却，由于要求的蒸发温度高于0℃，故一般都用（　　）作为载冷剂。

A. 空气　　B. 水

C. 盐水　　D. 氨水

6. 对任一空调末端装置，设有两根供水管和两根回水管，其中一组用于供冷水，另一组用于供热水，称为（　　）系统。

A. 四管制　　B. 两管制

C. 三管制　　D. 二管制

7. 开式水系统的水泵所需（　　）除要克服管路阻力外，还需要把水提升到某一高度并留有末端压头。

A. 压力　　B. 流量

C. 扬程　　D. 温度

8. （　　）通常设置在水系统的最高处，其标高至少高出水系统最高处0.5m，其作用是对系统定压，以及容纳水体积膨胀量和向系统补水。

A. 膨胀水箱　　B. 冷却水塔

C. 定压罐　　D. 冷水机组

三、判断题

1. 同程式系统有利于水力平衡，因此系统的水力稳定性好，流量分配均匀。（　　）

2. 在异程式系统中，由于各环路的管路总长度不相等，故各环路的阻力不平衡，从而导致了流量分配不均的可能性。（　　）

3. 空调水系统是定流量还是变流量运行，均指冷源侧而言。（　　）

4. 四管制系统主要适用于同一季节里，同时要求供冷和供热的空调工况或舒适度要求很高的建筑物。（　　）

5. 开式系统的水循环管路中无开口处，冷媒水在系统内进行密闭循环，不与大气接触，仅在系统的最高点设置膨胀水箱。（　　）

6. 闭式系统的特点是扬程大，耗能高，循环水易受污染，水中含氧量高，管路和设备易受腐蚀。（　　）

7. 异程式水系统各支路的阻力相差很大，使短支路水循环量大，长支路水循环量小，可通过各层阀门进行调整，获得合理的水量分配。（　　）

8. 同程式水系统的特点是，各环路的阻力大致相等，水流量分配较为均衡，但初始投资小且需占用的建筑空间小。（　　）

9. 定水量系统的特点是，系统输水量是按照最小空调负荷来确定的，循环泵的输送能耗总是处于最大值，造成部分负荷时运行费用较大。（　　）

10. 变水量系统中，水泵的输水量随负荷变化而变化，适用于设置两台或多台冷水机组和循环泵的系统，降低了运行的成本。（　　）

11. 单级泵系统中，空调负荷侧不设水泵，冷（热）源与负荷侧共用冷（热）水泵。（　　）

12. 空调水系统的定压点（即膨胀水箱的膨胀管与系统的连接点），宜设在循环水泵吸入口前的回水管路上。（　　）

13. 气压罐+补给水泵定压系统的布置比较灵活方便，不受位置高度的限制，可安装

在制冷机房、热交换站和水泵房内，也不存在防冻的问题。(　　)

四、简答题

1. 定流量和变流量是相对谁而言的？流量的变化范围是否不受任何限制？

2. 从运行调节方便和节能降耗的角度考虑，什么情况下采用二级泵系统比采用一级泵系统有利？

3. 空调水系统的定压点如何确定？

4. 高层建筑空调水系统分区的原因何在？系统中承压最薄弱的环节是什么？

5. 按负荷特性分区的目的是什么？

6. 空调水系统的水平管道为什么要有坡度？稍高的应是哪一端？为什么？

7. 风机盘管水系统的水平供回水管道的坡度与水平凝结水管道的坡度有何不同？为什么？

8. 管路系统中的水锤现象是如何造成的？如何避免？

9. 为什么对水泵一般要求每年解体检修一次，而风机不要求？

10. 水泵是否运行正常有哪些主要标志？

11. 圆形冷却塔与矩形冷却塔的维护保养内容有何主要不同之处？

12. 冷却塔风机与电动机之间常用的连接与传动方式有哪几种？

13. 哪些原因会造成冷却塔集水盘（槽）中的浮球阀总是处于补水状态？

14. 为什么冷却塔的风机与电动机既有用皮带传动的也有用齿轮传动的，而空调机组的送回风机与电动机通常都是用皮带传动的？

15. 若不进行水处理，开式循环冷却水系统容易产生哪些有害现象？

16. 开式循环冷却水系统的水质管理主要是做好哪几方面的工作？

17. 通常采用什么方法判断水系统中的结垢、腐蚀及菌藻繁殖情况？

18. 开式循环冷却水系统中所发生的腐蚀有哪几种类型？其中占主导地位的是哪种腐蚀？

19. 开式循环水系统中常见的微生物有哪些？

20. 软水系统的工作流程是什么？

学习项目 5

中央空调风系统的运行管理与维护

5.1 通风管道的运行管理与维护

目的与要求：

◇ 能说出通风管道的类型、特点及应用场合；

◇ 会对风管做巡检及维护保养。

重点与难点：

◇ 学习重点：风管的巡检及维护保养。

◇ 学习难点：风管的维护保养。

5.1.1 通风管道的分类

空调工程中输送空气的风管包括集中式全空气系统的送（回）风风管、空气－水系统的新风风管、空调建筑及其附属设施的排风风管、机械加压送风风管和机械排烟风管等。

➢ **想一想**

你见过什么材质的通风管道呢？

1. 按材质分类

1）金属风管

金属风管（图 5－1 和图 5－2）有普通钢板风管、镀锌钢板风管、铝合金风管、不锈钢板风管和塑料复合钢板风管等。

➢ **想一想**

这些不同材质的风管有哪些特点，又适用在哪些场合呢？

(a) 普通钢板

(b) 镀锌钢板

(c) 铝合金板

图 5－1　不同材质的金属风管（一）

(a) 不锈钢板

(b) 塑料复合钢板

图 5－2　不同材质的金属风管（二）

镀锌钢板表面镀锌具有良好的防锈性能，在空调工程中使用最为广泛；普通钢板表面容易生锈，需进行防腐处理；在普通钢板表面喷上一层 0.2～0.4mm 厚的塑料，就成为塑料复合钢板，常用于防尘要求较高的空调系统和－10～70℃下耐腐蚀系统的空调系统；铝合金板耐腐蚀、摩擦不易产生火花，适用于有防爆要求的环境；不锈钢板耐锈耐酸。

2）非金属风管

硬 PVC 板风管和玻璃钢风管如图 5－3 所示，其表面光滑，制作简便，但是造价较高，多用于对防腐要求较高的场所。

(a) 硬PVC板风管

(b) 玻璃钢风管

图 5－3　不同材质的非金属风管

酚醛铝箔复合板风管、聚氨酯铝箔复合板风管和铝箔玻璃纤维板风管等施工方便，不需要再包覆保温层。

> **小贴士**

《公共建筑节能设计标准》（GB 50189—2015）规定："空气调节风系统不应利用土建风道作为送风道和输送冷、热处理后的新风风道。当受条件限制利用土建风道时，应采取可靠的防漏风和绝热措施。"有时，也可将土建风道作为敷设钢板风道的通道来使用。

此外，还有聚酯纤维织物风管（图 5 -4）、金属圆形柔性风管和以高强度钢丝为骨架的铝箔聚酯膜复合柔性风管等。

图 5 -4　纤维织物风管

2. 按风管断面形状分类

风管的断面形状主要有圆形和矩形两种（图 5 -5）。

(a) 圆形风管　　(b) 矩形风管

图 5 -5　不同断面形状的风管

> **想一想**

(1) 同样截面积的圆形风管和矩形风管相比，哪种风管的耗材较少，且空气的流动阻力较小？

(2) 在实际的空调工程中，大多采用圆形风管，还是矩形风管？为什么？

同样的截面积，圆形风管的耗材较少，且空气的流动阻力较小。空调系统的风管宜采用圆形断面或长短边之比不大于 4 的矩形断面，其最大长、短边之比不应超过 10。空调工程中，大多采用矩形风管，其原因是矩形风管容易与建筑结构和室内装饰相配合，且风管与配件容易制作。

➤ 小贴士

现行《建筑设计防火规范》（GB 50016—2014）9. 3. 14 指出除下列情况外，通风、空气调节系统的风道应采用不燃材料：

（1）接触腐蚀性介质的风管和柔性接头可采用难燃材料。

（2）体育馆、展览馆、候机（车、船）建筑（厅）等大空间建筑，单、多层建筑和丙、丁、戊类厂房内通风、空气调节系统的风管，当不跨越防火分区且在穿越房间隔墙处设置防火阀时，可采用难燃材料。

5. 1. 2 通风管道配件

通风与空调工程的风管系统由直风管和各种异形配件（弯管、变径管、天圆地方、来回弯管、三通和四通等，如图 5 - 6 所示）、各种风量调节阀和风口组合而成。

弯管用来改变空气的流动方向，使气流转 90°弯或其他角度；变径管用来连接断面尺寸不同的风管；天圆地方是用来连接圆形和矩形（或方形）两个断面的部件；来回弯管用来改变风管的升降、躲让或绕过建筑物的梁、柱及其他管道；三通和四通用于风管的分叉和汇合，即气流的分流和合流。

(a) 弯管和变径管

(b) 天圆地方

(c) 来回弯管

(d) 三通　　(e) 四通

图 5 -6　通风管道异形配件

5.1.3 通风管道的绝热和泄水

当空调系统运行时，由于管道和设备中的介质温度与周围环境温度不同，必然会发生热量传递现象，为了防止或减少这种热量的传递，避免不必要的冷热损失，通常要在管道或设备表面覆以绝热材料。

绝热是保冷和保温的统称，按管道和设备的表面温度划分，当管道和设备的表面温度低于环境温度时，一般需要保冷，高于环境温度时则需要保温。

为了减少空气在管道输送过程中的冷热量损失，防止风道穿越房间对室内空气产生影响，以及防止低温风道表面在湿度较高的非空调房间内结露，都需要对风管道进行绝热处理。

➢ 想一想

在中央空调风系统中，需要对哪些管道和设备采取绝热措施?

一般情况下，所有的送风、回风管道及其管件，外表面可能结露的新风管和空调设备，安装在空调设备外面的送、回风机，都需要采取绝热措施。

通风管道的绝热材料主要有岩棉、玻璃棉、聚苯乙烯泡沫塑料、聚氨酯泡沫塑料、聚乙烯泡沫塑料、聚氯乙烯泡沫塑料及橡塑发泡保温制品等，如图 5 -7 和图 5 -8 所示。绝热材料应具有较低的热导率，还应具备重量轻、吸水率低、抗水蒸气渗透性强、耐热、不燃或难燃、无毒、无臭味、不腐蚀金属、有一定机械强度、施工方便、价格低廉等特点。

图 5 -7　玻璃棉保温材料

图5-8　橡塑保温材料

管道和设备绝热施工是通风空调工程施工中的最后一道工序，必须在风道系统的漏风量符合质量验收规范要求后方能进行。

风管在安装的过程中，应沿流动方向形成不小于0.005的坡度，在风道最低处设水封管，将水排至下水道。另外，在通风机机壳上也应该装设带水封的排水管。

> **小贴士**

《设备及管道绝热设计导则》(GB/T 8175—2008）和《工业设备及管道绝热工程设计规范》(GB 50264—2013)，对绝热层厚度的计算方法和绝热层材料的主要技术性能要求都给出了明确规定。

> **做一做**

观察中央空调系统中风管的绝热状况，说一说哪些风管需要做绝热？

5.1.4　风管的巡检和维护保养

1. 风管巡检的主要内容

（1）风管的绝热层、表面防潮层及保护层有无破损和脱落，特别要注意与支（吊）架接触的部位，若有应及时修补。

（2）检查绝热结构外表面有无结露。

（3）对使用粘胶带封闭绝热层或防潮层接缝的，检查粘胶带有无胀裂、开胶的现象，若有应及时修补。

（4）法兰接头和风机及风柜等与风管的软接头处，以及风阀拉杆或手柄的转轴与风管结合处是否漏风，若有应及时封堵。

2. 日常维护保养的主要任务

（1）保证管道绝热层、表面防潮层及保护层无破损和脱落现象，特别要注意与支（吊）架接触的部位；对使用粘胶带封闭防潮层接缝的，要注意粘胶带是否有胀裂、开胶的现象。

（2）保证管道的密封性，绝对不漏风，重点是法兰接头和风机及风柜等与风管的软接头处，以及风阀转轴处。

（3）定期通过送（回）风口用吸尘器清除管道内部的积尘。

（4）绝热管道有风阀手柄的部位要保证不结露。

➢ **做一做**

对中央空调系统中的风管进行巡检及维护保养，并做好记录，填入表5－1。

表5－1　风管的巡检及保养记录

序号	巡检及维护保养内容	巡检及维护保养情况记录
1	检查风管绝热层、表面防潮层及保护层有无破损和脱落，若有应及时修补	
2	检查并确保绝热结构外表面无结露	
3	检查粘胶带有无裂缝、开胶现象，若有应及时修补	
4	检查法兰接头及软接头处、风阀拉杆或手柄与风管结合处有无漏风，若有应及时封堵	
5	通过送（回）风口用吸尘器清除管道内部的积尘	

5.2　风阀的运行管理与维护

目的与要求：

◇ 能说出风阀的种类、特点及应用场合；

◇ 会对风阀做巡检及维护保养。

重点与难点：

◇ 学习重点：风阀的巡检及维护保养。

◇ 学习难点：风阀的维护保养。

5.2.1　空调系统中的风阀

风管风阀是风道系统调节和关断风量的配件，又称为风量调节阀。根据用途不同，风量调节阀可以分为一次性调节阀、经常开关调节阀、自动调节阀和防火排烟阀。

1．一次性调节阀

一次性调节阀是为达到所需风量而设置在送（回）风口处、各分支风管上及组合式空调机组送风出风口处的风阀，用作空调系统测定和调节时使用。一旦风量调节完毕，并达到设计要求后，将风阀的手柄位置固定，以后不再调节。

2．经常开关调节阀

对于集中式全空气系统主要有新风阀、回风阀及排风阀等。其中，新风阀和排风阀要求在系统停止运行时关闭。夏季，可以防止湿热空气侵入，造成金属表面和墙面结露；冬季，能够防止冷风侵入，加热器冻结和室温降低。回风阀应调节方便灵活，以适应不同季节负荷变化的调整需要。新风阀和排风阀最好采用电动阀，并与送风机连锁，以防止误操作。

3．自动调节阀

自动调节阀主要用于新风、一次回风和二次回风的自动调节，除了要符合经常开关的调节阀的要求外，还要有良好的调节特性，常用的是密闭对开多叶调节阀和顺开（平行）多叶调节阀。

4．防火排烟阀（图 5－9）

图 5－9　防火阀和排烟阀

1）防火阀

防火阀一般安装在需要防火隔断处的风管上，用于火灾发生时阻断火灾沿风管蔓延的道路。平时全开，70℃时安装在阀门上的温度熔断器熔断，阀门在重力作用下关闭，将风道隔断，防止火势沿风管道蔓延。如安装信号装置，阀门关断后可发出电信号至消防控制中心，还可实现连锁控制。

当防火阀与风量调节阀联合使用时，阀门叶片可在 0°~ 90°内调节，可兼起风量调节作用，称为防火调节阀。

防烟阀通常与烟感器联动，平时常开，通过探知火灾发生初期产生的烟气，驱动阀门自动关闭，防止烟气沿风管扩散。如果在防烟阀上安装温度熔断器，可使其兼有防火的作用，这种阀门称为防烟防火阀。

把防火、防烟和风量调节三种功能合为一体的阀门，称为防火防烟调节阀，它既受温度熔断器的控制，又与烟感器通过电信号联动，还可通过手动使阀门瞬时严密关闭。温度熔断器更换后可手动复位。

2）排烟阀

排烟阀一般安装在排烟系统的风管上，平时常闭，发生火灾时烟感探头发出火警信号，消防控制中心通过直流24V电压将阀门打开排烟。排烟阀与普通百叶风口或板式风口组合，可构成排烟风口。

防火排烟阀也安装在排烟系统的风管上，平时常闭，发生火灾时，控制中心远程控制阀的电动驱动器将阀门迅速开启排烟。当风道内烟气温度达到280℃时，温度熔断器熔断，阀门自动关闭。

5.2.2 风阀的巡检及维护保养

风阀的巡检及维护保养主要包括以下内容：

（1）检查风阀是否能根据运行调节的要求，转动灵活，定位准确、稳固，并做好润滑维护工作。

（2）检查是否可关严实、开到位，阀板或叶片与阀体有无碰撞、卡死，若有应及时进行修理。

（3）检查拉杆或手柄的转轴与风管结合处是否漏风，若有应及时封堵。

（4）检查电动或气动调节阀的调节范围和指示角度是否与阀门开启角度一致，若不一致应及时校正。

➢ **做一做**

对中央空调系统中的风阀进行巡检及维护保养，并做好记录，填入表5－2。

表5－2　风阀的巡检及维护保养记录

序号	巡检及维护保养内容	巡检及维护保养情况记录
1	检查风阀是否能根据运行调节的要求，转动灵活，定位准确、稳固，做好润滑维护工作	
2	检查是否可关严实、开到位，阀板或叶片与阀体有无碰撞、卡死，若有应及时进行修理	
3	检查拉杆或手柄的转轴与风管结合处是否漏风，若有应及时封堵	
4	检查电动或气动调节阀的调节范围和指示角度是否与阀门开启角度一致，若不一致应及时校正	

5.3 风口的运行管理与维护

目的与要求：

◇ 能说出风口的种类、特点及应用场合；

◇ 能对风口做巡检和维护保养。

重点与难点：

◇ 学习重点：风口的巡检及维护保养。

◇ 学习难点：风口的维护保养。

5.3.1 认识空调系统中的风口

空调风口包括送风口和回风口。空调房间不论是供暖还是供冷，使用最多的还是通过送风口把经过空调设备处理的空气送至室内，经吸热、吸湿或放热、放湿后通过回风口返回到空调设备再处理。显然，空调风口的形式对空调房间内气流速度、温度、湿度等空气参数的分布情况有很大的影响。

1. 送风口

送风口又称为空气分布器。由于送风口的送风气流形成的气流流形、射程对空调房间的气流组织和空气参数控制影响最大，送风口通常设置在顶棚或侧墙等目力所及的显著位置，而且外观还应达到与室内装饰的艺术配合要求，因此使得送风口的形式种类繁多。

1）百叶风口

空调工程中使用最多的是百叶风口，其外形主要为方形和矩形，适用于侧送风，有导向功能。百叶风口作为送风口使用时，其百叶通常为活动可调的，既能调送风方向，又能调送风量大小。此外，百叶风口既可安装于空调房间墙壁或风管侧面作为侧送风口使用，也可以安装在空调房间的顶棚或风管的底部作为下送风口使用。常用的百叶风口有单层、双层和三层，如图5-10所示。单层百叶风口的叶片角度可0°~90°任意调节，用于一般空调系统；双层百叶风口有两组互相垂直的活动可调叶片，每组叶片均可0°~90°任意调节，用于高精度空调；三层百叶风口有三层叶片，其中对开叶片可调风量，也用于高精度空调。

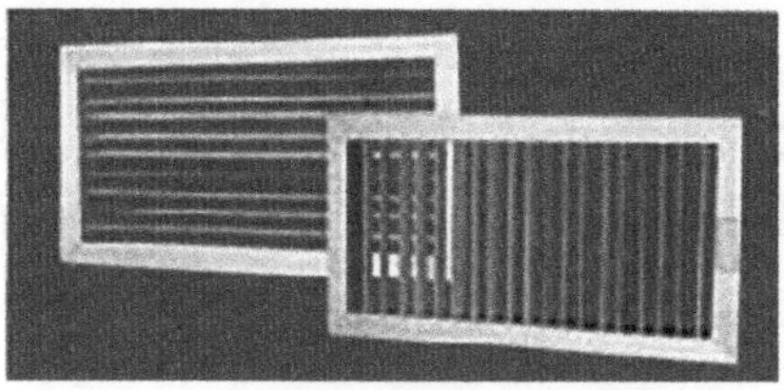

(a) 单层

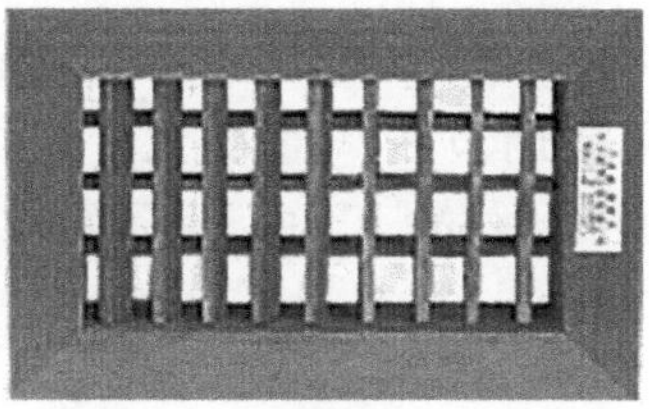

(b) 双层

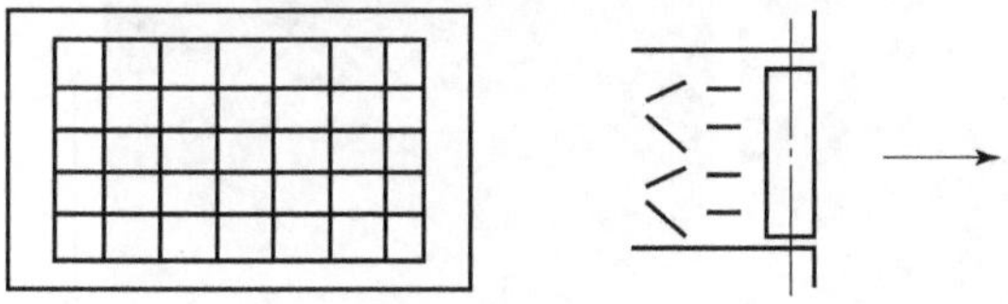

(c) 三层

图5-10　百叶风口

2）散流器

散流器是一种安装在空调房间顶棚或风管的底部作为下送风口使用的风口。其造型美观，易于与房间装饰要求配合，是使用最广泛的送风口之一。

（1）圆形散流器。圆形散流器有多层同心的平行导向叶片，该叶片为流线型，叶片下部有一个小翻边，因此又称为流线型散流器，其结构如图5-11所示，送风气流为下送流型。

图5-11　圆形散流器

（2）方形和矩形散流器。方形和矩形散流器的叶片是平板型，且有一定倾斜角度（图5－12），因此又称为直线式或斜片式散流器。空气从这种散流器送出后是贴附于顶棚流动的，属于平送流型，可控制的范围大，一般作为下送风口使用，也可作为回风口使用。

（3）圆盘形散流器。圆盘形散流器如图5－13所示，其内芯为倒蘑菇形的圆盘，圆盘可上下调节，圆盘在上部位置时为下送流型，圆盘在下部时为平送贴附流型。

图5－12　方形散流器

图5－13　圆盘形散流器

3）喷口

喷口用于远距离送风，其主要形式有圆形和球形两种。图5－14（a）所示为圆形喷口，该喷口有较小的收缩角度，并且无叶片遮挡，因此送风时噪声低、紊流系数小。图5－14（b）为球形喷口，该风口的球形壳体上带有圆形可调送风量的短喷嘴，转动风口的球形壳体，可使喷嘴位置在一定范围内上下左右变动，从而很方便地改变气流送出方向；改变喷嘴处的阀片位置，还可调节送风量的大小。因此该风口既能调节送风方向又能调节送风量的大小，大大提高了喷口的使用灵活性。图5－14（c）为带长喷嘴的球形喷口，由于喷嘴长度较长，使得该风口的送风射程比球形喷口更远。

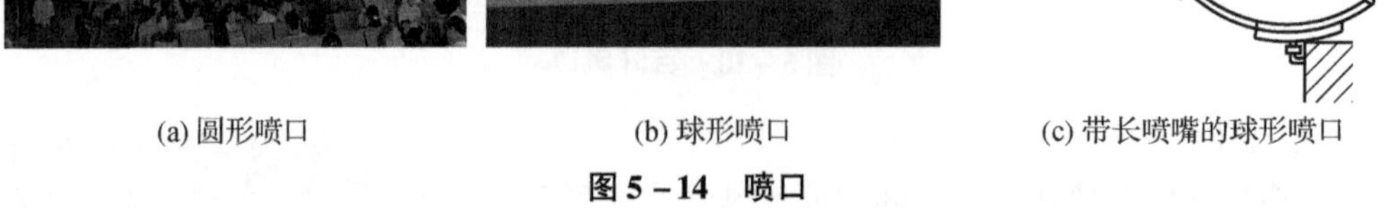

(a) 圆形喷口　(b) 球形喷口　(c) 带长喷嘴的球形喷口

图5－14　喷口

喷口通常作为侧送风口使用，如图5－15所示。喷口送风是将空气以较高的速度、较大的风量集中由少数几个风口送出，沿途诱引大量室内空气，致使射流流量增至送风量的3~5倍，并带动室内空气进行强烈的混合，可保证大面积工作区内温度场和速度场的均匀性。由于喷口送风的射程远、送风口数量少、相应系统简单、投资较小，因此是空间较大的公共建筑和高大厂房常用的送风口形式。

图5－15　某高大厂房中的喷口送风

4）条缝风口

条缝风口的基本特征是风口平面的长宽比值很大，使出风口形成条缝状，送风气流为扁平气流，如图5－16所示。这种风口一般是单独地水平或垂直安装使用。

图5－16　条缝风口

5）旋流风口

旋流风口依靠起旋器或旋流叶片等部件使轴向气流起旋，形成旋转气流。由于旋转射流的中心处于负压区，它能诱导周围大量空气与之混合，然后送至工作区。

旋流风口有下送式和上送式两种。图5－17（a）为常见的下送式旋流风口，主要用于高大空调房间的下送风。图5－17（b）为上送式旋流风口，属于地板送风口的一种，由出风格栅、集尘箱和旋流叶片组成，特别适用于室内下部空调负荷较大的场合，如大型计算机房。

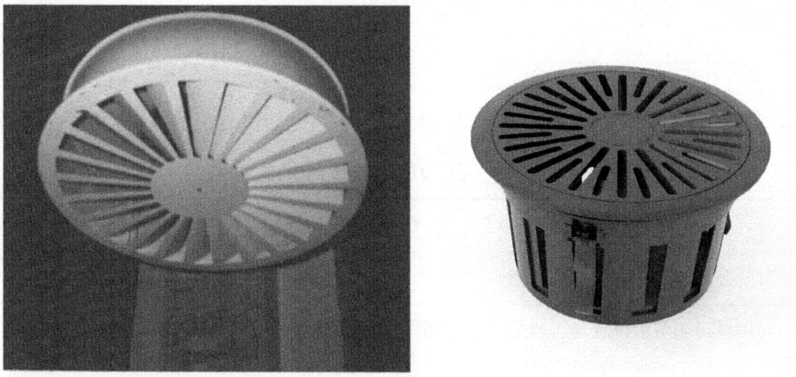

(a) 下送式　　(b) 上送式

图5－17　旋流风口

6）孔板风口

孔板风口实际上是一块开有大量小孔的平板，通常与空调房间的顶棚合为一体，既是送风口，又是顶棚。经过处理的空气由风管送入楼板与开孔顶棚之间的空间（又称稳压层或静压箱），在静压的作用下通过大面积分布的众多小孔进入室内，如图 5－18 所示。

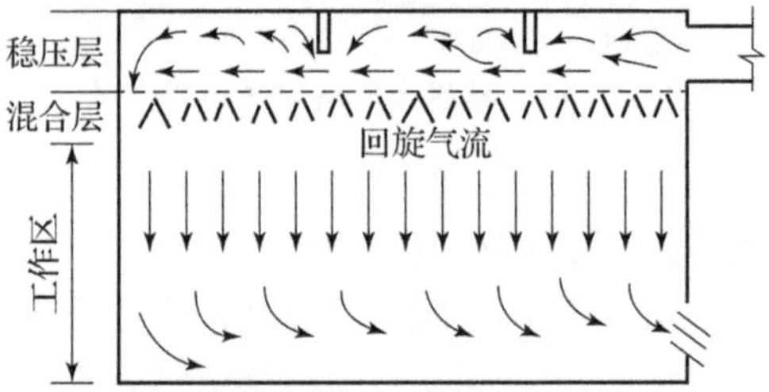

图 5－18　孔板送风

孔板风口在工艺性空调（如恒温室、洁净室）中应用较多，此外在某些层高较低或净空较小的公共建筑中也有应用。孔板送风的特点是送风均匀，噪声小，射流的速度和温度衰减都很快，在直接控制的区域内，能够形成比较均匀的速度场和温度场，区域温差小。

2. 回风口

由于回风口外的气流速度衰减很快，因此回风对室内气流组织的影响不大。此外，回风口的安装位置比较隐蔽，对回风功能要求很低，外观对室内环境美化作用不大，因此其形式很少，构造也简单。常用的有百叶式回风口、活动算板式回风口、蘑菇形回风口等，对气流组织影响很小。

5.3.2 风口的巡检及维护保养

风口的巡检及维护保养内容如下：

（1）检查叶片是否有积尘或松动，注意清洁。

（2）检查可调风口调节后位置是否改变，转动部件结合处是否漏风。

（3）检查可调叶片的活动处是否松紧适度。

➢ **做一做**

对中央空调系统中的风口进行巡检及维护保养，并做好记录，填入表 5－3。

表 5－3　风口的巡检及维护保养

序号	巡检及维护保养内容	巡检及维护保养情况记录
1	检查叶片是否有积尘或松动，注意清洁	
2	检查可调风口调节后位置是否改变，转动部件结合处是否漏风	
3	检查可调叶片的活动处是否松紧适度	

5.4 空气的净化处理及洁净度的测量

目的与要求：

◇ 能说出悬浮微粒浓度的表示方法、空气中悬浮微粒的净化要求及应用场合；

◇ 能说出洁净度等级的含义、悬浮微粒的捕捉机理；

◇ 能说出常用空气过滤器的类型、应用场合及安装要求；

◇ 会清洁空气过滤器；

◇ 会使用尘埃粒子计数器测量空气的洁净度等级。

重点与难点：

◇ 学习重点：悬浮微粒浓度的表示方法；悬浮微粒的净化要求及应用场合；洁净度等级的含义；常用空气过滤器的类型、应用场合及安装要求；空气过滤器的清洁；空气洁净度等级的测量。

◇ 学习难点：悬浮微粒的捕捉机理。

对空气中固态污染物的净化处理是空气净化最基本、最广泛的要求，采用的主要措施就是过滤。即利用过滤装置，将拟送入洁净空间的空气（包括室外新风和室内回风）中的悬浮颗粒去除，一方面保证进入洁净空间的空气达到要求的洁净度，另一方面防止换热器表面积尘后影响热湿交换性能。

5.4.1 悬浮微粒的净化标准

空气中悬浮微粒净化的标准通常用空气洁净度等级来衡量。空气洁净度是指洁净空气中含悬浮微粒量多少的程度，单位体积空气中所含有的悬浮微粒量称为空气含尘浓度。空气含尘浓度高则洁净度低，含尘浓度低则空气洁净度高。

悬浮微粒这类污染物的浓度通常采用以下三种表示方法：

（1）质量浓度：又称计重浓度，用单位体积空气中含有悬浮微粒的质量来表示，单位为 mg/m^3 等。

（2）计数浓度：指单位体积空气中含有各种粒径悬浮微粒的总数，单位为粒/m^3、粒/L 等。

（3）粒径计数浓度：指单位体积空气中含有某一粒径范围内的悬浮微粒的数量，单位为粒/m^3、粒/L 等。

以悬浮微粒控制为主的普通室内空气净化标准，均采用质量浓度，如五星级宾馆要求含尘量不高于 $0.15mg/m^3$；而洁净室则多采用粒径计数浓度，如要求空气中粒径 $\geq 0.5\mu m$ 的悬浮微粒不超过 10000 粒/ft^3。

根据空调房间的用途不同，空气中悬浮微粒的净化要求可分为以下三类：

（1）一般净化：对室内空气中的悬浮微粒没有控制指标要求，适用于大多数以温湿度控制为主的舒适性空调房间，通常只设初效过滤器对拟送入空调房间的空气进行一般的净化处理。

（2）中等净化：对室内空气中悬浮微粒的质量浓度有一定要求，一般使用二级过滤（在初效过滤器的下游再设一个中效过滤器），适用于配备有空调系统的大型公共建筑，如上述的五星级宾馆。

（3）超净净化：对室内空气中悬浮微粒的大小和数量均有严格要求，通常是洁净室才有此要求，一般要使用初效、中效、高效三种过滤器对拟送入洁净室的空气进行三级过滤。

空气洁净度等级是评价空气洁净环境的核心指标，我国于 1984 年公布的《洁净厂房设计规范》（GB J73—1984）中规定的洁净度等级分为 4 个级别（表 5 -4）：100 级、1000 级、10000 级和 100000 级，标准中规定了各个级别的洁净室中悬浮粒子粒径分别大于或等于 0.5μm 和大于或等于 5μm 的最大允许粒子数。

表 5 -4　洁净室（区）洁净度等级（GB J73—1984）

洁净度等级	$1m^3$ 空气中≥0.5μm 的尘粒数	$1m^3$ 空气中≥5μm 的尘粒数
100	≤35 × 100	
1000	≤35 × 1000	≤250
10000	≤35 × 10000	≤2500
100000	≤35 × 100000	≤25000

表 5 -4 中所列的含尘浓度值为限定的最大值，等级数越小，洁净度越高。例如，1000 级的洁净度等级要求在 $1m^3$ 空气中，粒径大于或等于 5μm 的尘粒数不能超过 250 个，粒径大于或等于 0.5μm 的尘粒数不能超 35 × 1000 个，而 10000 级洁净度等级所允许的尘粒数则是 1000 级的 10 倍。

为了推动洁净技术标准的国际化，国际污染控制学会联盟（ICCCS）协同国际标准化组织（ISO）就关于洁净室分级标准已完成了标准制定工作（ISO 14644—1 标准）。

我国于 2013 年 9 月 1 日实施的国家标准《洁净厂房设计规范》（GB 50073—2013）中洁净室洁净度等级标准与国际标准 ISO 14644—1 是一致的，如表 5 -5 所示。

表中列出了洁净室（区）的 9 个空气洁净度整数等级，右方则列出了对应于过去采用的国标 GB J73—1984 的等级。从表中可以看出，空气洁净度主要控制两个对象：一是可能造成损害的空气中最小微粒直径；二是可能造成损害的空气中的微粒数量。

表 5 -5　洁净室（区）洁净度等级

空气洁净度等级（N）	≥表中粒径的最大允许浓度限值/（粒/m^3）						对应于国标 GB J73—1984 的等级
	0.1μm	0.2μm	0.3μm	0.5μm	1.0μm	5.0μm	
1	10	2					
2	100	24	10	4			
3	1000	237	102	35	8		
4	10000	2370	1020	352	83		
5	100000	23700	10200	3520	832	29	100

续表

空气洁净度等级（N）	≥表中粒径的最大允许浓度限值/（粒/m^3）						对应于国标GB J73—1984的等级
	0.1μm	0.2μm	0.3μm	0.5μm	1.0μm	5.0μm	
6	1000000	237000	102000	35200	8320	293	1000
7				352000	83200	2930	10000
8				3520000	832000	29300	100000
9				35200000	8320000	293000	

5.4.2 悬浮微粒的特性

悬浮微粒分散于大气则形成大气气溶胶，人们实际处于或生活于气溶胶之中。空气介质中的粒子群如果具有相同的粒径，称为单分散气溶胶；如果粒径不同，则属于多分散气溶胶。

1. 悬浮微粒的浓度

空气中的悬浮微粒在不同的地区差异很大，即使在同一地区，不同的时间也可能有数量级的差异。另外，其浓度还与风速、空气温湿度、绿化等因素有关。因此，确定空气中悬浮微粒的浓度要比确定空气的温、湿度复杂很多，一般只能按典型地区确定大致的大气尘粒计数浓度和质量浓度。表5－6给出了大气尘粒计数浓度和质量浓度的大致数据，可供参考。

表5－6　大气中含尘浓度

浓度	工业城市（污染地区）	工业城市郊区（中间地区）	非工业区或农村（清洁地区）
计数浓度/（粒/L）	$\leqslant 3\times10^5$	$\leqslant 2\times10^5$	$\leqslant 10^5$
质量浓度/（mg/m^3）	0.3～1.0	0.1～0.3	<0.1

2. 悬浮微粒的粒径分布特性

大气中污染物的形成、分布与变化受多方面因素的影响，情况极为复杂，但它们仍具有一定的规律性。以实测的大气尘粒为例，其粒子分布可见表5－7。

表5－7　实测的大气尘粒子分布

粒子分组/μm	各组所占比例/%	
	按质量计	按个数计
<0.5	1	91.68
0.5～1.0	2	6.78
1.0～3.0	6	1.07

续表

粒子分组/μm	各组所占比例/%	
	按质量计	按个数计
3.0~5.0	11	0.25
5.0~10.0	52	0.17
10.0~30.0	28	0.05

在所分组的粒径范围内，大气尘中的大颗粒粒子，按质量计，在粒子总量中占比例很大，但按个数计则所占比例很小。空气净化所涉及的悬浮微粒一般在10μm以下，而大于1μm的粒子不仅数量少，且易于捕获。

5.4.3 悬浮微粒的捕捉机理

利用纤维性过滤材料来捕捉空气中的悬浮微粒是空气净化的主要手段。一种普遍的误解是过滤器的工作原理就像筛子一样，只有当悬浮在空气中的颗粒粒径比滤网的孔径大时才能被过滤掉。实际上，空气过滤器捕捉悬浮微粒的作用机理是比较复杂的，不仅可以过滤掉粒径比较大的粒子，而且还可以捕捉比滤网孔径小的悬浮微粒。图5－19是通过显微镜拍摄的颗粒物被纤维过滤器收集的情形，其中圆球状的物体是被捕获的颗粒物。一旦这些颗粒物和过滤纤维接触，就会被很强的分子力黏住。

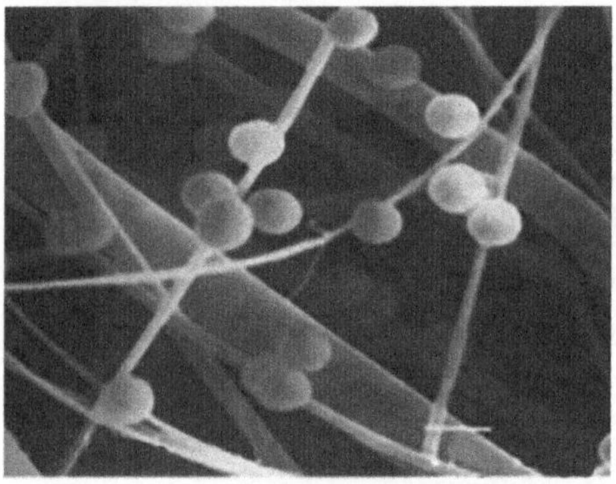

图5－19 显微镜下的过滤器纤维和颗粒物

过滤器工作原理如下：

(1) 扩散作用：悬浮在空气中的微粒由于气体分子的热运动，会对空气中的细微尘粒（$d<1\mu m$）产生碰撞，这些细微尘粒也随着气体分子做布朗运动，且尘粒越小，布朗运动越显著，如图5－20（a）所示。例如，常温下0.1μm的尘粒每秒的扩散距离达17μm，比纤维间距离大几倍至几十倍，这就使微粒有更大的机会与纤维接触，并附着在纤维上，而大于0.3μm的尘粒，其布朗运动减弱，一般不能靠布朗运动使其离开流线而碰到纤维上。所以，小于0.2μm的粒子通常会很明显地偏离它们的流线，这使得扩散成了过滤机理中的重要方面。扩散通常对速度很敏感，低速能够使得粒子有充足的时间偏离流线，因此也使得颗粒更容易被捕获。

（2）中途拦截：即使有些大粒径的粒子的扩散效应不明显，如图5－20（b）所示，偏离流线的程度不多，它们也可能因为自己的大尺寸而和过滤器纤维碰上，通常这个过程和速度的关系不大，对于粒径 $d > 0.5\mu m$ 的粒子中途拦截比较有效。

（3）惯性作用：如图5－20（c）所示，当气流在滤料中穿行时，随气流运动的较重（$d > 0.5\mu m$）或速度比较高的微粒因受惯性力的作用，通常难以拐弯而碰撞并附到滤料表面。惯性作用随微粒粒径和滤速增大而增强。

（4）静电作用：如图5－20（d）所示，由于气流摩擦或其他原因，滤料和微粒都可能带上电荷，若滤料和微粒所带电荷相反，微粒就会吸附在滤料上。另外，还可在静电过滤器中预先提供高压电场。和扩散作用一样，低速有利于静电力捕获粒子。

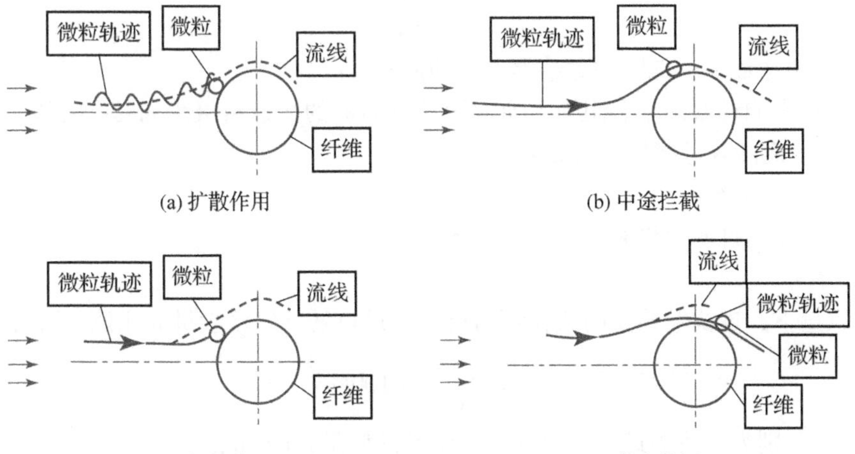

图5－20　单纤维捕集微粒示意图

（5）筛子作用：对于较大的颗粒，过滤器确有“筛子”似的功能，显然，颗粒越大，这种过滤效果越强。

由于扩散对于小粒子很有效，而中途拦截和惯性碰撞对于 $d > 0.5\mu m$ 的粒子非常有效，而这种作用力对于粒径的要求刚好相反，因此对于粒径在 $0.1\mu m$ 和 $0.4\mu m$ 之间的粒子来说，过滤器的效率则取决于纤维的尺寸和空气速度。

5.4.4　空气过滤器的主要性能指标①

空气过滤器是空调工程中广泛使用的、对空气进行净化处理的主要装置，其主要作用是捕捉空气中的悬浮微粒，属于除尘式空气净化处理设备。

空气过滤器有四个方面的特性指标，即面速和滤速、效率和透过率、阻力及容尘量。这些性能指标的优劣直接影响送风的净化效果及空调房间内空气的含尘浓度或洁净度等级。

1. 面速和滤速

衡量空气过滤器通过风量的能力可用面速或滤速来表示。

① 选讲。

（1）面速：指过滤器断面上通过气流的速度，一般用 u 表示，单位为 m/s，有

$$u = \frac{q}{3600F} \tag{5-1}$$

式中：q 为通过过滤器的风量，m^3/h；F 为过滤器断面面积（迎风面面积），m^2。

面速反映过滤器的通过能力和安装面积，面速越大，过滤器的占地面积越小，所以过滤器面速是反映其结构特性的主要参数之一。

（2）滤速：指滤料面积上通过气流的速度，一般用 v 表示，单位为 cm/s，过滤器的滤速反映滤料的通过能力，特别是反映滤料的过滤性能，过滤器采用的滤速越低，越可获得较高的过滤效率。滤速可用式（5-2）表示：

$$v = \frac{10^2 q}{3600f} \tag{5-2}$$

式中：f 为滤料净面积，即除去黏结等占去的面积，m^2。

滤速直接影响过滤效率和阻力，通常初效过滤器的滤速量级为 m/s；中效、高中效过滤器为 dm/s；而高效过滤器仅为 2～3cm/s。

2. 效率和透过率

空气过滤器的过滤效果有效率和透过率两种表示方法。

1）效率 η

额定风量下，过滤器捕集的微粒量与过滤器进口处空气含尘量的比值的百分比，即

$$\eta = \frac{c_0 - c_1}{c_0} \times 100\% \tag{5-3}$$

式中：c_0、c_1 分别为过滤器进、出口气流中微粒的质量，mg/h。

该效率称为计重效率，即采用计重法测得的过滤器效率，其他常用的空气过滤器效率检测方法还有：

（1）比色法：在过滤器前、后分别用滤纸或滤膜采样，采样后将滤纸或滤膜放在一定的光源下照射，用光电管比色计（光电光密度计）测出过滤器前后采样滤纸或滤膜的透光度（透光量的大小），利用光密度与积尘量成反比的关系算出过滤效率。该方法适用于中效空气过滤器的检测。

（2）钠焰法：尘源为氯化钠固体粒子。氯化钠固体粒子在氢焰中燃烧时产生一种橙黄色的火焰，通过钠焰光度计测得氯化钠粒子的浓度，根据过滤器前、后采样的浓度求得过滤器的效率。钠焰法适用于中高效空气过滤器的效率测定。

（3）计数法：使用凝结核粒子计数器或光学粒子计数器检测滤料上下游的计数浓度，然后求出计数效率。计数法适用于超高效空气过滤器效率的测定。

在净化要求较高的空气净化系统中，通常需要将不同类型的空气过滤器串联使用。

图 5-21 所示的过滤装置由初效和中效两级空气过滤器串联组成，其单个过滤器的过滤效率分别为 η_1 和 η_2，空气过滤流程中的含尘液度分别为 c_0、c_1 和 c_2。

根据效率的定义，两个过滤器的总效率为

$$\eta_z = \frac{c_0 - c_2}{c_0}$$

由式（5-3）可知得

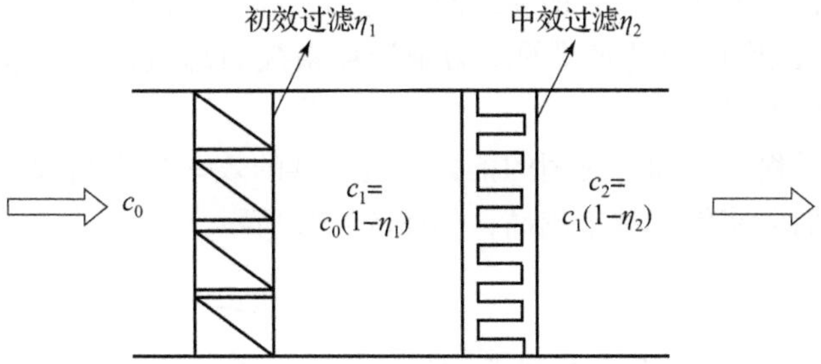

图 5-21　多级过滤器串联的效率分析

$$c_1 = c_0(1-\eta_1),c_2 = c_1(1-\eta_2)$$

所以

$$\eta_z = \frac{c_0 - c_2}{c_0} = \frac{c_0 - c_0(1-\eta_1)(1-\eta_2)}{c_0} = 1-(1-\eta_1)(1-\eta_2)$$

同理可得由 n 个过滤器串联组成的 n 级过滤装置，其总的过滤效率为

$$\eta_z = 1-(1-\eta_1)(1-\eta_2)\cdots(1-\eta_n) \tag{5-4}$$

式中：η_1、η_2、…、η_n分别为第一级、第二级、…、第 n 级过滤器的过滤效率。

2）透过率 K

从过滤器中穿透过去的微粒的多少即为透过率 K，又称为穿透率，其表达式为

$$K = \frac{c_1}{c_0} \times 100\% = (1-\eta) \times 100\% \tag{5-5}$$

透过率可反映经过过滤后的空气含尘量的相对大小，而过滤效率反映的是被过滤器捕捉到的微粒量的相对大小。对于效率较高的过滤器，过滤效率相差不大，但其透过率有可能相差几倍，故对于高效过滤器常用透过率来评价其性能。

3. 阻力

气流通过空气过滤器的阻力称为过滤器阻力或全阻力，包括滤料的阻力和过滤器结构（如框架、分隔片、保护面层等）的阻力。

过滤器的阻力 Δp 可表示为

$$\Delta p = Av + Bu^m \tag{5-6}$$

式中：A 为滤料结构系数；B 为过滤器结构阻力系数；m 为实验系数。

式（5-6）中第一项表示滤料阻力，第二项表示过滤器结构阻力。对于中、高效过滤器，其阻力主要是由滤料造成的。

此外，若以滤速 v 来统一表示，过滤器阻力还可写成以下形式

$$\Delta p = Cv^n \tag{5-7}$$

式中：C 为经验系数，国产过滤器 C 约为 3～10；n 也为经验系数，通常取 1.1～1.36。

气流速度会影响过滤器的过滤效率和系统的正常运行。当气流速度和过滤面积确定后，过滤风量也就确定了。由生产厂家根据过滤器类型和规格，选择适宜的气流速度和过滤面积所确定的过滤风量，称为过滤器的额定风量。

空气过滤器的阻力与其积尘量的多少成正比。在额定风量下，尚未积尘的新过滤器的阻力称为初阻力。初阻力的大小由实验得出，随着过滤器使用时间的增加，非自动清理过滤器的积尘会越来越多，过滤器阻力会逐渐增大。

过滤器上的积尘量达到一定值时的阻力称为终阻力。为了保证空气净化系统在要求的

风量范围内经济、正常地运行，一般将终阻力定为初阻力的两倍（过高的终阻力会导致系统风量锐减），并将此值作为过滤器的阻力来计算系统的总阻力。当过滤器的阻力达到终阻力时，就需要清洁或更换。

在过滤器使用过程中，随着时间的推移，过滤器的效率会逐渐增加，阻力也会逐渐增加，而且阻力的增加会使效率越来越高，如图 5-22 所示。

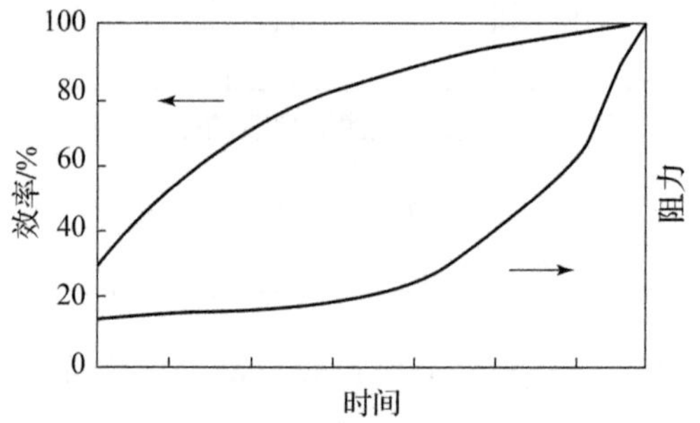

图 5-22　过滤器负载曲线示意图

4. 容尘量

空气过滤器的容尘量是与其使用期限（或清洁、更换周期）有直接关系的指标。通常将在额定风量下运行时，过滤器的阻力达到终阻力或过滤器的效率下降到初始效率的 85% 以下时，过滤器所容纳的积尘量作为该过滤器的标准容尘量，简称容尘量，也就是该过滤器允许的最大积尘量。由于滤料性质的不同，尘粒的组成、形状、粒径、密度、黏滞性及浓度不同，使得过滤器的容尘量也有较大的差别。

5.4.5 影响过滤效率的因素

影响纤维过滤器效率的主要因素有微粒直径、纤维粗细程度、过滤速度和填充率等。

1. 微粒形状、尺寸的影响

多分散性微粒通过空气过滤器时，在各种效应的作用下，粒径较小的微粒在扩散效应的作用下，在滤料上沉积。图 5-23 为在不同捕捉机理条件下，过滤器效率与粒径的关系

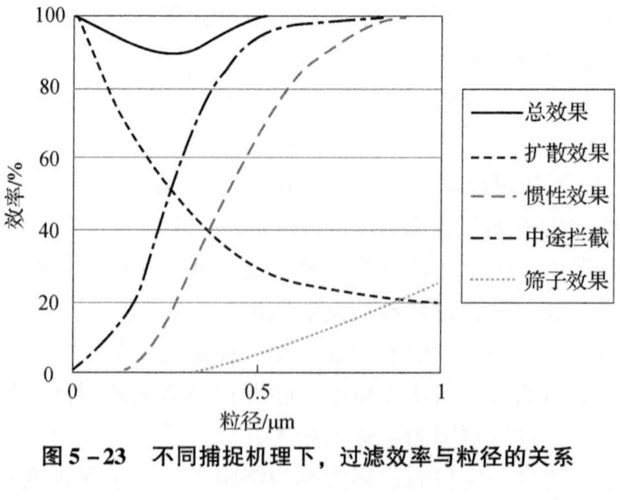

图 5-23　不同捕捉机理下，过滤效率与粒径的关系

曲线，可以看出，粒径越小，扩散作用越显著，粒径越大，惯性效果、中途拦截和筛子效果越显著。所以与微粒的粒径有关的效率曲线就有一个最低点，在此点的总效率最低或透过率最大，这一点被称为最易穿透粒径或最大穿透粒径（Most Penetrating Partical Size，MPPS），或最低效率直径。

实验证明，对不同性质的微粒、不同的纤维滤层、不同的过滤速度，最低效率直径是变化的。在大多数情况下，纤维过滤器的最大穿透粒径为0.1～0.4μm。

2. 纤维尺寸和形状的影响

较小的纤维直径具有较高的捕集效率，所以在选择滤料时一般都希望选用较细的纤维。但是，纤维直径越细，通过纤维滤层的气流阻力越大，这是需要慎重考虑的。通常认为纤维断面形状对过滤效率影响不大。

3. 过滤速度的影响

每一种过滤器都具有最大穿透粒径，同样每一种过滤器也有自身的最大穿透滤速。一般随着过滤速度的增大，扩散效率下降，惯性和惯性效率增大，总效率则先下降，随后上升。流速在2.5cm/s时，过滤效率将会提高一个数量级，但是过滤器的过滤面积则需要增大一倍或流过的风量减少一半。

4. 过滤器纤维层填充率的影响

若增大纤维滤料的填充率，则纤维层的密实度随之增大，流过的气流速度将会提高，扩散效率下降，惯性和筛滤效率增加，总效率得到提高，但过滤器的阻力增大，所以一般不采用增大纤维层填充率来提高过滤效率。

5. 气体温度和湿度的影响

流过纤维层的气体温度升高时，扩散效率增大，但因气体温度升高，气体黏度增大，微粒的沉降率下降，并且气体流过过滤器的阻力增加。实验表明，当流过气体的湿度提高时，微粒容易穿过纤维过滤层，过滤效率下降。

6. 容尘量的影响

随着纤维表面沉积微粒的增多，容尘量增大时，通常过滤效率随之提高，但是由于纤维滤层容尘量的增大、积尘的阻碍，过滤器的阻力将增大。实际上，现在过滤器铭牌上标注的过滤效率，均按未积尘时考虑。

5.4.6 空气过滤器的类型

国家标准《空气过滤器》（GB/T 14295—2019）将空气过滤器按效率级别分为粗效过滤器、中效过滤器、高中效过滤器和亚高效过滤器四种，代号分别为C、Z、GZ和YG。其中粗效过滤器分为粗效1型、粗效2型、粗效3型和粗效4型，代号分别为C1、C2、C3和C4；中效过滤器分为中效1型、中效2型和中效3型，代号分别为Z1、Z2和Z3。按结构类型可分为平板式、袋式、折褶式、卷绕式、筒式、极板式和蜂巢式等，代号分别为PB、DS、ZZ、JR、TS、JB和FC。其效率和阻力参数见表5－8。

不同结构类型的过滤器如图5－24、图5－25、图5－26所示。

表 5-8 空气过滤器额定风量下的效率和阻力

<table>
<tr><th rowspan="2">性能类别</th><th colspan="6">性能指标</th></tr>
<tr><th>代号</th><th>迎面风速/（m/s）</th><th colspan="2">额定风量下的效率 η/%</th><th>额定风量下的初阻力 ΔP_i/Pa</th><th>额定风量下的终阻力 ΔP_f/Pa</th></tr>
<tr><td>粗效 1</td><td>C1</td><td rowspan="4">2.5</td><td rowspan="2">标准试验尘计重效率</td><td>$50>\eta\geq20$</td><td rowspan="4">≤50</td><td rowspan="4">200</td></tr>
<tr><td>粗效 2</td><td>C2</td><td>$\eta\geq50$</td></tr>
<tr><td>粗效 3</td><td>C3</td><td rowspan="2">计数效率（粒径≥2.0μm）</td><td>$50>\eta\geq10$</td></tr>
<tr><td>粗效 4</td><td>C4</td><td>$\eta\geq50$</td></tr>
<tr><td>中效 1</td><td>Z1</td><td rowspan="3">2.0</td><td rowspan="5">计数效率（粒径≥0.5μm）</td><td>$40>\eta\geq20$</td><td rowspan="3">≤80</td><td rowspan="5">300</td></tr>
<tr><td>中效 2</td><td>Z2</td><td>$60>\eta\geq40$</td></tr>
<tr><td>中效 3</td><td>Z3</td><td>$70>\eta\geq60$</td></tr>
<tr><td>高中效</td><td>GZ</td><td>1.5</td><td>$95>\eta\geq70$</td><td>≤100</td></tr>
<tr><td>亚高效</td><td>YG</td><td>1.0</td><td>$99.9>\eta\geq95$</td><td>≤120</td></tr>
</table>

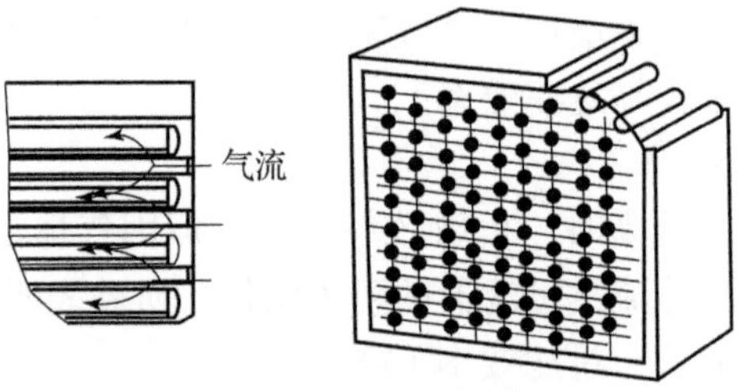

(a) 筒式过滤器　　(b) 极板式过滤器

图 5-24 不同结构类型的空气过滤器（一）

(a) 板式过滤器　　(b) 袋式过滤器

图 5-25 不同结构类型的空气过滤器（二）

国家标准《高效空气过滤器》（GB/T 13554—2020）将高效过滤器按过滤效率的高低，细分为高效过滤器和超高效过滤器，其中高效空气过滤器可分为 35、40、45 三类，超高效空气过滤器可分为 50、55、60、65、70、75 六类，其过滤效率应符合表 5-9 和表 5-10 的规定。

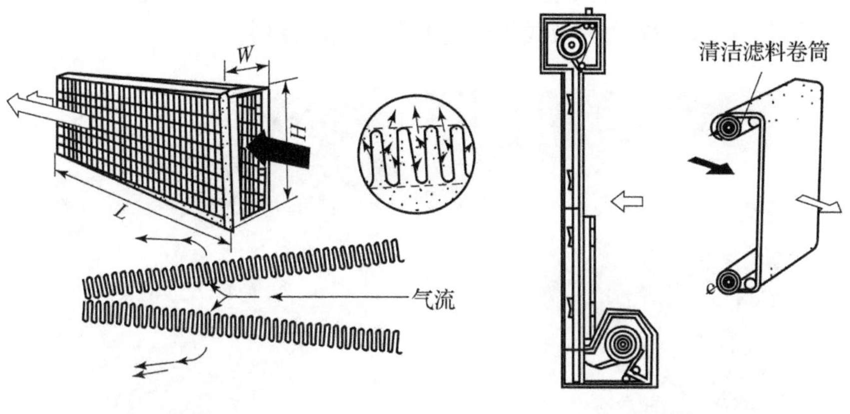

(a) 折褶式过滤器　　(b) 卷绕式过滤器

图 5－26　不同结构类型的空气过滤器（三）

表 5－9　高效空气过滤器效率

效率级别	额定风量下的效率/%
35	99.99 ＞η≥99.9
40	99.999 ＞η≥99.99
45	η≥99.999

表 5－10　超高效空气过滤器效率

效率级别	额定风量下的计数法效率/%
50	≥99.999
55	≥99.9995
60	≥99.9999
65	≥99.99995
70	≥99.99999
75	≥99.999995

1. 粗效过滤器

粗效过滤器又称为初效过滤器，主要用于过滤 5μm 以上的大微粒及各种异物，在空气净化系统中作为对含尘空气的第一级过滤，同时也作为中效过滤器前的预过滤，对后级过滤器起到一定的保护作用。

粗效过滤器常用的滤料多为易于清洗和更换的金属丝网、玻璃纤维布（玻璃纤维直径

20μm 左右）、无纺布、锦纶等人造纤维织物和粗、中孔聚氨酯泡沫塑料等，结构形式主要为板式和折叠式。图 5－27 为一板式粗效过滤器和它的滤料。

图 5－27　粗效过滤器及滤料

为了便于安装，初效过滤器大多做成 500mm × 500mm × 50mm 的扁块状，并布置成"人"字形排列或倾斜安装，以加大过滤面积，如图 5－28 所示。

2. 中效过滤器

中效过滤器（包括高中效过滤器和亚高效过滤器）主要用于过滤 1μm 以上的微粒，在空调系统中用作高效过滤器的前级预过滤，对高效过滤器起到保护作用，也在一些要求较高的空调系统中单独使用，以提高空气的清洁度。

中效过滤器使用的滤料主要有玻璃纤维布（比初效过滤器采用的玻璃纤维直径小，约 10μm）、无纺布和中细孔聚乙烯泡沫塑料等（图 5－29）。

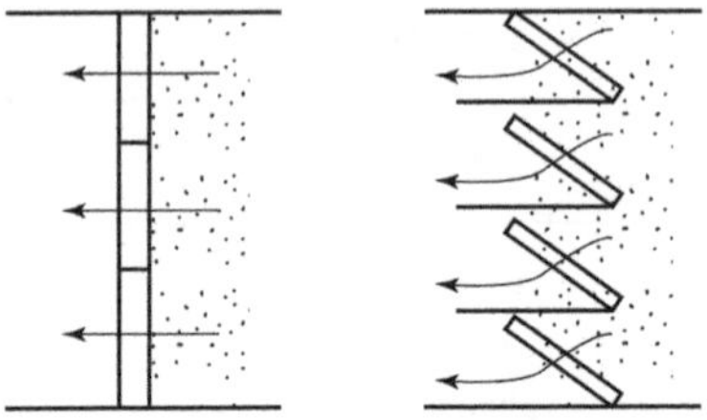

图 5－28　粗效过滤器的安装方式

图 5－29　袋式中效过滤器

3. 高效过滤器

高效过滤器（包括超高效过滤器）主要用于过滤 0.3μm 以上的亚微米级微粒，同时还能有效地滤除细菌，以满足超净净化和无菌净化的要求。高效过滤器在空气净化系统中作为三级过滤的末级过滤器，当对 0.1μm 以上的粒子计数效率达到 99.999% 以上时，亦称超高效过滤器。

高效过滤器的滤料一般是超细玻璃纤维、石棉纤维或化学纤维（如聚丙烯纤维）加工而成的滤纸。按过滤器滤芯结构分为有分隔板（片）和无分隔板（片）两类：无分隔板（片）过滤器体积小，性能较有分隔板（片）过滤器有所提高（图 5－30 和图 5－31）。

图 5－30　有隔板高效空气过滤器

图 5－31　无隔板高效空气过滤器

对于超细微粒，其扩散作用对提高过滤效率有重要影响。为了加强扩散作用，提高高效过滤器过滤效率，需要延长含尘气流通过滤料的时间，即采用低滤速（通常为每秒几厘米），并同时大大增加滤纸的面积。故高效过滤器的滤纸需经多次折叠，使其过滤面积达迎风面积的 50～60 倍。

高效过滤器送风口是净化空调系统的末端净化装置，它由内装高效过滤器的箱体、接管、扩散孔板组成，如图 5－32 所示。高效过滤器送风口与净化空调系统的风管可以顶接也可以侧接，箱体可以是不保温的，也可以是保温的。

图 5－32　高效空气过滤器送风口

4. 静电过滤器

上述各种过滤器多属利用纤维过滤机理的过滤器（又称介质过滤器）。此外，还有利用静电作用净化空气的装置，称为静电过滤器。在空调工程中，用于处理空气的常用二段式静电过滤器的工作原理及结构如图 5－33 所示。

第一段为电离段，是一系列等距离的平行的流线形管柱状接地电极（也有呈平板状的），管柱之间布有放电线（又称电晕极，是 0.2mm 左右的钨丝），其上加有 10～12kV 的直流电压。放电线与接地极板之间形成电位梯度很强的不均匀电场，致使金属导线周围产生电晕放电现象（一圈淡蓝色的光环），含尘空气经过放电线时被电离，使放电线周围充

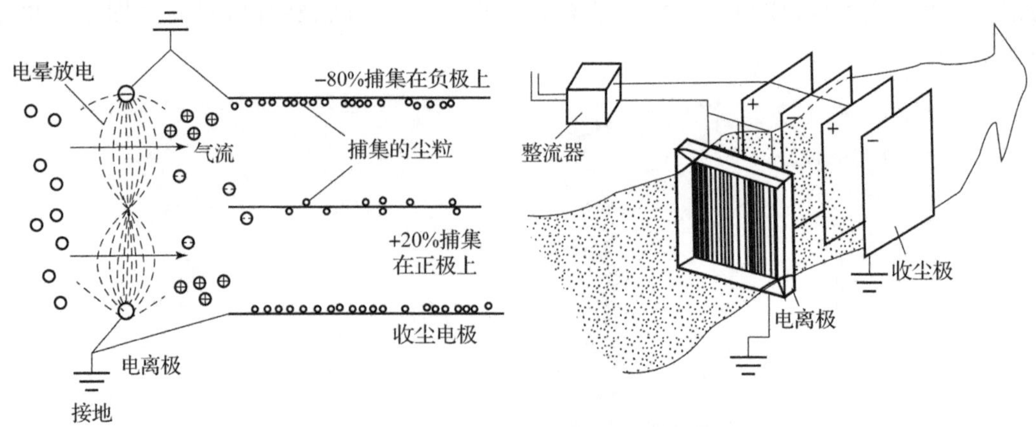

图 5-33　静电过滤器的工作原理及结构

满正离子和电子，电子移向放电线，并在放电线上中和，而正离子在遇到中性尘粒时就附着在上面，使中性尘粒带上正电荷，然后随气流流入集尘区。

第二段为集尘区，由平行的高电压（一般为直流 5000V）极板和接地极板（间距约 1cm），形成一均匀电场。进入的带正电荷的尘粒，受库仑力的作用，大部分被附着到接地极板上。

静电过滤器的特点是对不同粒径的尘粒均可有效捕集，滤尘效率高，一般属于高中效或亚高效过滤器。由于静电过滤器积尘增加到一定程度会产生逆电离现象，或某种原因过滤器断电而系统仍在运行，都会使沉积的灰尘再次返回到气流中。因此，静电过滤器一般仅作为中间过滤器使用。图 5-34 为某型蜂窝式静电过滤器。

图 5-34　蜂窝式静电过滤器

另一种特殊的静电空气净化装置如 Cosa/Tron 装置，它不是利用电场使粒子带电，而是利用电场使粒子凝聚，呈中性，并随气流经过纤维过滤器被捕集。

5.4.7　空气过滤器的选用要求、安装及运行维护

1. 选用要求

（1）根据空调房间的净化要求选用。对于要求一般净化的空调房间，通常只选用一道初效过滤器将大微粒滤掉即可。大多数民用与工业建筑空调以温湿度控制为主，其净化要求均属此类。对于要求中等净化的空调房间，选用初效和中效两道过滤器，便可满足要

求。对于有超净净化要求的空调，至少选用初效、中效、高效三道过滤器。在进风方向上设置初效和中效过滤器进行预过滤，滤掉较大的尘粒，同时还可以起到保护高效过滤器的作用。

（2）根据过滤器的额定风量选用。净化空调系统中所选用的空气过滤器，在系统设计时是按照各级过滤器的额定风量、空气阻力和过滤效率进行组合选型的。空气通过初效空气过滤器时的滤速为1～2m/s，空气通过中效空气过滤器时的滤速为0.2～1.0m/s，空气通过高效空气过滤器时的滤速一般为0.01～0.03m/s。

（3）根据洁净度的要求组合使用。在空气过滤器的组合方面，以初效、中效、高效三级空气过滤器相组合的方式，一般用于8级~5级的洁净室，对于7级~5级的洁净室，其净化空调系统可以使用初效、中效、亚高效、高效四级空气过滤器的组合形式。在四级空气过滤器的组合中，增加第三级中效或亚高效过滤器的目的是提高净化空调系统的送风洁净度，延长末端空气过滤器的使用寿命，减少其更换的次数。

2. 安装

初效过滤器应安装在空气处理机组的新风口之后或新、回风混合段之后，空气预热器之前，以预防后面各设备（如预热器、冷却器、加热器、喷水室等）表面积灰，降低传热效果。

中效过滤器应设置在送风机出口的正压段上，以免经过中效过滤器的洁净空气被渗入到空气处理机组内的未被处理的空气所污染。

高效过滤器应设置在洁净室的送风口处，安装十分严密，以保证经过三级过滤的洁净空气不被再次污染。

3. 运行维护

空气过滤器是组合式空调机组用来净化回风和新风的重要装置，通常采用的是化纤材料做成的过滤网或多层金属网板，要求高的也有使用袋式过滤器的。由于组合式空调机组工作时间的长短、使用条件的不同，其清洁的周期与方式也不同。一般情况下，在连续使用期间应每个月清洁一次。如果清洁工作不及时，过滤器的孔眼阻塞非常严重，就会增大空气流动的阻力，使机组的送风量大大减少，其向房间的供冷（热）量也会相应地大大降低，从而影响空调房间温湿度控制的质量。

对于非一次性空气过滤器的清洁方式，从方便、快捷、工作量小的角度考虑，应首选吸尘器清洁方式，其最大优点是清洁时不用拆卸过滤网。对那些不容易吸干净的湿、重、黏的粉尘，则要采用拆下过滤网用清水冲洗或刷洗，或采用药水、清洁剂浸泡和刷洗的清洁方式。

对于装有阻力检测仪器仪表（图5－35）的空气过滤器，当监测仪器仪表的指示值（终阻力）达到规定要求时（通常是新装初阻力的2倍）就要清洁。如果采用的是一次性空气过滤器就需要更换。

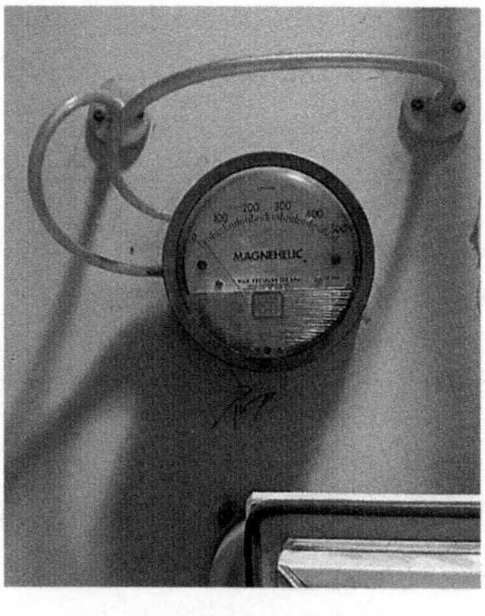

图5－35 阻力测试仪表

> **做一做**

清洁或更换空调机组中的过滤器。

5.4.8 空气含尘浓度的测定

1. 检测仪器的选用

在洁净室内做洁净度测量，所用仪器有光散射粒子计数器、凝结核粒子计数器、电子显微镜和光学显微镜，较为常用的为光散射粒子计数器。这种粒子计数器在使用中可以对室内空气的含尘量进行自动、连续、及时的测量，并且可以直接显示瞬时的含尘浓度，也可以对不同粒径的含尘浓度进行测量，其特点是使用简单、方便、及时、灵活。最近几年，由于应用了激光技术和电子计算机，粒子计数器的功能得到了进一步的提高，在实际应用中，能够测到 0.1μm 粒径的粒子。这种粒子计数器是将光线照射到吸收进来的被测采样空气上，然后接收来自该空气中粒子的散射光并逐个地进行分析，根据散射强度与微粒直径成正比例的关系，来测量各种不同粒径粒子的个数。

在对洁净室进行洁净度的检测时检测者应根据实际情况，尽量选择大流量激光粒子计数器为好，如图 5－36 所示。

(a) 台式

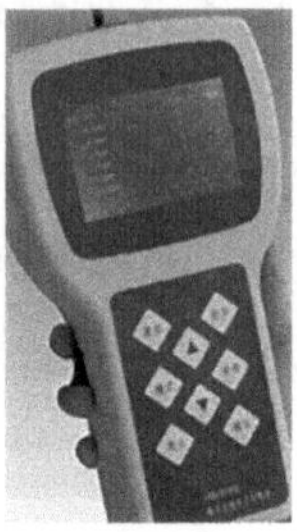

(b) 手持式

图 5－36　大流量激光粒子计数器

2. 采样

1）采样点数

为使测定准确，测定洁净度的最低限度采样点数 N_L 须符合表 5－11 的规定或按下式计算：

$$N_L = A^{0.5}$$

式中：A 为洁净区面积，水平单向流时 A 为与气流方向垂直的流动空气截面的面积，m^2。

表 5－11　最低限度采样点数

测点数 N_L	2	3	4	5	6	7	8	9	10
洁净区面积 A/m^2	2.1～6.0	6.1～12.0	12.1～20.0	20.1～30.0	30.1～42.0	42.1～56.0	56.1～72.0	72.1～90.0	90.1～110.0

每点采样次数不少于 3 次，各点采样次数可以不同。显然，采样点数与洁净室的洁净度无关，仅取决于洁净室或洁净区面积的大小。而不同洁净度等级的采样差异，主要反映在空气采样量上。

2）采样量

不同的洁净度，其采样量也应不同。每一采样点的单次最小采样量按下式确定：

$$V_s = 20/C_n \times 1000$$

式中：V_s为每个采样点单次最小采样量，L；C_n为相关等级规定的所选最大粒径的等级限值，粒/m^3；20 指假如粒子浓度处于空气洁净度等级限值，应被仪器测得的最少粒子数。

将测定洁净度的最小采样量制成表，如表5－12所示。

表5－12 每次采样的最小采样量 单位：L

洁净度等级（N）	粒径/μm					
	0.1	0.2	0.3	0.5	1.0	5.0
1	2000	8400	—	—	—	—
2	200	840	1960	5680	—	—
3	20	84	196	568	2400	—
4	2	8	20	57	240	—
5	2	2	2	6	24	680
6	2	2	2	2	2	68
7	—	—	—	2	2	7
8	—	—	—	2	2	2
9	—	—	—	2	2	2

3）采样注意事项

（1）采样管必须干净，连接处严禁渗漏，采样管长度在仪器的允许范围内应尽可能缩短，最长一般不超过1.5m。

（2）采样管口流速应尽量与洁净室断面平均风速相接近，尽可能等速采样。由于惯性作用，当采样流速小于气流速度时，采样中的大微粒数量增加；反之，采样气流中大微粒数量减少，使整个采样浓度将低于真实浓度。

（3）采样管口的朝向：对于层流洁净室应对着气流方向；对于乱流洁净室采样宜向上。

（4）测试人员应位于采样口的下风侧，采样顺序按含尘浓度从低到高的顺序进行，工作区相邻测点尽可能连续。

（5）为保证采样量及采样时间测定的可靠性，规定每个采样点的采样量至少为2L，采样时间最少为1min。当按照公式计算的采样量或仪器的采样时间不能满足上述要求时，以上述下限值为准。

（6）采样点应均匀分布于洁净室（区）的面积内，并应位于工作区高度。

3. 测定数据的统计分析

当全室（区）测点为2点~9点时，应计算每个采样点的平均粒子浓度值、全部采样点的平均粒子浓度及其标准差，导出95%置信上限值；当采样点超过9点时，可采用算数平均值作为置信上限值。

全部采样点的平均粒子浓度 N_i 的 95% 置信上限值，应小于或等于洁净度等级规定的限值，并应符合下式的规定：

$$N_i + t \times s / \sqrt{n} \leqslant C_n$$

式中：N_i 为室内各测点平均粒子浓度；t 为置信上限为 95% 时，单侧 t 分布的系数，应符合表 5－13 的规定；s 为室内各测点平均含尘浓度 N 的标准差；n 为测点数。

表 5－13　t 分布系数

点数	2	3	4	5	6	7~9
t	6.3	2.9	2.4	2.1	2.0	1.9

5.5　离心式风机的运行管理与维护

目的与要求：

◇ 能说出离心式风机的结构及工作原理；

◇ 能说出离心式风机的主要性能参数的含义；

◇ 能对离心式风机做运行检查及维护。

重点与难点：

◇ 学习重点：离心式风机的结构及工作原理；离心式风机的主要性能参数；离心式风机的运行检查及维护。

◇ 学习难点：离心式风机的主要性能参数。

风机是通风机的简称，在中央空调系统各组成设备中用到的风机主要是离心式风机（图 5－37）和轴流式风机（图 5－38）。通常，离心式风机主要应用在空气处理机组（如柜式、吊顶式风机盘管和组合式空调）中作为送风机或回风机使用，轴流式风机主要是在冷却塔和风冷式冷凝器中使用。

图 5－37　离心式风机

图 5－38　轴流式风机

➢ 想一想

离心式风机和轴流式风机的应用场合，有什么不同特点？

提示：离心式风机一般应用在对压力要求较高而流量要求较低的场合；轴流式风机一般应用在对流量要求较高而压力要求较低的场合。

虽然离心式风机和轴流式风机的结构和工作原理都不相同，但其性能参数，如风量、风压、轴功率、转速之间的关系却是一样的，而且在空调系统中都是由电动机驱动，并且绝大多数都是直联或由皮带传动。本部分以在空调系统中应用较多的皮带传动离心式风机为例进行讨论学习。

5.5.1 离心式风机的结构及工作原理

离心式风机（图5－37）主要由叶轮、机壳、进风口、出风口及电动机组成。叶轮上有一定数量的叶片，叶轮固定在轴上，由电动机带动旋转，风机的外壳是一个对数螺旋形蜗壳。叶轮在旋转时产生的离心力将空气从叶轮中甩出汇集在机壳内，由于速度慢、压力高，空气便从通风机出风口排出流入管道。当叶轮中的空气被排出后，就形成了负压，吸气口外面的空气在大气压作用下被压入叶轮中。这样，叶轮不断旋转，空气也在通风机的作用下在管道中不断流动。

➢ **做一做**

观察离心式风机，说一说它的结构和工作原理。

5.5.2 离心式风机的主要性能参数

离心式风机铭牌上标明的主要性能参数包括风量、风压、功率、效率和转速等。

（1）风量：单位时间内风机所输送的气体体积，称为该风机的流量，以符号 L 表示，单位为 m^3/s 或 m^3/h。必须指出的是，风机的体积流量特指风机进口处的气体体积量。

（2）风压：空气通过风机叶轮所获得的能量表现为风机全压的升高。具体地说，是指风机出口截面上空气的全压与进口截面上空气全压之差。风压用符号 P 表示，单位为 Pa 或 kPa，工程上常用 mmH_2O 为单位。

（3）功率：风机在单位时间内传递给空气的能量，称为有效功率，用符号 N_e 表示，单位是 kW，$N_e = LP$。

风机的输入功率，是指由原动机传到风机轴上的功率，也称为轴功率，以符号 N 表示。

（4）效率：风机的有效功率 N_e 与风机的输入功率 N 的比值，称为风机的效率，用符号 η 表示，即 $\eta = N_e/N$。

η 是评价风机性能好坏的一项重要指标，η 越大，说明风机的能量利用率越高，效率也越高，η 通常由实验确定。一般前向叶轮 $\eta = 0.7$，后向叶轮 $\eta \geqslant 0.9$。

（5）转速：风机的风量、风压、功率等参数都随风机的转速改变而改变。风机转速是指风机叶轮每分钟的转数，以符号 n 表示，常用的单位是 r/min。

➢ **做一做**

观察离心式风机的铭牌，说一说它的主要性能参数的含义。

5.5.3 离心式风机的运行管理

风机的运行管理主要是对风机进行检查与维护，确保风机安全稳定运行。风机的检查分为停机检查和启动检查，风机的状态不同，检查内容也不同。

1. 停机检查及保养工作

风机停机可分为日常停机（白天使用、夜晚停机）或季节性停机。从维护保养的角度出发，停机时主要做好以下几个方面的工作。

1）检查传动带松紧度

皮带传动离心式风机如图 5－37 所示，电机和风机安装于同一机座上，通过皮带和皮带轮将两者连接，实现功率传递。皮带的张紧力应调整至合理范围内，既要保证皮带运行过程无打滑，又要避免张力过大而损坏电机和风机轴承，并且多个传动带的松紧度要保持一致。

检查皮带张紧力时，将笔试皮带张力计（图 5－39）置于皮带的中点，垂直下压皮带偏移 δ 值，记录张力计读数，并与标准值进行比较，如果不符合要求，则通过移动电动机进行皮带张紧力的调整，如图 5－40 所示。皮带的偏移距离 $\delta = 16\text{mm} \times L$，其中 L 为电机和风机皮带轮之间的中心距，单位为 m。

图 5－39　笔试皮带张力计

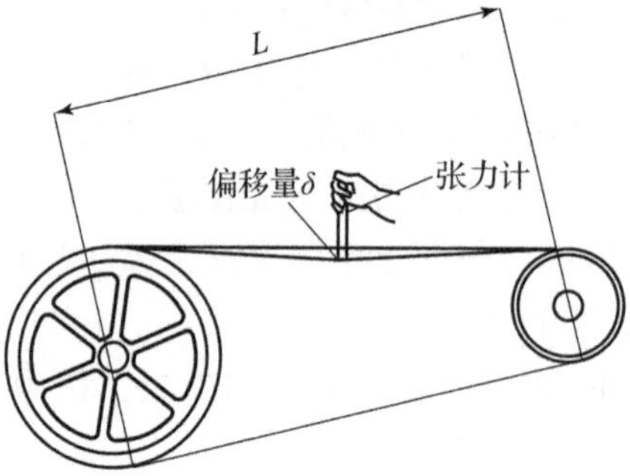

图 5－40　皮带张紧力的测量

皮带的张紧状态在运行一段时间后会发生变化，对于新皮带应该将张紧力调整到最大值，而对于用过的皮带，张紧力可以偏低一些。

传动带的松紧度检查也可根据经验，通过用手按压皮带轮中间位置来检查。

2）检查风机转动是否灵活

按照风机的转动方向，盘动皮带轮，检查风机转动是否灵活无卡阻。

3）检查各连接螺栓、螺母紧固情况

在进行传动带松紧度检查时，同时进行风机与基础，或机架、风机与电动机，以及风机自身各部分（主要是外部）连接螺栓、螺母是否松动的检查紧固工作。

4）检查减振装置受力情况

在日常运行值班时，要注意检查减振装置是否发挥了作用，是否正常工作。主要检查各减振装置受力是否均匀，压缩或拉伸的距离是否都在允许范围内，有问题要及时调整和更换。

5）检查轴承润滑情况

对风机轴承进行润滑保养时，润滑脂的型号、补充和更换润滑脂的时间，都要符合生产厂家的要求。表5－14为某型号离心式风机轴承运行保养的要求及注意事项。

表5－14 某型号离心式风机轴承运行保养要求及注意事项

<table>
<tr><td rowspan="3">运转时
轴承温升</td><td colspan="3">润滑脂补充间隔时间</td><td rowspan="6">注意：
1. 轴承润滑脂填充应在常温下进行；
2. 轴承允许常温为40～70℃；
3. 国产轴承：锂基酯2#GB 7324—94；
4. 进口轴承：Alvania RL3（爱万利RL3）高温用；
5. 经过三次补充后，要将润滑脂全部更换；
6. 初期充注润滑脂不超过轴承内部空间容积的30%～50%</td></tr>
<tr><td colspan="3">转速 r/min</td></tr>
<tr><td><1500</td><td>≤3000</td><td>≥3000</td></tr>
<tr><td>≤50℃</td><td>960H</td><td>720H</td><td>480H</td></tr>
<tr><td>50～70℃</td><td>480H</td><td>360H</td><td>240H</td></tr>
<tr><td>>70℃</td><td colspan="3">轴承温度每升高10℃，补充间隔减半</td></tr>
<tr><td colspan="5">特别注意：
首次连续运行480h就要开始按上述规定进行保养加油，并且做好风机运行时间及加油时间记录以便发生故障时进行原因分析</td></tr>
</table>

补充风机轴承润滑脂时，要将黄油枪（图5－41）的注油嘴对准并压紧在轴承的加油孔（图5－42）上，进行加油操作。

图5－41 黄油枪

图5－42 风机轴承加油孔

➢ 做一做

对离心式风机作停机检查，并记录于表5－15。

表5－15 离心式风机停机检查记录表

序号	检查内容	检查情况记录
1	传动带松紧度是否合适	
2	转动是否灵活	
3	连接螺栓是否紧固	
4	减振装置受力是否均匀	
5	轴承润滑是否良好	

➢ 做一做

使用黄油枪进行补充润滑油的操作。

2. 启动检查

启动检查是停机检查的延续，主要是通过点动风机来检查风机的旋转方向是否正确，启动是否灵活。如果转向不正确就要改正过来，启动不灵活则要查找原因。图 5 – 43 为某皮带传动离心式风机的转向标识。

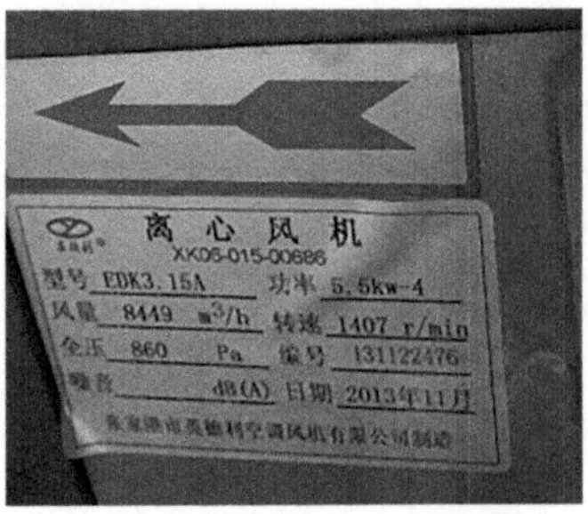

图 5 – 43　风机旋转方向

➢ 想一想

（1）如果离心式风机反转，空气的流动方向及流量会发生变化吗？如果发生变化，会怎么变？

（2）对于三相异步电机，如何解决反转问题？如果是单相电机呢？

3. 运行检查

风机有问题和故障只有运行时才会反映出来。主要检查内容有：

（1）观察风机运行电压、电流、转速是否正常，振动是否正常；

（2）听风机和电动机的运行声音是否正常，必要时可利用螺丝刀等工具的固体传声，来探听轴承或电机内部是否有异常声响；

（3）查看电动机或风机轴承的温升情况（可采用红外测温仪，如图 5 – 44 所示，一般不能超过 60℃）及润滑情况；

（4）查看软接头完好情况；

（5）闻风机和电动机在运行过程中有无异味产生。

风机如果在运行过程中出现上述异常情况，特别是运转电流过大、电压不稳、异常振动或有焦糊味儿时，应立即停机，进行检查处理。故障排除后才可继续运行。严禁风机带故障运行，避免发生事故，造成损失。

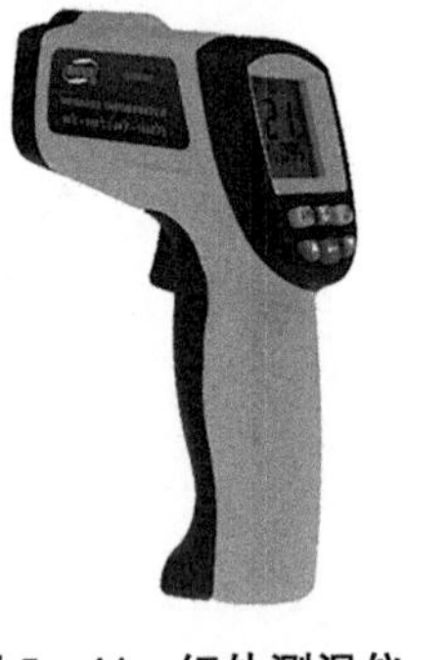

图 5 – 44　红外测温仪

➢ 做一做

对离心式风机作运行中的检查，并记录于表 5 – 16。

表 5 – 16　风机运行检查记录表

序号	检查内容	检查情况记录
1	电压、电流、转速、振动	
2	声音	
3	轴承温度	
4	轴承润滑情况	
5	软接头	
6	异味	

4. 离心式风机的检修操作

为了使风机能安全、正常地运行，在做好停机检查和运行检查工作、保证风机有一个良好的工作状态的基础上，还需要对传动带磨损过快、轴承磨损过快、键槽磨损过快和轴流风机叶片碰壳现象及时检修。

1）传动带磨损过快的检修

风机的传动带磨损过快的原因主要是电动机轴和风机轴不平行，传动带在轮槽内偏磨，因而磨损很快，易发生断裂。

出现这一故障时，可用长钢尺（或型材）侧面靠紧电动机带轮侧面或风机带轮侧面进行观察，一般风机不太容易位移，多以风机带轮侧面为基准来衡量其偏差，没有特殊规定时允许的偏差为 1mm。若在钢尺（或型材）与电动机带轮侧面之间出现大缝隙，说明两带轮已错位，应调整电机位置。符合要求后将电动机底座螺栓固定，最后用钢尺（或型材）复查。

2）轴承磨损过快的检修

风机轴与轴承不同心，主要是由于轴承调整垫片放得不平整，轴承座螺栓的松动或位移引起。由于风机轴与轴承不同心，轻者轴瓦偏磨很快不能使用，重者可造成风机轴弯曲变形，同时造成轴承和轴承座磨损。

轴瓦偏磨不严重时，可用三角刮刀修理，重新调整垫片。但在轴瓦刮研前应先将风机轴线与机壳轴心线校正，同时调整叶轮与进气口之间的间隙和机壳后侧板轴孔间隙，无特殊要求时，应使径向间隙均匀分布，力求间隙小一些。修复轴瓦时，轴承毡圈损坏可选用同等厚度的羊毛毡按原尺寸剪好放入即可。

采用滚珠轴承的风机，轴承因缺油、灰尘进入等原因磨损或钢珠脱皮、珠架破碎，甚至因缺油而卡死时应更换新轴承。更换时注意不要碰伤轴和配合面。

3）键槽磨损过快的修复

因振动或带轮发生轴向窜动，键槽与键大部分脱离而只有小部分接触时，键槽和键尤其是键槽会很快磨损。修复时一般采用电焊堆焊，将轴上键槽填平，在车床上车光，亦可用锉刀修平，然后在原键槽 90°位置另铣一键槽。带轮键槽损伤时，可直接在原键位置 90°方向另插一键槽即可，不必重新更换轴和带轮。

4）轴流风机叶片碰壳的检修

垫片调整不平、固定螺栓松动、风机外壳支架断裂、外壳下沉等原因都会造成轴与风筒中心偏离、风机叶片发生碰壳的现象，严重时叶片会被折断。处理时应将螺栓拧松，重新用垫片调整叶片与风筒之间的间隙，然后将螺栓固定。支架断裂可用电焊将断裂处重新进行焊接。

5.6 组合式空调机组的运行管理与维护

目的与要求：

◇ 能说出组合式空调机组常用功能段的特点；

◇ 能对组合式空调机组做开机前的检查与准备；

◇ 能对组合式空调机组做开停机操作；

◇ 能对组合式空调机组做运行中的检查；
◇ 能对组合式空调机组做维护保养。

重点与难点：

◇ 学习重点：组合式空调机组开机前的检查与准备、开停机操作、运行中的检查、维护保养。

◇ 学习难点：组合式空调机组的紧急停机操作。

组合式空调机组是集中式全空气系统的空气处理设备，由各种热湿处理设备和风机、风量调节阀、辅助装置（如挡水板）等，以功能段的形式按需要组装而成的，属于大型空调设备，符合国家标准《组合式空调机组》（GB/T 14294—2008）的规定。图 5-45 为某组合式空调机组的外观图。

图 5-45　组合式空调机组

5.6.1 组合式空调机组的功能段

根据空气处理的需要，组合式空调机组由不同的功能段组合而成，常用的功能段主要有以下几种。

1. 回风段

回风段是用于接回风管的，在该段的顶部或侧面安装有手动或电动风阀。在组合式空调机组中，只有双风机系统才单独设回风段，若是单风机系统则用新回风混合段。

2. 新风段或新回风混合段

新风段用来接新风管，用于双风机系统。对于单风机系统用的新回风混合段，顶部接回风管，侧面接新风管，也可以顶部接新风管，侧面接回风管。

有的产品不单独设新回风混合段，而是将它与初效过滤段结合在一起，成为混合初效过滤段。

3. 回风机段

双风机系统有回风机段，配有双进风离心式风机，出风口水平安装。

4. 排风回风调节段

双风机系统有排风回风调节段，该功能段安装在回风机段后面，顶部有排风阀，内部有回风阀，工况变化时，排风阀、回风阀、新风阀联动，可调节新风和回风的比例。

5. 初效过滤段

初效过滤段内装有初效过滤器，对空气进行初步的过滤。

6. 加热段

加热段内装有加热器，按照使用热媒的不同，分为热水加热段、蒸汽加热段和电加热段。通常将新风段和新回风混合段后面的加热段称为预热段，将表冷段之后的加热段称为再热段。电加热段使用的电加热器消耗高品位能源，多半用于恒温恒湿空调的再热段之后，精确调整送风温度。

7. 表冷段或表冷挡水段

表冷段或表冷挡水段安装有表冷器，下设冷凝水盘和冷凝水排出管。为防止被处理空气带走冷凝水，在表冷器后安装挡水板。

8. 蒸发冷却段

对低湿度地区，可采用直接蒸发冷却器代替表冷器对空气进行降温除湿，构成直接蒸发冷却段。

9. 加湿段

加湿段内安装加湿器，根据不同需求，可采用电极式加湿器、电热式加湿器、干蒸汽加湿器、高压微雾加湿器等。高压微雾加湿器后应安装挡水板。

10. 除湿段

对于通过冷却除湿不能满足需求的地方，可采用转轮除湿机、溶液除湿机对空气进行除湿处理。

11. 送风机段

送风机段安装有双进风离心式风机，根据需要出风口可设计成水平和垂直向上两种形式。

12. 中效过滤段或亚高效过滤段

中效过滤段内安装有中效过滤器；亚高效过滤段内安装有亚高效过滤器。中效过滤段和亚高效过滤段应设置在送风机段之后，处于系统的正压段。

➢ 想一想

如果将中效过滤器或亚高效过滤器安装在空调机组的负压段，会出现什么问题？

13. 消声段

消声段内设有消声器。按空气流动方向，处在风机段前面的是回风消声段，送风机后面的是送风消声段。一般消声段安装在中效或亚高效过滤器前面，防止消声器产生的污物进入送风管路。

14. 送风段

送风段与送风管路连接，接口处安装送风阀。

15. 中间段

中间段内部不安装任何设备，也称为空段，仅为某些需要检修的功能段，如初效过滤段、中效过滤段、表冷挡水段、加热段等，提供检修的空间，在操作面一侧设有检修门。

16. 均流段

均流段设置在风机段之后、消声段和过滤段之前，作用是使机组断面保持均匀的风速。

17. 热回收段

双风机系统运行时，可将新风与排风在热回收交换器中进行热交换，达到回收显热的目的。具体来说，冬季利用排风中的热量来预热新风，夏季利用回风预冷新风。

图 5 -46 所示为一次回风式单风机组合式空调机组示意图，由混合初效段、预热段、中间段、冷却挡水段、喷蒸汽加湿段、送风机段、中间段、中效过滤段、送风段组成。

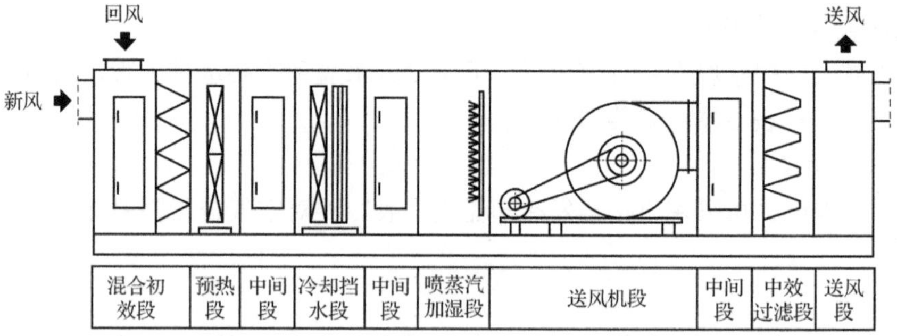

图 5 -46　一次回风式单风机组合式空调机组

5.6.2 组合式空调机组的开停机操作

1. 开机前的检查与准备

组合式空调机组开机前的检查与准备工作，因设备投入运行前的状态不同，检查与准备工作的内容也略有差异。通常用日常开机前的检查与准备和年度开机前的检查与准备来区别。

日常开机指每天开机（如写字楼、大型商场的中央空调系统，通常晚上停止运行，早上重新开机）或经常开机（如影剧院、会展场馆的中央空调，不一定每天要运行，但运行的次数也比较频繁）的情况。年度开机或称季节性开机，是指设备停用很长一段时间后重新投入使用，例如设备在冬季和初春季节停止使用后又准备投入运行。

1）日常开机前的检查与准备

（1）检查电动机、风机、电加热器、水泵、表冷器或喷水室、供热设备及自动控制系统等，确认其技术状态良好；

（2）检查各水路上阀门的开启度是否处于正确位置；

（3）检查进出机组的各水管接头和水阀是否漏水；

（4）检查供电电压是否正常；

（5）检查各功能段之间的密封性以及检修门的密封性；

（6）根据室外空气状态参数和室内空气状态参数的要求，调整好温度、湿度等自动控制装置的设定值。

➢ 做一做

对组合式空调机组做日常开机前的检查与准备，并记录于表 5 -17。

表5－17　组合式空调机组日常开机前的检查与准备记录表

序号	检查准备内容	检查准备情况记录
1	电动机、风机、电加热器、水泵、表冷器或喷水室、供热设备及自动控制系统等的技术状态	
2	水管阀门开启度	
3	水管接头和水阀是否漏水	
4	供电电压	
5	密封情况	
6	设置参数	

2）年度开机前的检查与准备

如果是年度开机，则除了要做好上述日常开机前的各项检查和准备工作外，还要做好以下检查工作：

（1）用手盘动皮带轮或联轴器，检查风机叶轮是否有卡住和摩擦现象；

（2）对空调系统中的运转设备（如风机、喷水泵、回水泵等），检查各轴承的供油情况，若发现有亏油现象应及时加油。

（3）检查带传动风机各根传动带的松紧程度是否合适、一致；

（4）检查风机调节阀门动作是否灵活，定位装置是否可靠；

（5）通电点动检查风机叶轮的旋转方向是否正确；

（6）拧开放气阀，检查表面式换热器（表冷器或加热器）是否已充满水。

➢ 做一做

对组合式空调机组做年度开机前的检查与准备，并记录于表5－18。

表5－18　组合式空调机组年度开机前的检查与准备记录表

序号	检查准备内容	检查准备情况记录
1	检查风机叶轮是否有卡住和摩擦现象	
2	水泵、风机等运转设备的供油情况	
3	传动带松紧度	
4	调节阀门动作是否灵活，定位装置是否可靠	
5	风机叶轮的旋转方向是否正确	
6	表面式换热器是否充满水	

2. 组合式空调机组的启动

组合式空调机组的启动就是启动风机、电加热器和其他空调系统的辅助设备，使空调系统运行，向空调房间送风。启动前，要根据冬夏季节的不同特点，确定启动方法。

夏季时，空调系统应首先启动风机，然后再启动其他设备。为防止风机启动时其电机超负荷，在启动风机前，最好先关闭风道阀门，待风机运行起来后再逐步开启。在启动过程中，只有在一台风机电动机运行速度正常后才能再启动另一台，以防止供电线路因启动电流太大而跳闸或电网电压下降过多。风机启动的顺序是先开送风机，后开回风机，以防止空调房间内出现负压。风机启动完毕后，再开其他设备。全部设备启动完毕后，应仔细巡视一次，观察各种设备运转是否正常。

> **想一想**

为什么在启动离心式风机前，最好关闭风道阀门？

提示：离心式风机在流量为零时，功率最小，而轴流式风机不具备这个特点。

当一个中央空调系统不止配备了一台组合式空调机组时，也要采用顺序逐台启动方法，即一台组合式空调机组启动后，隔一段时间（待启动电流峰值过后，运行电流正常时）再启动下一台，不能多台同时启动，以防止启动电流过大。

冬季时，当加热器使用蒸汽供热时，要先开启加热器的蒸汽供应阀，然后再启动风机，以免蒸汽冷凝过快而产生“水击”。当加热器使用热水供热时，也要先开加热器的热水供应阀，然后再启动风机，以免因先启动风机而造成中央空调系统运行初期送冷风时间过长和空调房间升温太慢。

3. 组合式空调机组的运行检查

组合式空调机组启动完毕后便投入运行，值班人员应忠于职守，认真负责，勤巡视，勤检查，勤调节，并根据外界条件的变化随时调整运行方案。要随时注意控制盘上各仪表及计算机显示屏上的参数的变化情况，并按规定时间做好运行记录，读数要准确，填写要清楚，对空调运行记录表中各种参数要逐一填写清楚，填写数据时，写错了只能重写，不允许涂改。应对刚维修过的设备加强运行监测，掌握其运转情况，发现问题应及时处理，重大问题应立即报告。

在组合式空调机组运行期间，应结合运行记录的抄表时间对以下情况进行现场检查：

（1）运转设备的运转情况是否平稳，有无异常声音和振动；

（2）进出水管接头和阀门是否漏水；

（3）各阀门开度是否在设定位置。

> **做一做**

对组合式空调机组做运行中的检查，并记录于表 5－19。

表 5－19　组合式空调机组运行检查记录表

序号	检查内容	检查情况记录
1	运转设备的运转情况是否平稳，有无异常声音和振动	
2	进出水管接头和阀门是否漏水	
3	各阀门开度是否在设定位置	

4. 组合式空调机组的停机

组合式空调机组的停机，包括到了停用时间（如办公场所下午下班后，商场晚上停止营业后，影剧院最后一场电影或演出散场后等）的停机，或要进行维护保养的停机等正常停机，以及由于发生紧急情况而不能按正常停机程序操作而需要采取非正常停机措施的紧急停机。

1）正常停机

正常停机对于单风机配置的组合式空调机组来说，就地停机或在中央控制室集中遥控停机均可。对于双风机配置的机组则要稍加注意，在没有特殊要求的情况下，停机顺序与启动顺序相反：一般是先停回风机，后停送风机，这样仍能保证空调房间不形成负压。

需要引起注意的是，对于使用蒸汽供热的加热器，一定要在关闭加热器的蒸汽供应阀后3~5min才能停机，以免使风机过早停止使进入加热器的蒸汽热量无法被流动的空气带走，而引起加热器表面温度迅速升高，烤焦附着在加热器表面的粉尘和加热器附近部件的油漆，引起异味。

还需引起注意的是，组合式空调机组在寒冷季节停机后，有可能因机房气温低于0℃致使表面式换热器（表冷器或加热器）内水温过低而结冰冻裂换热管。特别是机房设有新风窗和有新风采集管的机组以及新风机组，室外冷空气在风压和渗透作用下很容易进入机组。为避免此类问题的发生，除了在水里添加防冻剂（如乙二醇）外，还应在新风窗或新风采集管上加装电动的保温风阀，并使其与机组连锁，当机组停机后风阀也随之关闭。对于使用热水供热的加热器，如果热水可以保证连续供应，也可采用机组停机后热水控制调节阀不关，保持热水在加热器中不间断地流动，以此来防冻。如上述办法不能解决问题或不具备使用条件，则要将表面式换热器（表冷器或加热器）内的水全部排放干净。

2）紧急停机

组合式空调机组的紧急停机通常分为以下两种情况：

（1）故障停机。当风机或其配套的电动机发生故障，表面式换热器或连接管道发生破裂而有水泄漏或产生大量蒸汽，控制系统的调节执行机构（调节阀）不能关闭或打开或动作不敏捷，致使机组无法正常工作或危及安全时，均要立即停机。首先切断冷源的供应，然后按正常停机操作方法使机组停止运行。

（2）火警停机。不论是机房内、机房外相邻处，还是机组送回风管道系统涉及的房间或送回风口的作用范围及其周边区域，只要发生火灾都要立即停机，而且首先要停送风机，以防止继续送风助长火势；对能自控或手控关闭风管道内防火阀的则应马上实施关阀操作，防止着火区域的烟和火进入送回风口后通过风管道扩散到其他区域。

➢ **做一做**

以某台组合式空调机组为例，编写开停机操作规程。

5.6.3 组合式空调机组的维护保养

组合式空调机组的维护保养对象主要是空气过滤器、热湿处理设备、接水盘、风机、风阀等，这里重点学习接水盘的清洗、冷凝水排放，以及机组箱体的密封问题，其他设备的维护保养参见学习项目三和学习项目五的相关内容。

1. 接水盘的清洗

表冷器或直接蒸发冷却器对空气进行冷却除湿时产生的冷凝水，会沿换热器表面滴落在下面的接水盘中，并通过排水口排出。并且，表冷器或直接蒸发冷却器一般都是安装在初效过滤器后面，一些细小的粉尘会穿过过滤器附着到换热器表面，这些粉尘会随着冷凝水一起落到接水盘里。此外，组合式空调机组内的温湿度还十分适宜滋生和繁殖微生物，大量微生物形成的黏稠菌落团也会沉积在接水盘内。

因此，对接水盘必须进行定期清洗，将沉积在接水盘内的粉尘和菌落清洗干净。否则，这些堆积物有可能堵塞排水口，细菌还有可能随处理过的空气被送入空调房间，影响人体健康。

清洗方式主要是用清水清洗，污水从排水口排出。为了杀菌消毒，还应定期使用消毒水（如漂白粉）对接水盘进行刷洗。

此外，为了控制微生物在接水盘内滋生、繁殖，应在接水盘内放置中央空调专用缓释型杀菌片（图 5－47），或载体型专用杀菌物体（如浸载了液体杀菌剂的海绵体），并定期检查其消耗情况，以便及时补充。

2. 冷凝水的排放

在组合式空调机组中，冷却除湿设备的接水盘一般位于机组的负压段。为了顺利排出冷凝水，接水盘出水口处需设置存水弯（水封），如图 5－48 所示。

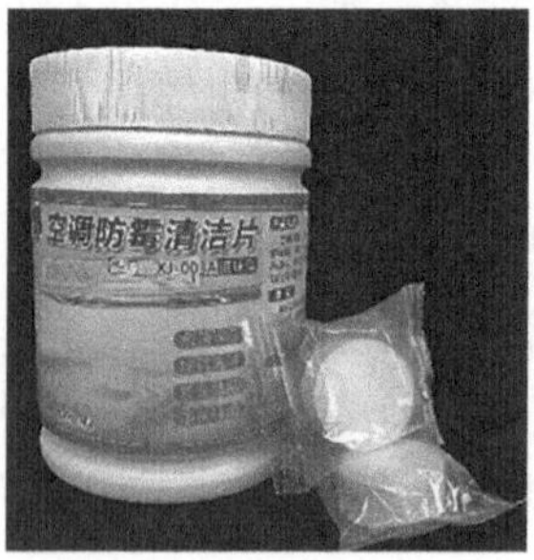

图 5－47　空调专用杀菌片

图 5－48　空调机组负压区的存水弯

图 5－49 和图 5－50 为负压区存水弯的示意图。负压存水弯的工作原理是利用水封产生的压力来平衡空调机组的负压，使冷凝水顺利排出。

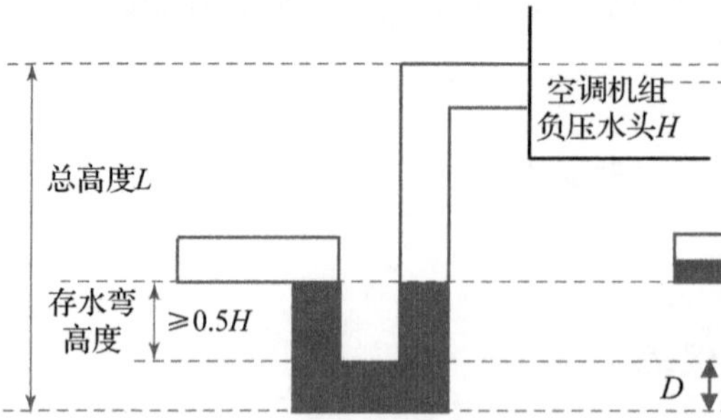

图 5－49　空调机组停止运行

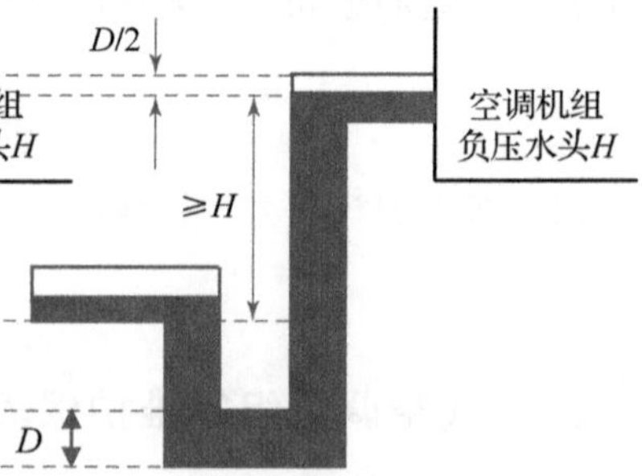

图 5－50　空调机组正常运行

存水弯有两个重要高度，其中一个是存水弯高度，如图 5－49 所示。当风机停转时，排水管内的凝结水会存在弯管里一部分，弯管的高度至少应为机组负压水头 H 的一半，即大于或等于 $0.5H$，两边加在一起就会大于或等于 H。当机组启动时，这部分水就会抵消掉机组的负压水头 H，使冷凝水顺利排出。

当风机启动正常运行时，冷凝水的排水状况如图 5－50 所示，弯管上段的高度应不小于机组的负压水头高度 H，以平衡抵消掉负压水头，排出冷凝水。

因此，存水弯的总高度 L 至少为（$1.5H+1.5D$），其中 D 为排水管直径。

➢ **做一做**

（1）若某空调机组冷凝水排出口负压值为 800Pa，试为该机组设计冷凝水管存水弯（管路直径自选）。

（2）查找资料，看看除了存水弯，还有哪些形式的水封可以解决空调机组负压区的排水问题？你自己可以设计一个吗？

➢ **想一想**

如果空调机组的正压区需要排出冷凝水，是否需要设置水封？如果需要，如何设计？

3. 密封情况

要及时检查功能段和检修门的密封条是否老化破损或脱落，如发现问题应及时修理或更换，以免出现漏风现象。

拓展阅读

光催化技术在室内空气净化中的应用①

被称为“当今世上最完美的环境净化科技”的光催化技术具有简便、功耗低、无二次污染、效能大等优势，能够通过把室内空气中的氢气当作氧化剂，在常温常压下进行化学反应，将有机合成废气溶解为多种无机小分子，从而达到完全空气净化的目的。此外，新型半导体光催化产品有着良好的化学稳定性，抗氧化还原性强，成本低，不产生吸附饱和现象，使用寿命也更长。

从宏观上看，光催化反应即光合作用的逆反应，是催化剂在光的作用下，将有机物转化成无机物的过程。二氧化钛是最常用的光催化剂，它能够高效地溶解有机物、无机物和病毒。从微观上看，就是较为稳定的二氧化钛（TiO_2）粒子在吸收了紫外光的能量之后降解有机物，并在自身无损耗的情况下最终生成二氧化碳和水的过程，其原理如图 5－51 所示。

将光催化剂制成的光催化涂料涂覆到基材表层，能够产生 TiO_2 纳米涂膜，在紫外线辐照下，TiO_2 会被激发，产生电子空穴对，并与氧气、水等化学物质相互作用，产生超氧阴离子、羟基自由基和 H_2O_2 等活性基团，有效地溶解表层有机污染物，将其转变为环保无

① 摘自“毛一铮．光催化技术在室内空气净化中的研究进展［J］．山西化工，2024（3）：30－32.”

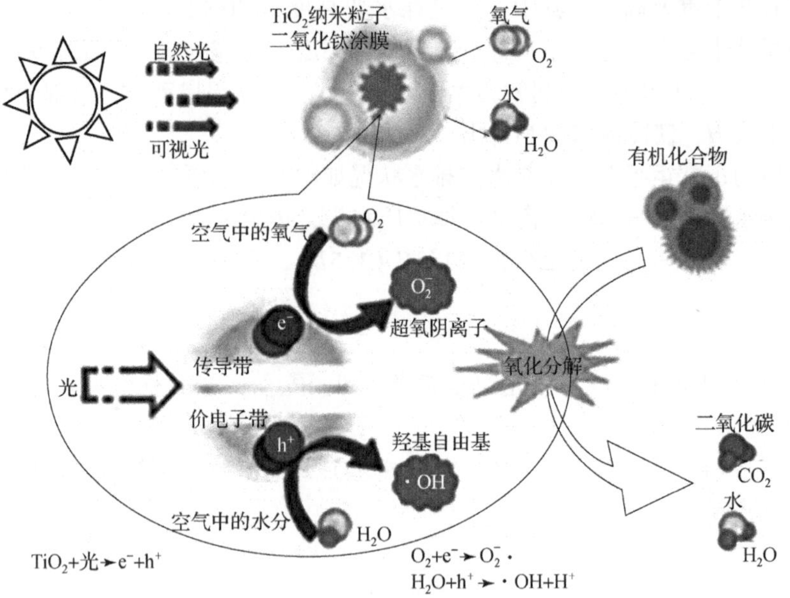

图 5－51　光催化反应原理图

害的无机产物。并且，TiO_2具备超亲水性，导致涂料表面上无法黏附有机物，进而有效减少污染物的排放量，维持空气质量。光催化涂膜拥有超强的亲水性，能够有效地抵抗雨水冲刷污染，当水触及到涂层表面时，会立即产生一个水膜，由于重力和涂层表面亲水性的作用，水膜会不断扩展，致使表层的灰尘、污垢等污染物随水流滑落，进而达到清除污染的目的。通过光催化降解有机物和光致亲水性的共同作用，涂膜能够实现表层耐污自清洁，在紫外线作用下，水在涂膜表层的接触角能够减小至10°以内或接近0°，进而显示出超亲水性能，该特性使涂膜拥有出色的防雾能力。这种特殊的水溶性和分解有机物的能力，使其拥有出色的自洁性能。

光催化净化器是一种先进的技术，它利用复合纳米材料制成，在低温条件下，光催化纳米粒子受到光照，形成电子和空穴对，溶解吸收在表面的水分子，形成氢氧自由基，电子使其附近的氧还原成活性分子氧，具有极强的还原性，可以有效地去除光催化剂表面的污染物，有时也可以有效地杀死表面的细菌和病毒。

虽然光催化技术的应用范围正在不断扩大，但这项技术仍面临着很多难题，存在大量的未知，因此必然要继续加大对光催化技术的研究投入。

项目实训

完成实操训练活页式工作手册“项目11　离心式风机皮带和皮带轮的检修”“项目12　室内空气洁净度等级的检测”。

能力测试

一、填空题

1. 国家标准《空气过滤器》将空气过滤器按效率级别分为________过滤器、

________过滤器、________过滤器和________过滤器四种。

2. 含尘浓度为单位体积空气中含有的灰尘量，有三种表示方法：________、________、________。

3. 根据生产要求和人们工作生活的要求，通常将空气净化要求分为三类：________、________、________。

4. 一般净化无确定的控制指标要求；中等净化对空气中悬浮颗粒的________浓度有一定要求；超净净化对空气中悬浮颗粒的大小和数量均有严格要求，即以________浓度为浓度指标。

5. 单位时间内风机所输送的气体体积，称为该风机的________，以符号 L 表示，单位为 m^3/s 或 m^3/h。

6. 离心式风机的风压是指空气通过风机叶轮所获得的能量，具体地说，是指风机出口截面上空气的________与进口截面上空气________之差。

7. 为防止离心式风机启动时其电机超负荷，在启动风机前，最好先________风道阀门，待风机运行起来后再逐步开启。

二、选择题

1. (　　) 适用于一般的空调系统，对尘粒较大的灰尘（10～100μm）可以有效过滤；在空气净化系统中，一般作为更高级过滤器的预滤。

A. 高效过滤器　　B. 初效过滤器

C. 亚高效过滤器　　D. 中效过滤器

2. 空气处理箱内出现阻力增大，压差控制器动作说明 (　　)。

A. 制冷机故障　　B. 离心机故障

C. 新风系统故障　　D. 空气过滤器脏

3. 空气的净化处理就是在系统中设置过滤器除去进入室内的空气所含的灰尘，使空气的 (　　) 达到规定的要求。

A. 温度　　B. 湿度

C. 洁净度　　D. 压力

4. 在空调机组中，要实现超净净化的技术指标，下列方案描述正确的是 (　　)

A. 设置一道过滤，即高效过滤

B. 设置两道过滤，即中效过滤、高效过滤

C. 设置三道过滤，即初效过滤、中效过滤、高效过滤

D. 设置两道过滤，即初效过滤、高效过滤

三、判断题

1. 空气过滤器的工作原理就像筛子一样，只有当悬浮在空气中的颗粒粒径比滤网的孔径大时才能被滤掉。(　　)

2. 静电集尘器的特点是对不同粒径的悬浮粒子均可有效捕集。(　　)

四、计算题

某空调机组共设置三重过滤，其中粗效过滤器的过滤效率为 70%，中效过滤器的过滤效率为 80%，高效过滤器的过滤效率为 95%，求机组的总过滤效率。

附 录

附录 A 空气温度对应的饱和状态参数值（$P_b = 1.013 \times 10^5 Pa$）

空气温度 t/℃	干空气密度/（kg/m^3）	饱和空气密度/（kg/m^3）	饱和空气的水蒸气分压力/（$\times 10^2 Pa$）	饱和空气的含湿量/（$g/kg_{干}$）	饱和空气的比焓/（$kJ/kg_{干}$）
-20	1.396	1.395	1.02	0.63	-18.55
-19	1.394	1.393	1.13	0.70	-17.39
-18	1.385	1.384	1.25	0.77	-16.20
-17	1.379	1.378	1.37	0.85	-14.99
-16	1.374	1.373	1.50	0.93	-13.77
-15	1.368	1.367	1.65	1.01	-12.60
-14	1.363	1.362	1.81	1.11	-11.35
-13	1.358	1.357	1.98	1.22	-10.05
-12	1.353	1.352	2.17	1.34	-8.75
-11	1.348	1.347	2.37	1.46	-7.45
-10	1.342	1.341	2.59	1.60	-6.07
-9	1.337	1.336	2.83	1.75	-4.73
-8	1.332	1.331	3.09	1.91	-3.31
-7	1.327	1.325	3.36	2.08	-1.88
-6	1.322	1.320	3.67	2.27	-0.42
-5	1.317	1.315	4.00	2.47	1.09
-4	1.312	1.310	4.36	2.69	2.68

续表

空气温度 t/℃	干空气密度/ (kg/m³)	饱和空气密度/ (kg/m³)	饱和空气的水蒸气分压力/ (×10²Pa)	饱和空气的含湿量/ (g/kg干)	饱和空气的比焓/ (kJ/kg干)
-3	1.308	1.306	4.75	2.94	4.31
-2	1.303	1.301	5.16	3.19	5.90
-1	1.298	1.295	5.61	3.47	7.62
0	1.293	1.290	6.09	3.78	9.42
1	1.288	1.285	6.56	4.07	11.14
2	1.284	1.281	7.04	4.37	12.89
3	1.279	1.275	7.57	4.70	14.74
4	1.275	1.271	8.11	5.03	16.58
5	1.270	1.266	8.70	5.40	18.51
6	1.265	1.261	9.32	5.79	20.51
7	1.261	1.256	9.99	6.21	22.61
8	1.256	1.251	10.70	6.65	24.70
9	1.252	1.247	11.46	7.13	26.92
10	1.248	1.242	12.25	7.63	29.18
11	1.243	1.237	13.09	8.15	31.52
12	1.239	1.232	13.99	8.75	34.08
13	1.235	1.228	14.94	9.35	36.59
14	1.230	1.223	15.95	9.97	39.19
15	1.226	1.218	17.01	10.6	41.78
16	1.222	1.214	18.13	11.4	44.80
17	1.217	1.208	19.32	12.1	47.73
18	1.213	1.204	20.59	12.9	50.66
19	1.209	1.200	21.92	13.8	54.01
20	1.205	1.195	23.31	14.7	57.78
21	1.201	1.190	24.80	15.6	61.13
22	1.197	1.185	26.37	16.6	64.06
23	1.193	1.181	28.02	17.7	67.83
24	1.189	1.176	29.77	18.8	72.01

续表

空气温度 t/℃	干空气密度/(kg/m³)	饱和空气密度/(kg/m³)	饱和空气的水蒸气分压力/(×10²Pa)	饱和空气的含湿量/(g/kg干)	饱和空气的比焓/(kJ/kg干)
25	1.185	1.171	31.60	20.0	75.78
26	1.181	1.166	33.53	21.4	80.39
27	1.177	1.161	35.56	22.6	84.57
28	1.173	1.156	37.71	24.0	89.18
29	1.169	1.151	39.95	25.6	94.20
30	1.165	1.146	42.32	27.2	99.65
31	1.161	1.141	44.82	28.8	104.67
32	1.157	1.136	47.43	30.6	110.11
33	1.154	1.131	50.18	32.5	115.97
34	1.150	1.126	53.07	34.4	122.25
35	1.146	1.121	56.10	36.6	128.95
36	1.142	1.116	59.26	38.8	135.65
37	1.139	1.111	62.60	41.1	142.35
38	1.135	1.107	66.09	43.5	149.47
39	1.132	1.102	69.75	46.0	157.42
40	1.128	1.097	73.58	48.8	165.80
41	1.124	1.091	77.59	51.7	174.17
42	1.121	1.086	81.80	54.8	182.96
43	1.117	1.081	86.18	58.0	192.17
44	1.114	1.076	90.79	61.3	202.22
45	1.110	1.070	95.60	65.0	212.69
46	1.107	1.065	100.61	68.9	223.57
47	1.103	1.059	105.87	72.8	235.30
48	1.100	1.054	111.33	77.0	247.02
49	1.096	1.018	117.07	81.5	260.00
50	1.093	1.043	123.04	86.2	273.40
55	1.076	1.013	156.94	114.0	352.11
60	1.060	0.981	198.70	152.0	456.36

续表

空气温度 t/℃	干空气密度/（kg/m³）	饱和空气密度/（kg/m³）	饱和空气的水蒸气分压力/（×10²Pa）	饱和空气的含湿量/（g/kg干）	饱和空气的比焓/（kJ/kg干）
65	1.044	0.946	249.38	204.0	598.71
70	1.029	0.909	310.82	276.0	795.50
75	1.014	0.868	384.50	382.0	1080.19
80	1.000	0.823	472.28	545.0	1519.81
85	0.986	0.773	576.69	828.0	2281.81
90	0.973	0.718	699.31	1400.0	3818.36
95	0.959	0.656	843.09	3120.0	8436.40
100	0.947	0.589	1013.00	—	—

附录 B　我国主要城市空气调节室外计算参数

城市名	纬度（北）	海拔/m	大气压力/kPa		冬季室外计算干球温度/℃	冬季室外计算相对湿度/%	夏季室外计算干球温度/℃	夏季室外计算湿球温度/℃	夏季日平均温度/℃	室外平均风速/（m/s）	
			冬	夏						冬	夏
北京	39°48′	31.3	102.17	100.02	-9.9	44	33.5	26.4	29.6	2.6	2.1
天津	39°05′	2.5	102.71	100.52	-9.6	56	33.9	26.8	29.4	2.4	2.2
石家庄	38°02′	81.0	101.72	99.58	-8.8	55	35.1	26.8	30.0	1.8	1.7
太原	37°47′	778.3	93.35	91.98	-12.8	50	31.5	23.8	26.1	2.0	1.8
呼和浩特	40°49′	1063.0	90.12	88.96	-20.3	58	30.6	21.0	25.9	1.5	1.8
沈阳	41°44′	44.7	102.08	100.09	-20.7	60	31.5	25.3	27.5	2.6	2.6
大连	38°54′	91.5	101.39	99.78	-13	56	29.0	24.9	26.5	5.2	4.1
长春	43°54′	236.8	99.44	97.84	-24.3	66	30.5	24.1	26.3	3.7	3.2
哈尔滨	45°45′	142.3	100.42	98.77	-27.1	73	30.7	23.9	26.3	3.2	3.2
上海	31°10′	2.6	102.54	100.54	-2.2	75	34.4	27.9	30.8	2.6	3.1
南京	32°00′	8.9	102.55	100.43	-4.1	76	34.8	28.1	31.2	2.6	2.4
杭州	30°14′	41.7	102.11	100.09	-2.4	76	35.6	27.9	31.6	2.3	2.4

续表

城市名	纬度（北）	海拔/m	大气压力/kPa		冬季室外计算干球温度/℃	冬季室外计算相对湿度/%	夏季室外计算干球温度/℃	夏季室外计算湿球温度/℃	夏季日平均温度/℃	室外平均风速/（m/s）	
			冬	夏						冬	夏
合肥	31°52′	27.9	102.23	100.12	-4.2	76	35.0	28.1	31.7	2.7	2.9
福州	26°05′	84.0	101.29	99.66	4.4	74	35.9	28.0	30.8	2.4	3.0
厦门	24°29′	139.4	100.65	99.45	6.6	79	33.5	27.5	29.7	3.3	3.1
南昌	28°36′	46.7	101.95	99.95	-1.5	77	35.5	28.2	32.1	2.6	2.2
济南	36°41′	51.6	101.91	99.79	-7.7	53	34.7	26.8	31.3	3.7	2.8
青岛	36°04′	76.0	101.74	100.04	-7.2	63	29.4	26.0	27.3	5.4	4.6
郑州	34°43′	110.4	101.33	99.23	-6	61	34.9	27.4	30.2	2.7	2.2
洛阳	34°38′	137.1	100.88	98.76	-5.1	59	35.4	26.9	30.5	2.1	1.6
武汉	30°37′	23.1	102.35	100.21	-2.6	77	35.2	28.4	32.0	1.8	2.0
长沙	28°12′	44.9	101.96	99.92	-1.9	83	35.8	27.7	31.6	2.3	2.6
广州	23°10′	41.7	101.90	100.40	5.2	72	34.2	27.8	30.7	1.7	1.7
海口	20°02′	13.9	101.64	100.28	10.3	86	35.1	28.1	30.5	2.5	2.3
南宁	22°49′	73.1	101.10	99.55	5.7	78	34.5	27.9	30.7	1.2	1.5
桂林	25°19′	164.4	100.30	98.61	1.1	74	34.2	27.3	30.4	3.2	1.6
成都	30°40′	506.1	96.37	94.80	1	83	31.8	26.4	27.9	0.9	1.2
重庆	29°31′	251.1	98.06	96.38	2.2	83	35.5	26.5	32.3	1.1	1.5
贵阳	26°35′	1074.3	89.74	88.78	-2.5	80	30.1	23.0	26.5	2.1	2.1
昆明	25°01′	1892.4	81.19	80.82	0.9	68	26.2	20.0	22.4	2.2	1.8
拉萨	29°40′	3648.7	65.06	65.29	-7.6	28	24.1	13.5	19.2	2.0	1.8
西安	34°18′	397.5	97.91	95.98	-5.7	66	35.0	25.8	30.7	1.4	1.9
兰州	36°03′	1517.2	85.15	84.32	-11.5	54	31.2	20.1	26.0	0.5	1.2
西宁	36°43′	2295.2	77.44	77.29	-13.6	45	26.5	16.6	20.8	1.3	1.5
银川	38°29′	1111.4	89.61	88.39	-17.3	55	31.2	22.1	26.2	1.8	2.1
乌鲁木齐	43°47′	917.9	92.46	91.12	-23.7	78	33.5	18.2	28.3	1.6	3.0

附录C 湿空气的焓湿图

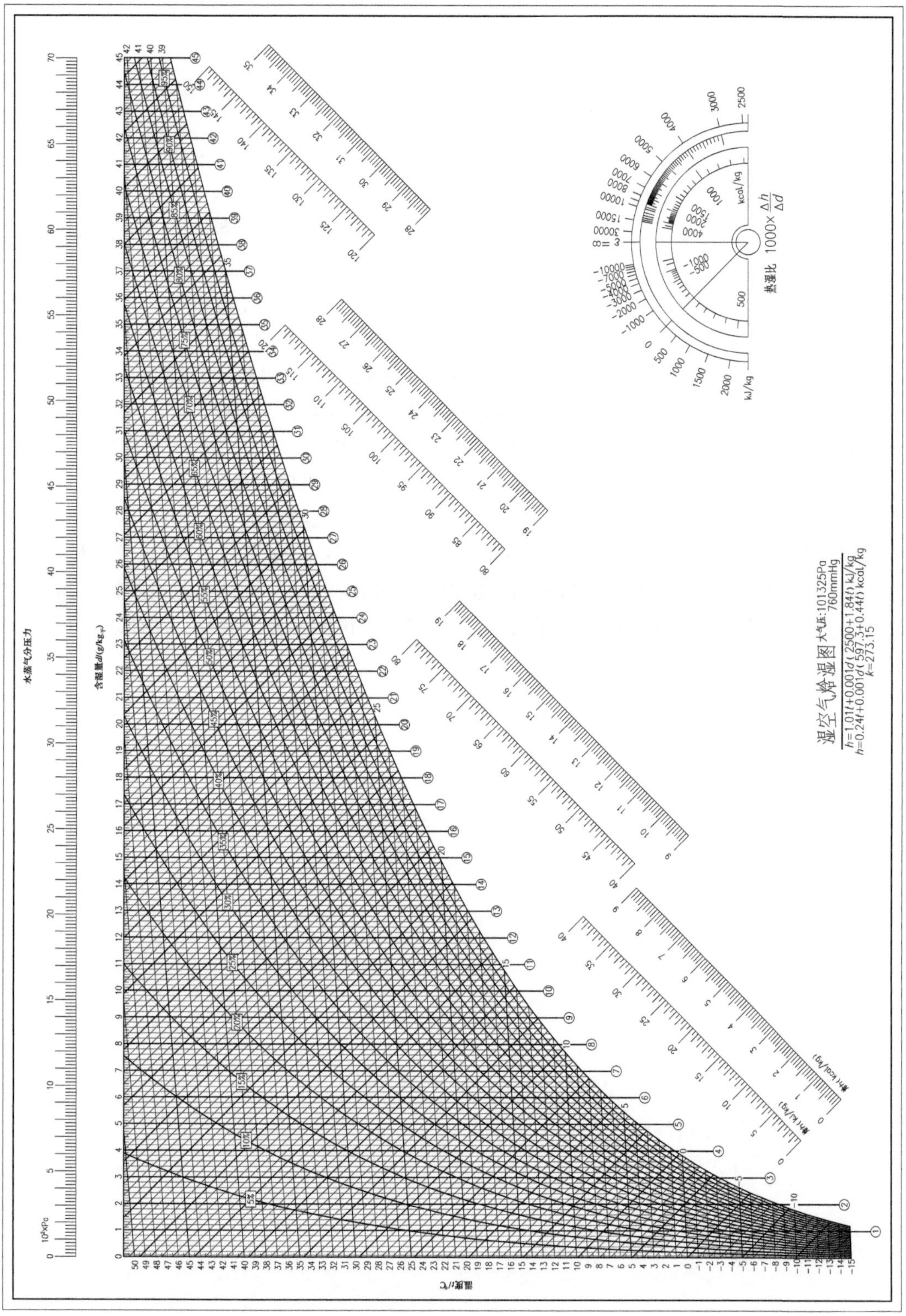
水蒸气分压力
含湿量d(g/kg干)
温度t/℃
热湿比 $1000\times\frac{\Delta h}{\Delta d}$
kJ/kg
kcal/kg
湿空气焓湿图 大气压:101325Pa 760mmHg
$h=1.01t+0.001d(2500+1.84t)$ kJ/kg
$h=0.24t+0.001d(597.3+0.44t)$ kcal/kg
$k=273.15$

参考文献

[1] 秦学礼．空气调节设计手册［M］．3 版．北京：中国建筑工业出版社，2017.
[2] 连之伟．热质交换原理与设备［M］．4 版．北京：中国建筑工业出版社，2018.
[3] 谭伟建，王芳．建筑设备工程图识读与绘制［M］．2 版．北京：机械工业出版社，2018.
[4] 刘泽华．空调冷热源工程［M］．北京：机械工业出版社，2019.
[5] 付小平．空调技术［M］．北京：机械工业出版社，2022.
[6] 赵荣义．空气调节［M］．4 版．北京：中国建筑工业出版社，2009.
[7] 黄翔．空调工程［M］．3 版．北京：机械工业出版社，2017.
[8] 陆耀庆．实用供热空调设计手册［M］．2 版．北京：中国建筑工业出版社，2008.
[9] 赵建华．空调系统运行管理与维修［M］．北京：机械工业出版社，2013.
[10] 付小平．中央空调运行管理［M］．北京：清华大学出版社，2015.
[11] 赵继洪．中央空调运行与管理技术［M］．北京：电子工业出版社，2013.
[12] 林利芝．中央空调运行管理与维护保养［M］．北京：机械工业出版社，2018.
[13] 赵继洪．空气调节技术与应用［M］．北京：机械工业出版社，2015.

实操训练活页式工作手册

项目 1

环境大气压力的测定

一、学习情境描述

在空气调节中，焓湿图都是在一定的大气压力下绘制的，大气压力不同，湿空气的性质也会发生变化，并且空调房间通常需要保持正压或负压状态，因此测定环境的大气压力是一项非常重要的工作。

二、学习目标

（1）会使用空盒式气压计测定大气压力；

（2）会使用数字式微压计测定空调房间与其相邻房间或室外之间的气压差；

（3）能说出绝对压力、相对压力、正压、负压的含义；

（4）能说出一般空调房间和洁净厂房对空气压力的要求。

三、任务书

为完成以上学习目标，本项目需要完成的任务如表 1－1 所示。

表 1－1　任务清单

序号	任务内容	任务要求	验收方式
1	测定大气压力	（1）使用空盒式气压计测定当地大气压力； （2）根据环境温度，对气压表测出的大气压力进行修正	成果展示
2	测定空调房间与相邻房间（或室外）的气压差	（1）使用数字式微压计测量气压差； （2）能说出绝对压力、相对压力、正压和负压的含义； （3）能说出一般空调房间和洁净厂房对空气压力的要求	成果展示

四、工作准备

（1）器材：DYM3 型空盒式气压计（图 1－1）；数字式微压计（图 1－2）；橡胶软管（图 1－3）；新风机组（或送风机）。

（2）学习资料：《洁净厂房设计规范》（GB 50073—2013）及其他相关学习材料。

五、分组讨论

1）使用 DYM3 型空盒式气压计测定大气压力

实践操作 1：将空盒式气压计水平放置，轻敲外壳或玻璃表面，消除传动机构中的摩擦应力。

图1-1　DYM3型空盒式气压计

图1-2　数字式微压计

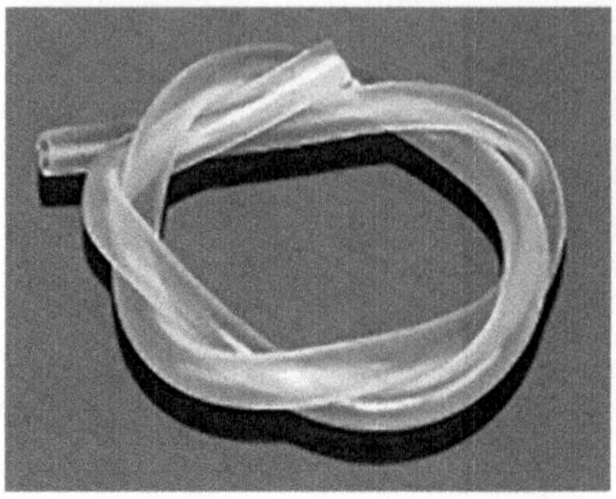

图1-3　取压用橡胶软管

你做到了吗？□是　　　　　□否

实践操作2：观察指针与镜面指针相重合，此时指针所指的数值即为气压表示值，读取数值，精确到一位小数，并记录下来。

大气压力 P_s：______

实践操作3：读取气压表上的温度示值，精确到一位小数，并记录下来。

温度 t：______

实践操作4：按照《DYM3型空盒式气压表说明书》给出的方法，对读取的气压表示值进行订正，得到实际的气压值，并记录下来（如气压表没有检定证书，可不做订正）。

修订后的大气压力 P：______

➢ **小提示**

仪器上读取的气压表示值只有经过下列订正后方能准确。

（1）温度订正：由于环境温度的变化，将会对仪器金属的弹性产生影响，因此必须进行温度订正。温度订正值 ΔP_t 可由下列公式计算：

$$\Delta P_t = a \times t$$

式中：a 为温度系数，可在产品的检定证书上查到；t 为温度表读数。

（2）示度订正：由于空盒及传动的非线性，当气压变化时就会产生示值误差，因此必须进行示度订正。方法是：根据检定证书上的示度订正值，在气压表示值对应的气压范围内，用插值法求出示度订正值 ΔP_s。

（3）补充订正：为消除空盒的剩余变形对示值产生的影响，从检定证书上可查到补充订正值 ΔP_d。

经订正后的大气压力 $P = P_s + (\Delta P_t + \Delta P_s + \Delta P_d)$。

2）使用数字式微压计测量空调房间与其相邻房间的压力差

实践操作5：查阅《洁净厂房设计规范》（GB 50073—2013），填写如下信息：

一般空调房间应有______的正压值；不同等级的洁净室之间的压差不宜小于______，洁净区与非洁净区之间的压差不应小于______，洁净区与室外的压差不应小于______。

实践操作6：阅读《“DP1000－ⅢB型智能数字式微压计”使用说明书》，学习数字式微压计（如图1－2所示）的使用方法。

（1）开机：按动面板“开/关”（ON/OFF）键，仪器进入初始状态，显示屏读数（9999、8888、…、0000）后，仪器预热5min。

你做到了吗？□是　　　　□否

（2）清零：预热后仪器在使用前，按面板“清零”（Auto－Zero）键归零。

你做到了吗？□是　　　　□否

（3）功能键：根据测量要求，按“侧压”（Press/Velo）键，单位指示区的显示可在Pa、kPa、m/s之间切换。

你做到了吗？□是　　　　□否

（4）温度：按“温度”（Temp）键，仪器显示为环境温度。

你做到了吗？□是　　　　□否

（5）取压口：找到标记着正“⊕”和负“⊖”的取压口，并连接上橡胶软管（图1－3），说一说哪个取压口从压力高的区域取压，哪个从压力低的区域取压？

你做到了吗？□是　　　　□否

➢ 小提示

标记着正“⊕”的取压口从压力高的区域取压，标记着负“⊖”的取压口从压力低的区域取压，微压计测量的实际是压差。

实践操作7：开启新风机组（或送风机），测量空调房间与相邻房间或室外之间的静压差，并记录。

气压差：________

实践操作8：计算空调房间的绝对压力，并记录。

绝对压力：________

实践操作9：说一说空调房间是处在正压区还是负压区？

你做到了吗？□是　　　　□否

六、工作方案

根据分组讨论的结果，各小组整理测定方案，并写入表1－2和表1－3。

表1－2　工具、器材和耗材清单

序号	名称	型号与规格	单位	数量	备注

表 1－3 测定方案

序号	测定内容	测定方案
1	使用 DYM3 型空盒式气压计测定大气压力	
2	使用数字式微压计测定空调房间与其相邻房间的压力差	

七、进行决策

(1) 各组派代表阐述测定方案；

(2) 各组对其他组的测定方案提出自己不同的看法；

(3) 教师与学生一起修订出最佳测定方案。

八、工作实施及评价反馈

按照最佳测定方案，测定大气压力和空调房间与相邻房间（或室外）的静压差，并填写评价反馈表 1－4。

表1-4　评价反馈表

序号	评分标准	分值	自评	互评	师评
1	能正确读取大气压力数值	10			
2	能正确读取温度数值	10			
3	能对读取的大气压力进行订正	10			
4	会使用数字式微压计	10			
5	会使用数字式微压计测量压差	30			
6	能说出绝对压力和相对压力的含义	10			
7	能说出正压和负压的含义	10			
8	工具器材有序摆放	10			
总分		100			
存在问题及改进措施					

九、问题讨论

当洁净室的正压值不符合要求时，可能的原因有哪些？如何解决？

项目 2

空气温湿度的测定

一、学习情境描述

温度和湿度是湿空气最基本、最重要的状态参数，衡量空调房间的温度和湿度能否达到设计要求、空调系统的送风参数是否正常、室外新风的状态如何，都需要对空气的温湿度进行测定，并进行数据分析。

二、学习目标

（1）学会使用普通干湿球温度计、机械通风式干湿球温度计、数字式温湿度测试仪，测定空气的干球温度 t 和湿球温度 t_{sh}；

（2）能根据测得的干球温度 t 和湿球温度 t_{sh}，在焓湿图上确定其他状态参数；

（3）能分析出不同测试仪表测量数据产生差异的原因；

（4）能说出各个空气状态参数的物理意义、工程应用及其之间的关系。

三、任务书

为完成以上学习目标，本项目需要完成的任务如表 2－1 所示。

表 2－1　任务清单

序号	任务内容	任务要求	验收方式
1	使用普通干湿球温度计和焓湿图，确定空气的状态参数	（1）测量并记录空气的干球温度 t 和湿球温度 t_{sh}； （2）根据测得的干球温度 t 和湿球温度 t_{sh}，使用焓湿图确定其他状态参数并记录	成果展示
2	使用通风式干湿球温度计和焓湿图，确定空气的状态参数	（1）测量并记录空气的干球温度 t 和湿球温度 t_{sh}； （2）根据测得的干球温度 t 和湿球温度 t_{sh}，使用焓湿图确定其他状态参数并记录	成果展示
3	比较使用普通干湿球温度计和通风式干湿球温度计测得数据的差异	指出出现差异的原因	结果报告
4	使用数字式温湿度计和焓湿图，确定空气的状态参数	（1）测量并记录空气的干球温度 t 和湿球温度 t_{sh}； （2）根据测得的干球温度 t 和湿球温度 t_{sh}，使用焓湿图确定其他状态参数并记录	成果展示

续表

序号	任务内容	任务要求	验收方式
5	比较使用数字式温湿度计和通风式干湿球温度计测得数据的差异	指出测量数据产生差异的原因	结果报告
6	说出各个空气状态参数的物理意义、工程应用及其之间的关系	（1）说出湿球温度有哪些工程应用； （2）说出相对湿度和含湿量的物理涵义； （3）说出含湿量、露点温度、水蒸气分压力三个参数之间的关系； （4）说出露点温度的工程应用	结果报告

四、工作准备

（1）器材：普通干湿球温度计（图 2－1）；机械通风式干湿球温度计（图 2－2）；数字式温湿度测试仪（图 2－3）；

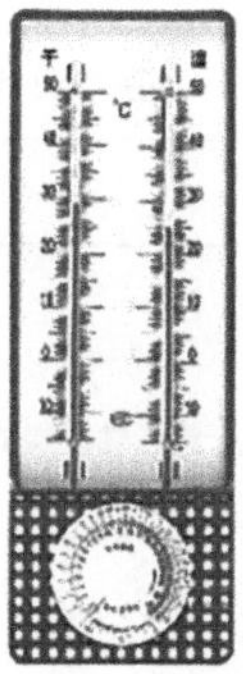

图 2－1　普通干湿球温度计

图 2－2　机械通风式干湿球温度计

图 2－3　数字式温湿度测试仪

（2）资料：焓湿图 1 张。

五、分组讨论

1）使用普通干湿球温度计测定空气状态参数

实践操作 1：测量空气的干球温度 t、湿球温度 t_{sh}，在焓湿图上标出该空气状态，查出相对湿度 φ、露点温度 t_L、含湿量 d 和水蒸气分压力 P_q，将上述数据填入表 2－2。

表 2－2　使用普通干湿球温度计测定的空气状态

干球温度 t	湿球温度 t_{sh}	相对湿度 φ	露点温度 t_L	含湿量 d	水蒸气分压力 P_q

2）使用机械通风式干湿球温度计测定空气状态参数

实践操作 2：用蒸馏水润湿机械通风式干湿球温度计下端的棉纱。

你做到了吗？□是　　　　　　□否

实践操作 3：上紧发条，使风扇旋转，并将其悬挂在室内测试点。

你做到了吗？□是　　　　　□否

实践操作4：待干球温度计和湿球温度计的读数稳定后，读取干球温度 t 和湿球温度 t_{sh}，并将数据填入表2-3。

表2-3　使用机械通风式干湿球温度计测定的空气状态

干球温度 t	湿球温度 t_{sh}	相对湿度 φ	露点温度 t_L	含湿量 d	水蒸气分压力 P_q

实践操作5：在焓湿图上找到该空气状态点，查找相对湿度 φ、露点温度 t_L、含湿量 d、水蒸气分压力 P_q 等其他空气状态参数，将数据记录于表2-3。

3）使用"数字式温湿度测试仪"测定空气状态

实践操作6：测量空气的干球温度 t，湿球温度 t_{sh}，在焓湿图上标出该空气状态，查出相对湿度 φ、露点温度 t_L、含湿量 d、水蒸气分压力 P_q，将上述数据填入表2-4。

表2-4　使用"数字式温湿度测试仪"测定的空气状态

干球温度 t	湿球温度 t_{sh}	相对湿度 φ	露点温度 t_L	含湿量 d	水蒸气分压力 P_q

4）数据分析

实践操作7：比较使用普通干湿球温度计和机械通风式干湿球温度计测得数据的差异，并指出产生差异的原因。

你做到了吗？□是　　　　　□否

➢ **小提示**

机械通风式干湿球温度计相对于普通干湿球温度计在结构上做了改进：

(1) 小型机械风扇可提供2.5m/s以上的风速，保证空气与湿球上蒸馏水的热湿交换更充分，测量数据更准确；

(2) 蒸馏水随时滴入，可保证水质清洁；

(3) 感温包上装有金属套管，减少热辐射对测量的影响。

机械通风式温湿度计又称为阿斯曼温湿度计，可用来校准其他温湿度测试仪表。

实践操作8：比较使用数字式干湿球温度计和机械通风式干湿球温度计测得数据的差异，说一说数字式仪表定期检定的重要性。

你做到了吗？□是　　　　　□否

引导问题1：湿球温度有哪些工程应用？

____

引导问题2：相对湿度和含湿量的物理涵义分别是什么？

____

引导问题3：含湿量、露点温度、水蒸气分压力三个参数之间的关系是怎样的？

引导问题4：露点温度的工程应用有哪些？

六、工作方案

根据分组讨论的结果，各小组整理测试方案，并做数据分析，填写表2-5~表2-9。

表2-5 工具、器材和耗材清单

序号	名称	型号与规格	单位	数量	备注

表2-6 测试方案1

使用“普通干湿球温度计”测定空气状态参数

表 2－7　测试方案 2

使用机械通风式干湿球温度计测定空气状态参数

表 2－8　测试方案 3

使用“数字式温湿度测试仪”测定空气状态参数

表2－9 数据分析

序号	分析内容	结论
1	普通干湿球温度计和机械通风式干湿球温度计测得数据产生差异的原因分析	
2	数字式温湿度测试仪和机械通风式干湿球温度计测得数据产生差异的原因分析	
3	湿空气状态参数的工程应用、含义及相互关系	

七、进行决策

（1）各组派代表阐述测试方案及数据分析结论；

（2）各组对其他组的测试方案及数据分析结论，提出自己不同的看法；

（3）教师与学生一起修订出最佳测试方案及数据分析结论。

八、工作实施及评价反馈

按照最佳测试方案，采用不同的测试仪表测定空气的状态参数，并填写评价反馈表2－10。

表 2－10　评价反馈表

序号	评分标准	分值	自评	互评	师评
1	会使用普通干湿球温度计测定空气的干球温度和湿球温度	20			
2	会使用机械通风式干湿球温度计测定空气的干球温度和湿球温度	20			
3	会使用数字式温湿度测试仪测定空气的干球温度和湿球温度	20			
4	会使用焓湿图确定空气的状态参数	10			
5	能说出机械通风式干湿球温度计的结构特点	10			
6	能说出湿空气各状态参数的含义、工程应用及相互关系	10			
7	工具器材有序摆放	10			
总分		100			
存在问题及改进措施					

九、技能拓展

（1）想一想，使用热电偶温度测试仪（图 2－4）能测定湿空气的状态参数吗？

（2）查找资料，说一说恒温室温度分布测定的工作内容有哪些？

图 2－4　热电偶温度计

➢ 小提示

按照《通风与空调工程施工质量验收规范》（GB 50243—2016）的规定进行测定。

项目 3

空气处理过程的测定

一、学习情境描述

通过测定空气冷却装置、空气加热装置、空气加湿装置和空气除湿装置前后的空气状态参数，在焓湿图上画出空气状态的变化过程，并分析各空气处理设备的热湿处理能力。

二、学习目标

(1) 会使用焓湿图表示空气状态的变化过程；

(2) 会分析热湿处理设备的热湿处理能力；

(3) 进一步理解各类热湿处理设备能够实现的空气处理过程。

三、任务书

为完成以上学习目标，本项目需要完成的任务如表 3－1 所示。

表 3－1　任务清单

序号	任务内容	任务要求	验收方式
1	测定空气冷却装置的空气处理过程	(1) 测定冷却装置前后空气的干球温度和相对湿度； (2) 在焓湿图上画出空气状态变化过程； (3) 在给定风量下，计算空气冷却装置的实际冷却能力	结果报告
2	测定空气加热装置的空气处理过程	(1) 测定加热装置前后空气的干球温度和相对湿度； (2) 在焓湿图上画出空气状态变化过程； (3) 在给定风量下，计算空气加热装置的实际加热能力	结果报告
3	测定空气加湿装置的空气处理过程	(1) 测定加湿装置前后空气的干球温度和相对湿度； (2) 在焓湿图上画出空气状态变化过程； (3) 在给定风量下，计算空气加湿装置的实际加湿能力	结果报告
4	测定空气除湿装置的空气处理过程	(1) 测定除湿装置前后空气的干球温度和相对湿度； (2) 在焓湿图上画出空气状态变化过程； (3) 在给定风量下，计算空气除湿装置的实际除湿能力	成果展示

四、工作准备

(1) 器材：数字式温湿度测试仪；一套带有空气冷却装置、加热装置、加湿装置和除湿装置的空气处理机组。

(2) 资料：焓湿图及其他学习资料。

五、分组讨论

1) 空气冷却装置（如表冷器）空气处理过程的测定

实践操作1：启动空调机组送风机，空调水系统为表冷器送冷冻水，待系统运行稳定后，采用温湿度测试仪测定表冷器进出口空气的干球温度、相对湿度（可多点测量取平均值），并将上述数据记录于表3-2。

表3-2 表冷器进出口空气的状态

进入表冷器的空气	干球温度 t	相对湿度 φ	含湿量 d	比焓 h
离开表冷器的空气	干球温度 t	相对湿度 φ	含湿量 d	比焓 h

实践操作2：停止为表冷器送冷冻水，停止送风机运行。

你做到了吗？□是　　　　□否

实践操作3：在焓湿图上标出进出口空气状态，并查出含湿量 d 和比焓 h，记录于表3-2。

实践操作4：在焓湿图上画出空气变化的过程线，并指出是哪种空气处理过程。

你做到了吗？□是　　　　□否

实践操作5：计算焓差和含湿量差，记录下来。

焓差：____________　含湿量差：____________

实践操作6：若该空调机组处理风量为5kg/s，计算该表冷器此时的实际制冷能力和除湿能力，并记录下来。

实际制冷能力：________________________

实际除湿能力：________________________

➢ **小提示**

空气冷却装置的制冷能力，可以由空气通过冷却装置后失去多少热量来衡量，空气失去的热量 Q 可按下式计算：

$$Q = q_m(h_2 - h_1) \quad (\text{kW})$$

式中：q_m 为通过冷却装置的风量，kg/s；h_1 和 h_2 为冷却装置进、出口空气的比焓，kJ/kg$_{干}$。

空气冷却装置的除湿量，可以由空气通过冷却装置后失去多少水蒸气来衡量，空气失去的水蒸气量 W 可按下式计算：

$$W = q_m(d_2 - d_1) \quad (\text{g/s})$$

式中：d_1和 d_2为冷却装置进、出口空气的含湿量，g/kg$_{干}$。

引导问题1：湿空气经过上述空气处理过程后，其状态参数发生了哪些变化？

____

____

____

2）空气加热装置（如电加热器）空气处理过程的测定

实践操作7：启动空调机组送风机和空气加热装置，待系统运行稳定后，采用温湿度测试仪测定加热装置进出口空气的干球温度、相对湿度（可多点测量取平均值），并将上述数据记录于表3－3。

表3－3　空气加热装置的进出口空气状态

进入加热装置的空气	干球温度 t	相对湿度 φ	比焓 h
离开加热装置的空气	干球温度 t	相对湿度 φ	比焓 h

实践操作8：停止空气加热装置的运行，停止送风机的运行。

你做到了吗？□是　　　　□否

实践操作9：在焓湿图上标出进出口空气状态，并查出比焓 h，记录于表3－3。

实践操作10：在焓湿图上画出空气变化的过程线，并指出是哪种空气处理过程。

你做到了吗？□是　　　　□否

实践操作11：计算焓差，记录下来。

焓差：____

实践操作12：若该空调机组处理风量为5kg/s，计算该加热装置此时的实际制热能力，并记录下来。

实际制热能力：____

➢ 小提示

空气加热装置的制热能力，可以由空气通过加热装置后增加多少热量来衡量，空气增加的热量 Q 可按下式计算：

$$Q = q_m(h_2 - h_1)\quad (\text{kW})$$

式中：q_m 为通过加热装置的风量，kg/s；h_1 和 h_2 为加热装置进、出口空气的比焓，kJ/kg$_{干}$。

引导问题2：湿空气经过上述空气处理过程后，其状态参数发生了哪些变化？

____

____

____

3）空气加湿装置（如湿膜加湿器、干蒸汽加湿器等）空气处理过程的测定

实践操作13：启动空调机组的送风机和加湿装置，待系统工作稳定后，采用温湿度测试仪测定加湿装置进出口空气的干球温度、相对湿度（可多点测量取平均值），并将上述数据记录于表3－4。

表 3-4　加湿装置进出口空气状态

进入加湿装置的空气	干球温度 t	相对湿度 φ	含湿量 d	比焓 h
离开加湿装置的空气	干球温度 t	相对湿度 φ	含湿量 d	比焓 h

实践操作 14：停止空气加湿装置的运行，停止送风机的运行。

你做到了吗？□是　　　　　□否

实践操作 15：在焓湿图上标出进出口空气状态，并查出含湿量 d 和比焓 h，记录于表 3-4。

实践操作 16：在焓湿图上画出空气变化的过程线，并指出是哪种空气处理过程。

你做到了吗？□是　　　　　□否

实践操作 17：计算含湿量差，并记录下来。

含湿量差：______________________________

实践操作 18：若该空调机组处理风量为 5kg/s，计算该加湿装置此时的实际加湿能力，并记录下来。

实际加湿能力：______________________________

> **小提示**

空气加湿装置的加湿能力，可以由空气通过加湿装置后增加多少水蒸气量来衡量，空气增加的水蒸气量 W 可按下式计算：

$$W = q_m(d_2 - d_1) \quad (g/s)$$

式中：q_m 为通过加湿装置的风量，kg/s；d_1 和 d_2 为加湿装置进、出口空气的含湿量，$g/kg_{干}$。

引导问题 3：湿空气经过上述空气处理过程后，其状态参数发生了哪些变化？

____

____

4）空气除湿装置（如转轮除湿机）空气处理过程的测定

实践操作 19：启动空调机组的送风机和除湿装置，待系统工作稳定后，采用温湿度测试仪测定除湿装置进出口空气的干球温度、相对湿度（可多点测量取平均值），并将上述数据记录于表 3-5。

表 3-5　除湿装置进出口空气状态

进入除湿装置的空气	干球温度 t	相对湿度 φ	含湿量 d	比焓 h
离开除湿装置的空气	干球温度 t	相对湿度 φ	含湿量 d	比焓 h

实践操作20：停止空气除湿装置的运行，停止送风机的运行。

你做到了吗？□是　　　　□否

实践操作21：在焓湿图上标出进出口空气状态，并查出含湿量 d 和比焓 h，记录于表3-5。

实践操作22：在焓湿图上画出空气变化的过程线，并指出是哪种空气处理过程。

你做到了吗？□是　　　　□否

实践操作23：计算含湿量差，并记录下来。

含湿量差：________________________________

实践操作24：若该空调机组处理风量为5kg/s，计算该除湿装置此时的实际除湿能力，并记录下来。

实际除湿能力：________________________________

➢ 小提示

空气除湿装置的除湿能力，可以由空气通过除湿装置后减少多少水蒸气量来衡量，空气减少的水蒸气量 W 可按下式计算：

$$W = q_m(d_2 - d_1) \quad (g/s)$$

式中：q_m 为通过除湿装置的风量，kg/s；d_1 和 d_2 为加湿装置进、出口空气的含湿量，g/$kg_{干}$。

引导问题4：湿空气经过上述空气处理过程后，其状态参数发生了哪些变化？

____

____

____

____

六、工作方案

根据分组讨论的结果，各小组整理测定方案，并写入表3-6。

表3-6　空气处理过程的测定方案

序号	测试项目	测定方案
1	空气冷却装置空气处理过程的测定	

续表

序号	测试项目	测定方案
2	空气加热装置空气处理过程的测定	
3	空气加湿装置空气处理过程的测定	
4	空气除湿装置空气处理过程的测定	

七、进行决策

(1) 各组派代表阐述测定方案及引导问题答案；

(2) 各组对其他组的测定方案及引导问题答案，提出自己不同的看法；

(3) 教师与学生一起修订出最佳测定方案及引导问题答案。

八、工作实施及评价反馈

按照最佳测定方案，测定空气处理过程，并填写评价反馈表3-7。

表3-7 评价反馈表

序号	评分标准	分值	自评	互评	师评
1	能在焓湿图上画出空气冷却装置的空气处理过程	10			
2	会计算空气冷却装置的实际冷却能力	5			
3	能说出经过冷却装置后，空气状态参数如何变化	5			
4	能在焓湿图上画出空气加热装置的空气处理过程	10			
5	会计算空气加热装置的实际加热能力	5			
6	能说出经过加热装置后，空气状态参数如何变化	5			
7	能在焓湿图上画出空气加湿装置的空气处理过程	10			
8	会计算空气加湿装置的实际加湿能力	5			
9	能说出经过加湿装置后，空气状态参数如何变化	5			
10	能在焓湿图上画出空气除湿装置的空气处理过程	10			
11	会计算空气除湿装置的实际除湿能力	5			
12	能说出经过除湿装置后，空气状态参数如何变化	5			
13	开停机操作正确	10			
14	工具器材摆放有序	10			
总分		100			
存在问题及改进措施					

项目 4

风机盘管处理风量及供冷量的确定

一、学习情境描述

北京地区某空调房间，采用风机盘管 + 独立新风系统，将新风处理到室内焓值，与风机盘管出风混合后用最大送风温差送风。夏季空调室内计算参数 $t_N = 26℃$，$\varphi_N = 60\%$。夏季空调室内冷负荷 $Q = 1.1kW$，湿负荷 $W = 204g/h$，室内设计新风量 $q_{mW} = 72kg/h$，需要确定风机盘管的处理风量及供冷量。

空调过程如图 4 - 1 所示。整个空气变化流程可表示为

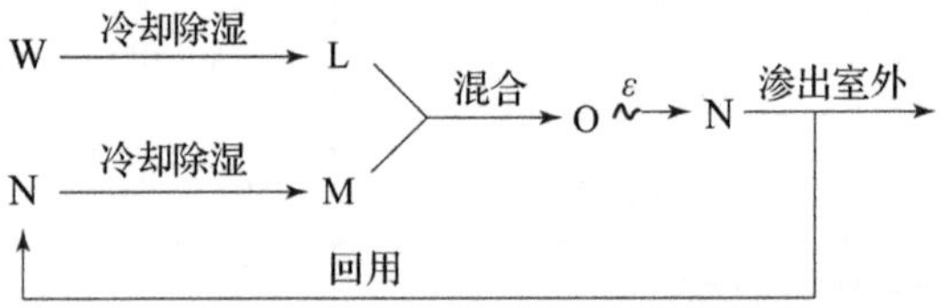

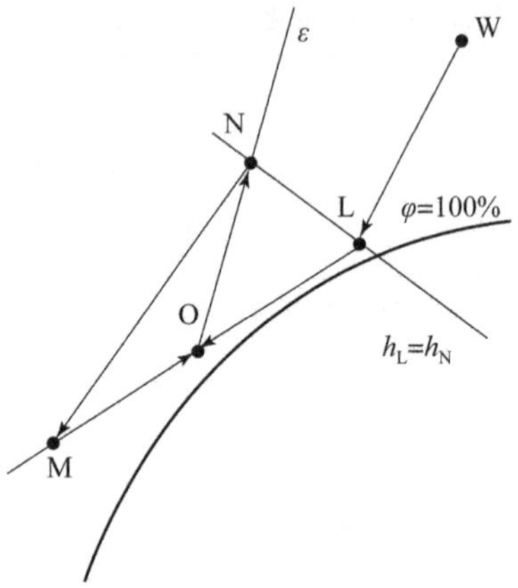

图 4 - 1　空气处理过程

二、学习目标

(1) 会确定风机盘管的处理风量；

(2) 会确定风机盘管需提供的冷量；

(3) 会确定新风机组需提供的冷量。

三、任务书

为完成以上学习目标，本项目需要完成的任务如表4－1所示。

表4－1　任务清单

序号	任务内容	任务要求	验收方式
1	确定风机盘管的处理风量	（1）在焓湿图上画出空气状态变化过程； （2）计算出风机盘管的处理风量	结果报告
2	确定风机盘管的供冷量	计算出风机盘管的供冷量	结果报告
3	确定新风机组的供冷量	计算出新风系统需要提供的冷量	结果报告

四、工作准备

湿空气的焓湿图及其他学习资料。

五、分组讨论

实践操作1：根据夏季空调室内计算参数 $t_N = 26℃$，$\varphi_N = 60\%$，在焓湿图上找到室内状态点N。

你做到了吗？□是　　　　　　□否

实践操作2：根据夏季空调室内冷负荷 $Q = 1.1\text{kW}$，湿负荷 $W = 204\text{g/h}$，计算热湿比 ε 并记录。

____

实践操作3：过室内状态点N，作热湿比 ε 线。

你做到了吗？□是　　　　　　□否

实践操作4：确定新风状态点W。

你做到了吗？□是　　　　　　□否

> **小提示**

新风状态点W为北京地区室外空气计算参数，可由附录B《我国主要城市的室外气象参数》查得。

实践操作5：确定新风处理后的状态点L。

你做到了吗？□是　　　　　　□否

> **小提示**

过室内状态点N的等焓线与 $\varphi = 90\% \sim 95\%$ 的等相对湿度线的交点，即为新风处理后的终状态点L。

实践操作6：确定送风状态点O。

你做到了吗？□是　　　　　　□否

> **小提示**

风机盘管+新风系统为舒适性空调，可采用最大送风温差送风，因此过室内状态点N的热湿比ε线与$\varphi=90\%\sim95\%$的等相对湿度线的交点，即为送风状态点O。

实践操作7：计算房间总送风量$q_m=\dfrac{Q}{h_N-h_O}=$________________

实践操作8：计算风机盘管处理风量$q_{mF}=q_m-q_{mW}=$________________

实践操作9：确定经风机盘管处理后的空气状态点M。

你做到了吗？□是　　　　　　□否

> **小提示**

送风状态点O是由M点和L点的空气混合后得到的。

实践操作10：计算风机盘管需要提供的冷量$Q_F=q_{mF}(h_M-h_N)$ =________________。

实践操作11：计算新风系统需要提供的冷量$Q_W=q_{mW}(h_L-h_W)$ =________________。

六、工作方案

根据分组讨论的结果，各小组整理设计计算方案，并写入表4-2。

表4-2　风机盘管处理风量及供冷量设计计算方案

设计计算方案

七、进行决策

（1）各组派代表阐述设计计算方案；

（2）各组对其他组的设计计算方案，提出自己不同的看法；

（3）教师与学生一起修订出最佳设计计算方案。

八、工作实施及评价反馈

按照最佳设计计算方案，确定风机盘管处理风量及供冷量，并填写评价反馈表 4 -3。

表 4 -3　评价反馈表

序号	评分标准	分值	自评	互评	师评
1	会在焓湿图上确定室内空气状态点 N	10			
2	会计算热湿比 ε	10			
3	会确定室外新风状态点 W	10			
4	会确定新风处理后的状态点 L	10			
5	会确定送风状态点 O	10			
6	会确定经风机盘管处理后空气的状态点 M	15			
7	会计算风机盘管的处理风量	15			
8	会计算风机盘管需要提供的冷量	10			
9	会计算新风机组需要提供的冷量	10			
总分		100			
存在问题及改进措施					

项目5

空气热湿处理的方案分析

一、学习情境描述

在空调系统设计中，为将空气处理到同一个送风状态点，可以选择不同的处理方案。以完全使用室外新风的直流式空调系统为例，讨论如何根据节能减排的原则，根据工艺性和舒适性要求，结合当地冷热源、材料、设备等实际情况，选择合适的热湿处理方案。

二、学习目标

(1) 能说出不同热湿处理方案的空气处理过程；

(2) 能说出实现不同热湿处理方案需要用到的设备类型；

(3) 会分析各种热湿处理方案的优缺点和适用条件。

三、任务书

为完成以上学习目标，本项目需要完成的任务如表5-1所示。

表5-1 任务清单

序号	任务内容	任务要求	验收方式
1	梳理热湿处理方案	(1) 为了达到同一个送风状态点，梳理出可能的热湿处理方案； (2) 说出不同热湿处理方案的空气处理过程	结果报告
2	梳理不同热湿处理方案用到的设备	说出不同热湿处理方案用到的设备类型	结果报告
3	分析各种热湿处理方案的特点和适用条件	说出不同热湿处理方案的特点和适用条件	结果报告

四、工作准备

湿空气的焓湿图及其他学习资料。

五、分组讨论

假定夏季、冬季室外空气状态点分别为W_x、W_d，如图5-1所示的$h-d$图，要把空气处理到某个相同的送风状态点O，可能有不同的空气处理方案。

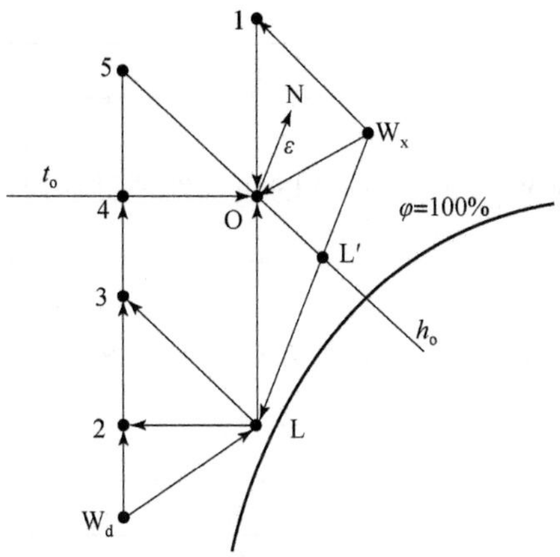

图 5－1　空气处理的多种途径

引导问题 1：

空气处理方案一：实现 W_x→L→O 的空气处理过程及设备分别是什么？

引导问题 2：

空气处理方案二：实现 W_x→1→O 的空气处理过程及设备分别是什么？

引导问题 3：

空气处理方案三：实现 W_x→O 的空气处理过程及设备分别是什么？

引导问题 4：

空气处理方案四：实现 W_d→2→L→O 的空气处理过程及设备分别是什么？

引导问题 5：

空气处理方案五：实现 W_d→3→L→O 的空气处理过程及设备分别是什么？

引导问题 6：

空气处理方案六：实现 W_d→4→O 的空气处理过程及设备分别是什么？

引导问题 7：

空气处理方案七：实现 W_d→L→O 的空气处理过程及设备分别是什么？

引导问题8：

空气处理方案八：实现 W_d→5→L′→O 的空气处理过程及设备分别是什么？

引导问题9：分析夏季的三个空气处理方案，说一说它们的特点和适用场合。

➢ **小提示**

方案一采用喷水室或表冷器将空气 W_x 冷却除湿到机器露点 L，然后再加热到送风状态点 O，这个过程存在再加热损失，并且把水处理到露点温度也需要耗能；方案二采用固体除湿方式把空气 W_x 处理到 1 点，然后再冷却到送风状态点 O，使用高温冷水就可以实现这个降温过程，能耗较低，但是还要考虑到固体除湿剂再生所消耗的能量；方案三采用溶液除湿方式把空气 W_x 直接处理到送风状态点 O，就需要增加一套溶液除湿设备。

引导问题10：方案四和方案五都需要三种空气处理过程，说一说它们的特点和适用场合？

➢ **小提示**

方案四和方案五都需要把空气 W_d 处理到机器露点 L，在这个过程中消耗的能量都是 $(h_L - h_{W_d})$，只是方案四采用喷蒸汽等温加湿，方案五使用喷淋方式进行等焓加湿。因此，方案五冬、夏可以合用一个喷水室，方案四就需要另外增加一套蒸汽加湿设备。但是当房间相对湿度的精度要求较高时，可配合使用自动控制装置，采用方案四，因为方案四实现了温湿度控制的解耦，控制精度更高。否则采用方案五。

引导问题11：方案六和方案四相比，有什么异同点？

➢ **小提示**

方案六和方案四都采用喷蒸汽等温加湿方式，只是方案六比方案四少用了一台加热设备，但是加热量是一样的，到底选择哪种方案，可根据实际情况做技术经济分析。

引导问题12：方案七有什么特点，适用场合是什么？

> **小提示**

方案七首先通过喷淋热水把空气W_d处理到机器露点L，然后再加热到送风状态O，使用了两台设备，但是如果没有热水可用，必须增加一套加热水的装置。但是，如果有合适温度的水可用，方案七是个不错的选择。

引导问题13：方案八有什么特点？

> **小提示**

与其他方案相比，方案八需要增加一个混风段。

引导问题14：从能耗上看四个冬季空气处理方案，从状态W_d到状态W_O，每千克空气需要的能耗是（$h_O-h_{W_d}$）kJ，从h_L到h_O所消耗的（h_O-h_L）kJ/kg的热量，每个方案都是相同的，而从h_{W_d}到h_L所消耗的（$h_L-h_{W_d}$）kJ/kg的热量都是通过热水或热蒸汽实现的，从这个角度分析，哪个空气处理方案最省？

> **小提示**

方案七可以使用天然热量或其他废热。

六、总结归纳

根据前面小组讨论的结果，归纳总结如下的问题答案，并填入表5-2。

表5-2　问题答案归纳总结

问题	答案
在选择空气处理方案时，应注意哪些方面的问题？	

七、进行决策

(1) 各组派代表阐述问题答案；

(2) 各组对其他组的问题答案提出自己不同的看法；

(3) 教师与学生一起总结出最佳的问题答案。

八、工作实施及评价反馈

对问题进行总结复述，并填写评价反馈表 5－3。

表 5－3　评价反馈表

序号	评分标准	分值	自评	互评	师评
1	能说出 8 个空气处理方案的空气处理过程	20			
2	能说出 8 个空气处理方案使用到的设备类型	20			
3	能说出每个空气处理方案的特点及应用场合	25			
4	能说出选择空气处理方案时应注意的问题	35			
总分		100			
存在问题及改进措施					

项目 6

认识气压罐+补给水泵定压系统

一、学习情境描述

认识气压罐+补给水泵定压系统的结构和工作原理。

二、学习目的

(1) 能说出气压罐+补给水泵定压系统的构成和工作原理；

(2) 能说出电接点压力表的结构及工作原理；

(3) 能说出电接点压力表在电气控制电路中的应用；

(4) 能识读气压罐+补给水泵定压系统的电气控制原理图。

三、任务书

为完成以上学习目标，本项目需要完成的任务如表 6-1 所示。

表 6-1 任务清单

序号	任务内容	任务要求	验收方式
1	讨论学习气压罐+补给水泵定压系统的构成及工作原理	(1) 说出气压罐+补给水泵定压系统的结构组成； (2) 说出气压罐+补给水泵定压系统的工作原理	结果展示
2	讨论学习电接点压力表的结构及工作原理	(1) 说出电接点压力表的结构组成； (2) 说出电接点压力表的工作原理	结果展示
3	识读使用电接点压力表的简单电路图	(1) 说出手动控制启停时，电路的工作流程； (2) 说出使用电接点压力表控制系统启停时，电路的工作流程	结果展示
4	识读气压罐+补给水泵定压系统的电气控制原理图	(1) 说出手动控制启停时，电路的工作流程； (2) 说出使用电接点压力表控制系统启停时，电路的工作流程	结果展示

四、工作准备

(1) 器材：气压罐+补给水泵定压系统一套（图 6-1）、电接点压力表一个（图 6-2）、万用表、螺丝刀等工具一套；

图6－1　气压罐＋补给水泵定压系统

图6－2　电接点压力表

（2）资料：电气控制电路图等学习资料一套。

五、分组讨论

1）观察气压罐＋补给水泵定压系统，了解气压罐＋补给水泵定压系统的构成及工作原理

引导问题1：气压罐＋补给水泵定压系统主要由哪些设备组成？

引导问题2：闭式空调水系统的定压点通常设置在什么位置？为什么？

2）了解电接点压力表的结构和工作原理

引导问题3：观察电接点压力表，它的量程是多少？

引导问题4：电接点压力表有几个指针？作用分别是什么？

实践操作1：将压力表的压力下限调整为0.2MPa，压力上限调整为0.4MPa。

你做到了吗？□是　　　　　　□否

实践操作2：打开上盖，拨动黑色表针，说一说下述情况下的触点情况：

（1）实际压力低于下限值时；

（2）实际压力在上限和下限之间时；

（3）实际压力大于上限时；

实践操作3：打开接线盒，观察或使用万用表测量，说一说触点是如何接出的。

你做到了吗？□是　　　　□否

3）识读使用电接点压力表的简单电路图（图6-3）

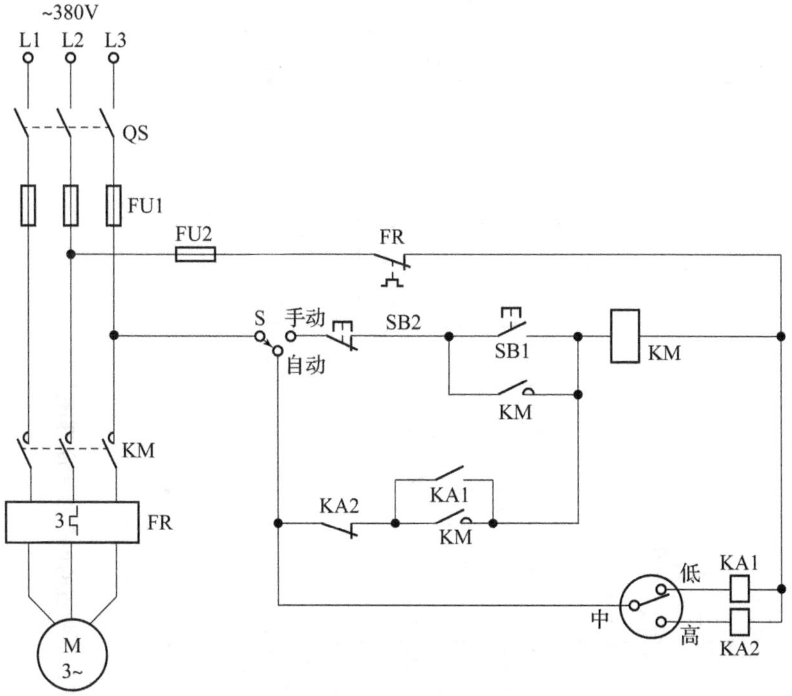

图6-3　使用电接点压力表的简单电路图

引导问题5：图6-3中的主电路包括哪些电气设备？

➢ 小提示

常用电气元件文字符号如表6-2所示。

表6-2　常用电气元件文字符号

名称	符号	名称	符号	名称	符号	名称	符号
断路器	QF	热继电器	FR	转换开关	SA	红色信号灯	HR
隔离开关	QS	中间继电器	KA	按钮开关	SB	黄色信号灯	HY
交流接触器	KM	熔断器	FU	绿色信号灯	HG	开关	S

引导问题6：当使用手动方式控制电动机启停时，电路是如何工作的？

引导问题7：当使用电接点压力表控制电动机启停时，电路是如何工作的？

4）识读使用电接点压力表的定压系统控制电路（图6-4）

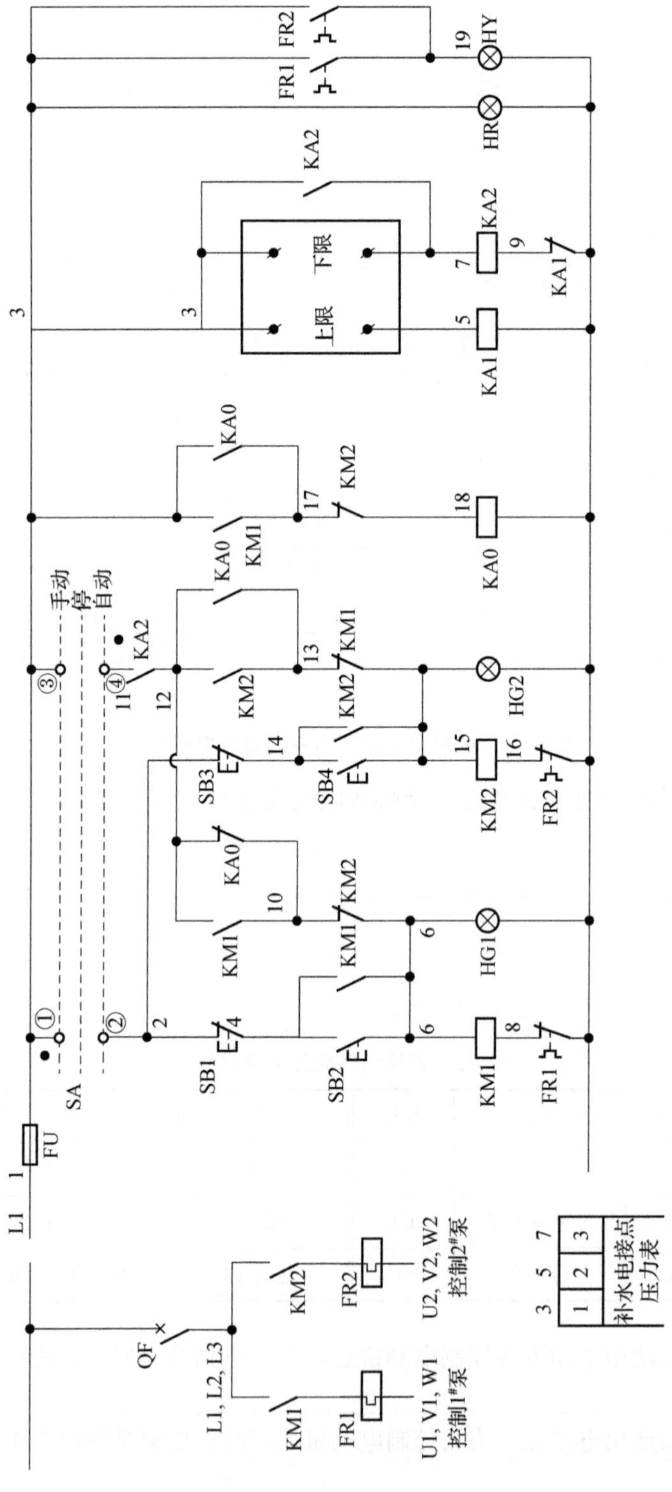

图 6－4 气压罐＋补给水泵定压补水装置的电气控制原理图

引导问题 8：观察定压系统的配电箱，你看到了哪些电气设备或元件？数量分别是多少？

实践操作 4：从电气控制回路中找到上述电气设备。

你找到了吗？□是　　　　　□否

实践操作 5：在电路图中找出系统中的四盏信号灯：1#泵运行指示、2#泵运行指示、电源指示、故障指示。

你找到了吗？□是　　　　　□否

引导问题 9：找出控制电路中的转换开关，并说出当转换开关在“手动”“自动”“停止”这三个挡位时，其触点情况是怎样的。

引导问题 10：找出电路中的电接点压力表，并说出在“自动”状态下，水泵的启动过程。1#泵还是 2#泵？

引导问题 11：1#泵启动后，中间继电器 KA0 的状态是怎样的？

引导问题 12：在自动状态下，1#泵是如何停止的？

引导问题 13：1#泵停止后，中间继电器 KA0 的状态是怎样的？

引导问题 14：系统再一次自动补水时，哪一台水泵启动？1#泵还是 2#泵？

引导问题 15：2#泵启动后，中间继电器 KA0 的状态是怎样的？

引导问题 16：在自动状态下，2#泵是如何停止的？

引导问题 17：2#泵停止后，中间继电器 KA0 的状态是怎样的？

引导问题 18：在自动状态下，系统再一次启动时，哪个水泵启动？1#泵还是 2#泵？

引导问题 19：在手动状态下，1#泵是如何启动和停止的？

引导问题20：在手动状态下，2#泵是如何启动和停止的？

引导问题21：在手动状态下，能否实现两台水泵的自动轮换？

六、总结归纳

根据前面小组讨论的结果，归纳总结如下的问题答案，并填入表6-3。

表6-3 问题答案归纳总结

问题	答案
(1) 气压罐+补给水泵定压系统是由哪些设备构成的？	
(2) 闭式空调水系统的定压点一般设置在什么位置？为什么？	
(3) 电接点压力表的结构及工作原理是怎样的？	
(4) 识读图6-3，补水泵是如何实现手动启停的？	
(5) 识读图6-3，补水泵是如何实现自动启停的？	
(6) 气压罐+补给水泵定压系统的电控箱是由哪些电气设备组成的？	
(7) 识读图6-4，补水泵是如何实现手动启停的？	
(8) 识读图6-4，补水泵是如何实现自动启停的？	
(9) 两台补水泵是如何实现自动轮换工作的？	

七、进行决策

(1) 各组派代表阐述问题答案；
(2) 各组对其他组的问题答案提出自己不同的看法；
(3) 教师与学生一起总结出最佳的问题答案。

八、工作实施及评价反馈

对问题进行总结复述，并填写评价反馈表6-4。

表6-4 评价反馈表

序号	评分标准	分值	自评	互评	师评
1	能说出气压罐+补给水泵定压系统的设备组成	10			
2	能说出电控箱的设备组成	10			

续表

序号	评分标准	分值	自评	互评	师评
3	能指出水系统定压点的位置	10			
4	能说出电接点压力表的工作原理	20			
5	能根据气压罐 + 补给水泵定压系统的电气控制原理图，说出补水泵手动控制的工作原理	25			
6	能根据气压罐 + 补给水泵定压系统的电气控制原理图，说出补水泵自动补水的工作原理	25			
总分		100			
存在问题及改进措施					

九、拓展思考题

气压罐 + 补给水泵定压补水装置，能否使用 PLC 控制，试查找相关资料。

项目7

蝶阀的解体及维护保养

一、学习情境描述

对中央空调水系统中常用的蝶阀进行解体和维护保养。

二、学习目的

(1) 能说出空调水系统中蝶阀的结构、工作原理、特点及应用场合；

(2) 能够对空调水系统中的蝶阀进行维护保养。

三、任务书

为完成以上学习目标，本项目需要完成的任务如表7-1所示。

表7-1 任务清单

序号	任务内容	任务要求	验收方式
1	手柄式蝶阀的解体及维护保养	(1) 说出手柄式蝶阀的结构组成； (2) 对手柄式蝶阀进行维护保养； (3) 梳理维护保养方案	成果展示
2	蜗轮蜗杆式蝶阀的解体及维护保养	(1) 说出蜗轮蜗杆式蝶阀的结构组成； (2) 对蜗轮蜗杆式蝶阀进行维护保养； (3) 梳理解体及安装步骤； (4) 梳理维护保养方案	成果展示

四、工作准备

(1) 器材准备：手柄式蝶阀（图7-1）、蜗轮蜗杆式蝶阀（图7-2）；

图7-1 手柄式蝶阀

图7-2 蜗轮蜗杆式蝶阀

(2) 工具准备：活扳手、梅花扳手、套筒扳手、螺丝刀等工具一套。

五、分组讨论

1) 手柄式蝶阀

实践操作1：扳动操作手柄，观察阀板的工作过程。

你做到了吗？□是　　　　□否

2) 蜗轮蜗杆式蝶阀

实践操作2：旋转蜗轮蜗杆式蝶阀的手柄，体会其工作过程。

实践操作3：指出蜗轮蜗杆式蝶阀的手轮、阀体、阀盖、填料压盖的位置以及开度指示、传动比。

你做到了吗？□是　　　　□否

实践操作4：拆开蜗轮蜗杆式蝶阀的传动部分(图7-3)，转动手轮，观察其工作情况，指出该处的维护保养要点。

图7-3　蝶阀的蜗轮蜗杆传动机构

你做到了吗？□是　　　　□否

实践操作5：拆下密封压盖，观察密封填料情况，并说出填料的作用及该处的维护保养内容。

你做到了吗？□是　　　　□否

实践操作6：对蜗轮蜗杆式蝶阀进行下一步的解体，并观察其结构。

你做到了吗？□是　　　　□否

实践操作7：装配蜗轮蜗杆式蝶阀。

你做到了吗？□是　　　　□否

引导问题1：说一说蝶阀的特点、使用场合及在管路中起的作用是什么。

六、工作方案

根据小组讨论的结果，制定蝶阀的解体及维护保养工作方案，完成表7-2和表7-3。

表7-2　工具、器材和耗材清单

序号	名称	型号与规格	单位	数量	备注

表 7－3　工作方案

阀门类型	工作方案
手柄式蝶阀	
蜗轮蜗杆式蝶阀	

七、进行决策

(1) 各组派代表阐述工作方案；

(2) 各组对其他组的工作方案提出自己不同的看法；

(3) 教师与学生一起修订出最佳工作方案。

八、工作实施及评价反馈

按照最佳工作方案，对手柄式蝶阀和蜗轮蜗杆式蝶阀进行拆装和维护保养，并填写评价反馈表 7－4。

表 7－4　评价反馈表

序号	评分标准	分值	自评	互评	师评
1	能维护保养手柄式蝶阀	10			
2	能维护保养蜗轮蜗杆式蝶阀	30			
3	能说出蜗轮蜗杆式蝶阀的结构和工作原理	30			
4	能正确使用工具	20			
5	工具器材有序摆放	10			
总分		100			

续表

存在问题及改进措施

项目 8

闸阀的解体及维护保养

一、学习情境描述

对中央空调水系统中常用的闸阀进行解体和维护保养。

二、学习目的

(1) 能说出空调水系统中闸阀的结构、工作原理、特点及应用场合；

(2) 能够对空调水系统中的闸阀进行维护保养。

三、任务书

为完成以上学习目标，本项目需要完成的任务如表 8-1 所示。

表 8-1 任务清单

序号	任务内容	任务要求	验收方式
1	明杆式闸阀的解体及维护保养	(1) 说出明杆式闸阀的结构组成； (2) 对明杆式闸阀进行维护保养； (3) 梳理解体及安装步骤； (4) 梳理维护保养方案	成果展示
2	暗杆式闸阀的解体及维护保养	(1) 说出暗杆式闸阀的结构组成； (2) 对暗杆式闸阀进行维护保养； (3) 梳理解体及安装步骤； (4) 梳理维护保养方案	成果展示

四、工作准备

(1) 器材准备：明杆式闸阀（图 8-1）、暗杆式闸阀（图 8-2）。

(2) 工具准备：活扳手、梅花扳手、套筒扳手、螺丝刀等工具一套。

五、分组讨论

1) 明杆式闸阀

实践操作 1：操作明杆式闸阀的手轮，体会其工作过程，并说一说为什么被称为明杆式闸阀?

你做到了吗? □是　　　　□否

图8-1　明杆式闸阀

图8-2　暗杆式闸阀

引导问题1：明杆式闸阀在关闭和开启时，其传动杆运动的特点是什么？

引导问题2：明杆式闸阀在关闭和开启时，其阀芯是如何运动的？

引导问题3：明杆式闸阀的维护保养要点是什么？

实践操作2：指出明杆式闸阀的手轮、传动杆、阀体、阀盖、填料压盖的位置。

你做到了吗？□是　　　　　□否

实践操作3：拆下密封压盖，观察密封填料情况，并说出填料的作用及该处的维护保养内容。

你做到了吗？□是　　　　　□否

实践操作4：拆下阀盖，取出阀芯，观察阀芯的情况。

你做到了吗？□是　　　　　□否

实践操作5：装配明杆式闸阀。

你做到了吗？□是　　　　　□否

引导问题4：明杆式闸阀的特点、应用场合及在管路中起的作用是什么？

2）暗杆式闸阀

实践操作6：操作暗杆式闸阀的手轮，体会其工作过程，说一说为什么被称为暗杆式闸阀。

你做到了吗？□是　　　　　□否

引导问题5：暗杆式闸阀在关闭和开启时，其传动杆的特点是什么？

引导问题6：暗杆式闸阀在关闭和开启时，其阀芯是如何运动的？

实践操作7：指出暗杆式闸阀的手轮、阀体、阀盖、填料压盖的位置。

你做到了吗？□是　　　　　□否

实践操作 8：拆下密封压盖，观察密封填料情况，并说出填料的作用及该处的维护保养内容。

你做到了吗？□是　　　　　□否

实践操作 9：拆下阀盖，取出阀芯，观察阀杆和阀芯的动作情况，了解暗杆式闸阀阀杆的动作情况。

你做到了吗？□是　　　　　□否

实践操作 10：装配暗杆式闸阀。

你做到了吗？□是　　　　　□否

引导问题 7：暗杆式闸阀的特点、应用场合及在管路中起的作用是什么？

六、工作方案

根据小组讨论的结果，整理闸阀的解体检修及维护保养方案，完成表 8－2 和表 8－3。

表 8－2　工具、器材和耗材清单

序号	名称	型号与规格	单位	数量	备注

表 8－3　解体检修及维护保养方案

阀门类型	工作方案
明杆式闸阀	

续表

阀门类型	工作方案
暗杆式闸阀	

七、进行决策

（1）各组派代表阐述工作方案；

（2）各组对其他组的工作方案提出自己不同的看法；

（3）教师与学生一起修订出最佳工作方案。

八、工作实施及评价反馈

按照最佳工作方案，对明杆式闸阀和暗杆式闸阀进行拆装和维护保养，并填写评价反馈表8－4。

表8－4 评价反馈表

序号	评分标准	分值	自评	互评	师评
1	能说出明杆式闸阀和暗杆式闸阀的结构和工作原理	10			
2	能说出明杆式闸阀和暗杆式闸阀的特点及应用场合	10			
3	能维护保养明杆式闸阀	30			
4	能维护保养暗杆式闸阀	30			
5	能正确使用工具	10			
6	工具器材有序摆放	10			
总分		100			
存在问题及改进措施					

项目9

离心式水泵的解体检修

一、学习情境描述

为了使中央空调水系统中的离心泵能够正常运行，在做好运行前的检查、启动检查以及运行中的检查之外，还要定期对其进行维护保养，重点就是解体检修工作。

二、学习目标

(1) 能对照实物，说出离心式水泵的安装要求、结构及工作原理；

(2) 能够对立式（卧式）离心式水泵进行解体检修。

三、任务书

为完成以上学习目标，本项目需要完成的任务如表9-1所示。

表9-1 任务清单

序号	任务内容	任务要求	验收方式
1	离心式水泵的安装要求	对照实物讲解离心式水泵的安装要求	结果展示
2	离心式水泵的解体检修	(1) 梳理出离心式水泵解体检修的步骤； (2) 对离心式水泵进行解体检修	成果展示
3	离心式水泵的装配	(1) 梳理出离心式水泵装配的步骤； (2) 对离心式水泵进行装配	成果展示
4	离心式水泵试车	(1) 梳理出离心式水泵试车的步骤； (2) 对离心式水泵进行试车操作	成果展示

四、工作准备

立式（卧式）离心式水泵一台（图9-1），活扳手、套筒扳手、内六角扳手、梅花扳手、螺丝刀、卡簧钳、拉马等工具一套。

五、分组讨论

1) 了解离心式水泵的安装要求

实践操作1：在离心式水泵的安装管路上，找到水泵的进水阀门、出水阀门，以及止回阀、Y型过滤器、变径管，说一说它们在管路中起的作用。

你做到了吗？□是　　　　　　□否

图9-1　空调水系统中的立式离心泵

实践操作2：找出水泵安装时使用的隔振装置，说一说它们是如何实现隔振的。

你做到了吗？□是　　　　　　□否

实践操作3：找到水泵的进水压力表和出水压力表，记录读数。

引导问题1：比较水泵进出水压力与空调系统中风压的大小，说一说它们的数量级有什么不同。

引导问题2：水泵进出水压力表测量的压力，测得的是位置水头、压力水头，还是速度水头？为什么？

2）离心式水泵的解体检修（以立式离心泵为例）

实践操作4：观察离心式水泵的外观，找到泵盖、泵壳、泵轴、电动机、挡水圈等部分。

你做到了吗？□是　　　　　　□否

实践操作5：关闭水泵的进水阀门和出水阀门。

你做到了吗？□是　　　　　　□否

实践操作6：切断电源，悬挂安全标识牌。

你做到了吗？□是　　　　　　□否

实践操作7：拆下接线盒，使用验电笔验电后，拆下三相电源线及保护线，确保用电安全。

你做到了吗？□是　　　　　　□否

实践操作8：使用扳手将泵盖与泵壳的连接螺栓松开拆除，将泵盖拆下。

➤ **注意**：如遇螺栓因锈蚀而难以松动，可先用螺栓松动剂喷在要拆卸的部位，稍等几分钟再进行拆卸。

你做到了吗？□是　　　　　　□否

实践操作9：观察泵壳的蜗壳式流道，体会流道由窄变宽的结构特点，并清理流道，说一说这样设计流道的目的是什么。

你做到了吗？□是　　　　　　□否

实践操作 10：拆下泵盖处的密封圈，观察是否损坏，如有损坏重新更换。

你做到了吗？□是　　　　　□否

实践操作 11：观察叶轮结构，指出前盖板、后盖板和叶轮部分，清理流道，如有损坏，可考虑更换。

你做到了吗？□是　　　　　□否

实践操作 12：使用专用工具（根据具体情况选择使用合适的套筒或内六角）将叶轮前端的锁紧螺母拆下，并用拉马或双手将叶轮从轴上拉出。

你做到了吗？□是　　　　　□否

实践操作 13：找到泵轴与叶轮装配的连接键，说一说键的类型，并拆下。

你做到了吗？□是　　　　　□否

实践操作 14：使用两个一字螺丝刀将机械密封轻轻取下，找到机械密封的动环和静环，观察是否有磨损或破损，如有可考虑更换。

你做到了吗？□是　　　　　□否

实践操作 15：将泵盖与电动机拆分开，并取下挡水圈。

你做到了吗？□是　　　　　□否

实践操作 16：用螺丝刀拆下冷却风扇罩，用卡簧钳拆下卡簧，并取下散热风扇。

你做到了吗？□是　　　　　□否

实践操作 17：轻轻地取下电机转子和电机轴，观察电机轴承的位置。

你做到了吗？□是　　　　　□否

实践操作 18：观察电机轴或轴承是否有磨损，如有磨损可更换。

你做到了吗？□是　　　　　□否

➢ **注意**：如轴承为封闭式轴承，则不需要更换或加注润滑脂（黄油）。

实践操作 19：观察电动机转子、定子、电机轴及气隙的结构，体会电动机的工作原理。

你做到了吗？□是　　　　　□否

六、工作方案

根据小组讨论的结果，制定离心式水泵解体检修及装配的工作方案，完成表 9－2～表 9－5。

表 9－2　工具、器材和耗材清单

序号	名称	型号与规格	单位	数量	备注

表9－3　离心式水泵解体检修工作方案

表9－4　离心式水泵装配方案

表 9-5　离心式水泵试车方案

七、进行决策

(1) 各组派代表阐述工作方案；

(2) 各组对其他组的工作方案提出自己不同的看法；

(3) 教师与学生一起修订出最佳工作方案。

八、工作实施及评价反馈

按照最佳工作方案，对离心式水泵进行解体检修，并填写评价反馈表 9-6。

表 9-6　评价反馈表

序号	评分标准	分值	自评	互评	师评
1	断开电源的方法正确，没有安全隐患	10			
2	能按照正确的顺序对水泵进行解体检修	10			
3	会检查和更换密封圈	5			
4	会检查、清洗泵壳流道	5			
5	会检查清洗叶轮	5			
6	会检查、更换叶轮与泵轴的连接键	5			
7	会检查和更换轴封	10			
8	能按照正确的顺序装配离心泵	10			
9	能正确使用工具	10			

续表

序号	评分标准	分值	自评	互评	师评
10	能正确安装离心泵	10			
11	会试车运行	10			
12	工具器材有序摆放	10			
总分		100			
存在问题及改进措施					

项目 10

中央空调冷却水系统的清洗和预膜

一、学习情境描述

中央空调冷却水系统经过长时间运行后，系统中常会产生一些盐类沉积物、生物黏泥、腐蚀杂物等。这些物质会影响机组换热效率，定期对冷却水系统进行清洗和预膜，可以提高换热效率，延长设备使用寿命。

二、学习目标

(1) 能够对中央空调冷却水系统进行停机化学清洗；

(2) 能够对中央空调冷却水系统进行预膜处理。

三、任务书

为完成以上学习目标，本项目需要完成的任务如表 10－1 所示。

表 10－1　任务清单

序号	任务内容	任务要求	验收方式
1	中央空调冷却水系统停机化学清洗	按照停机化学清洗的程序，完成冷却水系统的清洗	成果展示
2	中央空调冷却水系统预膜处理	按照预膜处理的要求，完成冷却水系统的预膜处理	成果展示

四、工作准备

(1) 中央空调冷却水系统一套；

(2) 高压水枪一套；

(3) 杀生剂、酸洗剂、预膜剂；

(4) pH 值检测仪（图 10－1）、浊度计（图 10－2）、分光光度计（图 10－3）；

(5) 6 个 50mL 容量瓶、10% 磺基水杨酸溶液、标准硫酸铁铵溶液、醋酸－醋酸钠缓冲溶液，以及烧杯等其他仪器。

五、分组讨论

1）停机化学清洗

实践操作 1：计算冷却水系统的保有水量 $Q=$ ________ m^3。

图 10－1　pH 值检测仪

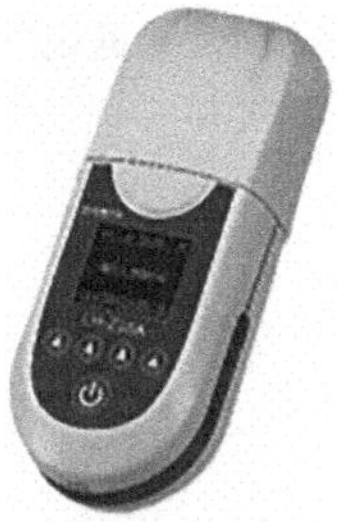

图 10－2　浊度计

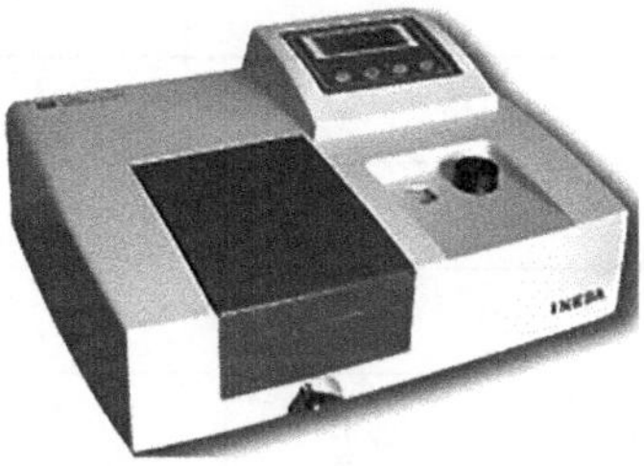

图 10－3　分光光度计

➢ **小提示**

保有水量即系统内水的容积，包括水泵、换热器、冷却塔、冷却水管等的水容积量，注意不是水流量。

实践操作 2：清理冷却塔杂质，高压水枪冲洗集水盘、过滤网和填料。

你做到了吗？☐是　　　　　☐否

实践操作 3：拆下 Y 型过滤器，清理干净后装回。

你做到了吗？☐是　　　　　☐否

实践操作 4：计算杀生剂的使用量：____________

➢ **小提示**

药剂使用量 = 建议添加浓度(mg/L) × 保有水量(L)

实践操作 5：启动冷却循环水泵，将杀生剂倒入冷却塔集水盘，进行杀菌灭藻清洗。

你做到了吗？☐是　　　　　☐否

实践操作 6：每隔 1h 测试 1 次水的浊度，记录于表 10－2，直到浊度达到最大值后趋于稳定。

表 10－2　杀菌灭藻清洗浊度记录

时间/h								
浊度								

实践操作 7：停止冷却循环水泵，排除清洗水，并清洗 Y 型过滤器，杀菌灭藻清洗结束。

你做到了吗？☐是　　　　　☐否

实践操作 8：计算酸洗剂的使用量：____________

实践操作 9：冷却水系统补满水，启动冷却循环水泵，将酸洗剂倒入冷却塔集水盘，进行酸洗。

你做到了吗？□是　　　　　　□否

实践操作 10：每隔 1h 测试 1 次水的浊度、pH 值和 Fe 离子浓度，记录于表 10－3。

表 10－3　酸洗测试数据记录

时间/h							
浊度							
pH							
Fe 离子浓度/（mg/L）							

实践操作 11：观察测试数据，如果 pH 值不断下降，而浊度和 Fe 离子浓度持续上升，则继续添加酸洗剂，直到水的 pH 值小幅上升，浊度和 Fe 离子浓度达到最大并趋于稳定。

你做到了吗？□是　　　　　　□否

实践操作 12：停止冷却循环水泵，排除酸洗水，并清洗 Y 型过滤器，酸洗结束。

你做到了吗？□是　　　　　　□否

实践操作 13：系统充满水后，启动冷却水循环泵，打开排水阀，由冷却塔浮球阀补水，对冷却水系统进行开路冲洗。

你做到了吗？□是　　　　　　□否

实践操作 14：每隔 10min 测量一次排出冲洗液的 pH 值，当接近中性时，关闭排水阀，停止循环水泵，清洗 Y 型过滤器，酸洗后的水冲洗结束。

你做到了吗？□是　　　　　　□否

实践操作 15：计算预膜剂的使用量：______________

实践操作 16：启动冷却水循环泵，将预膜剂倒入冷却塔集水盘，进行预膜处理。

你做到了吗？□是　　　　　　□否

实践操作 17：每隔 1h 测试 1 次水的浊度、pH 值和 Fe 离子浓度，记录于表 10－4。

表 10－4　预膜测试数据记录

时间/h							
浊度							
pH							
Fe 离子浓度/（mg/L）							

实践操作 18：观察测试数据，如果浊度和 Fe 离子浓度基本趋于稳定，说明预膜成功。

你做到了吗？□是　　　　　　□否

实践操作 19：对冷却水进行置换，系统投入正常运行。

你做到了吗？□是　　　　　　□否

六、工作方案

根据小组讨论的结果，梳理中央空调冷却水系统清洗和预膜的工作方案，完成表 10－5 和表 10－6。

表 10－5　工具、器材和耗材清单

序号	名称	型号与规格	单位	数量	备注

表 10－6　清洗和预膜工作方案

七、进行决策

(1) 各组派代表阐述工作方案；

(2) 各组对其他组的工作方案提出自己不同的看法；

(3) 教师与学生一起修订出最佳工作方案。

八、工作实施及评价反馈

按照最佳工作方案，对冷却水系统进行清洗和预膜操作，并填写评价反馈表 10－7。

表 10－7　评价反馈表

序号	评分标准	分值	自评	互评	师评
1	会清洗冷却塔	10			
2	会清洗 Y 型过滤器	5			
3	会估算冷却水系统的保有水量	10			
4	会根据药剂浓度要求计算药剂使用量	10			
5	会检测 pH 值	5			
6	会检测水的浊度	5			
7	会检测水中 Fe 离子的含量	15			
8	会根据水的浊度判断杀菌灭藻清洗的效果	5			
9	会根据水的浊度、Fe 离子的含量判断酸洗效果	5			
10	会根据水的 pH 值变化判断是否需要继续加入酸洗剂	5			
11	会根据水的 pH 值变化判断酸洗后水冲洗的效果	5			
12	会根据水的浊度、Fe 离子的含量判断预膜是否成功	5			
13	操作过程无安全隐患、无事故	10			
14	工具器材有序摆放	5			
总分		100			
存在问题及改进措施					

项目 11

离心式风机皮带与皮带轮的检修

一、学习情境描述

离心式风机的传动带属于易耗品，磨损是正常现象，但过度磨损是不正常的。离心式风机在使用过程中，由于皮带张紧力过大或过小、安装不符合要求、油污、腐蚀等，都会造成皮带打滑、磨损、断裂，皮带轮轮槽损坏，严重的会引起非正常停机。因此，定期对皮带和皮带轮进行检查、调整和维修是一项非常重要的工作。

二、学习目标

（1）会检查和调整皮带轮的平行度；

（2）会检查和调整传动带的张紧力；

（3）会更换传动带；

（4）会更换皮带轮。

三、任务书

为完成以上学习目标，本项目需要完成的任务如表 11－1 所示。

表 11－1　任务清单

序号	任务内容	任务要求	验收方式
1	检查皮带轮平行度	正确测量皮带轮平行度	成果展示
2	调整皮带轮平行度	（1）将两个皮带轮的端面调整平齐； （2）将电机轴和风机轴调整到平行状态	成果展示
3	检查皮带张紧力	（1）计算张力计下压皮带的偏移距离 δ； （2）使用张力计测量皮带的张紧力； （3）判断传动带张紧力是否符合要求	成果展示
4	调整皮带张紧力	调整皮带张紧力	成果展示
5	更换皮带、皮带轮	更换皮带、皮带轮	成果展示

四、工作准备

皮带传动离心式风机 1 套；铝合金型材 1 段（图 11－1）；直尺 1 把；张力计 1 个；活扳手、梅花扳手、套筒扳手、内六角扳手各 1 套；螺丝刀 1 套。

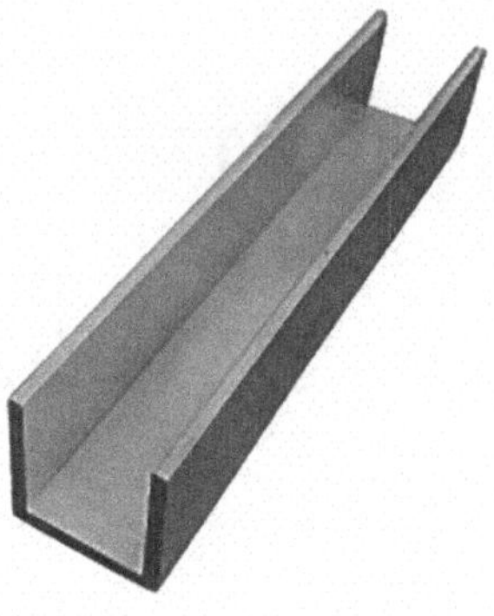

图 11－1　铝合金型材

五、分组讨论

1）检查和调整皮带轮的平行度

实践操作 1：将型材的一个边紧靠风机皮带轮端面，测量电机皮带轮与型材之间的最大间隙（图 11－2），该间隙应该小于 1mm，即两个皮带轮的端面平齐。

你做到了吗？□是　　　　　□否

实践操作 2：如果图 11－2 中的最大间隙与最小间隙差值较大，则说明风机轴与电机轴不平行，应松开电机地脚螺栓，调正电机位置，直到两个皮带轮的端面平齐。

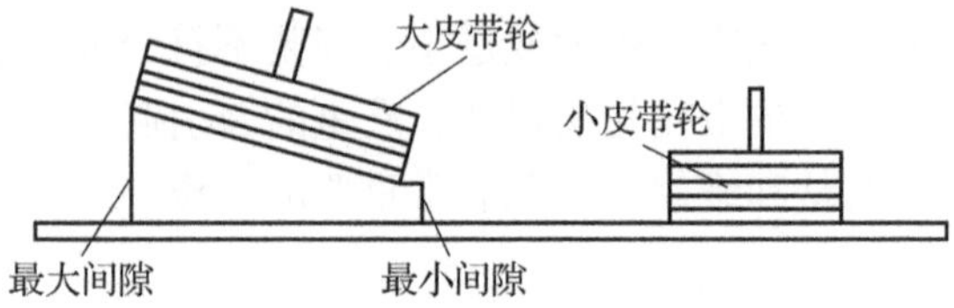

图 11－2　皮带轮平行度的测量

你做到了吗？□是　　　　　□否

实践操作 3：如果图 11－2 中的最大间隙和最小间隙数值都较大，但是差值较小，则说明两个皮带轮的端面不平齐，可将向外凸出的皮带轮沿轴向向里调整。

你做到了吗？□是　　　　　□否

2）检查和调整皮带的张紧力

实践操作 4：测量两个皮带轮的中心距 $L =$ ＿＿＿＿＿＿

实践操作 5：计算张力计下压皮带的偏移距离 $\delta = 16\text{mm} \times L(\text{m}) =$ ＿＿＿＿＿mm。

实践操作 6：将张力计置于皮带中点，垂直下压皮带偏移 δ 值，记录张力计读数为＿＿＿＿＿N，与生产厂提供的标准值进行比较，判断皮带张紧力是偏大、偏小，还是刚好合适。

你做到了吗？□是　　　　　□否

实践操作 7：如果皮带张紧力偏大，可将电机向靠近风机的方向调整。具体方法是：松开电机底座上的 4 个定位螺栓，松动电机靠近风机侧的调节顶丝，调节电机另一侧的调节顶丝，减小风机皮带轮和电机皮带轮之间的距离，直到张紧力符合要求。

你做到了吗？□是　　　　　□否

实践操作 8：拧紧电机底座上的定位螺栓和顶丝，调整完毕。

你做到了吗？□是　　　　　□否

实践操作 9：如果皮带张紧力偏小，可将电机向远离风机的方向调整，具体方法可参照“实践操作 7”和“实践操作 8”。

你做到了吗？□是　　　　　□否

3）皮带的更换

如果皮带出现裂口、断裂、偏磨、被油污染和松紧度不一致等现象，就需要更换皮带，具体方法如下。

实践操作 10：松动电机底座上的定位螺栓。

你做到了吗？□是　　　　□否

实践操作 11：松动电机靠近风机侧的调节顶丝，调节电机另一侧的调节顶丝，尽量减小风机皮带轮与电机皮带轮之间的距离。

你做到了吗？□是　　　　□否

实践操作 12：将破损的皮带拆除。

你做到了吗？□是　　　　□否

实践操作 13：安装新的皮带。

你做到了吗？□是　　　　□否

实践操作 14：调整皮带松紧度达到要求，且几根皮带松紧度一致。

你做到了吗？□是　　　　□否

实践操作 15：拧紧电机底座上的定位螺栓和顶丝，手动盘车无卡阻，皮带更换完毕。

你做到了吗？□是　　　　□否

4）皮带轮的更换

如果皮带轮轮槽出现腐蚀、缺失等问题，或轮槽磨损接近根部时，可考虑更换皮带轮。以下的操作，均假设皮带轮上的皮带已被拆除。

实践操作 16：观察风机皮带轮的结构，如图 11－3 所示，找到传动轴、键、锥套、安装孔、拆卸孔和带轮。

你做到了吗？□是　　　　□否

实践操作 17：如图 11－4 所示，观察带轮和锥套的结构，说一说安装孔和拆卸孔的特点，这样设计的原理是什么。

你做到了吗？□是　　　　□否

图 11－3　风机皮带轮

图 11－4　带轮和锥套

➢ **小提示**

安装孔：带轮为有牙半孔（通孔），锥套为无牙半孔（盲孔）；拆卸孔：带轮为无牙半孔（盲孔），锥套为有牙半孔（通孔）。

实践操作 18：拆卸皮带轮：将安装孔的内六角螺栓拆下，然后将拆下的内六角螺栓旋入拆卸孔，直到锥套与皮带轮分离，如图 11－5 所示。

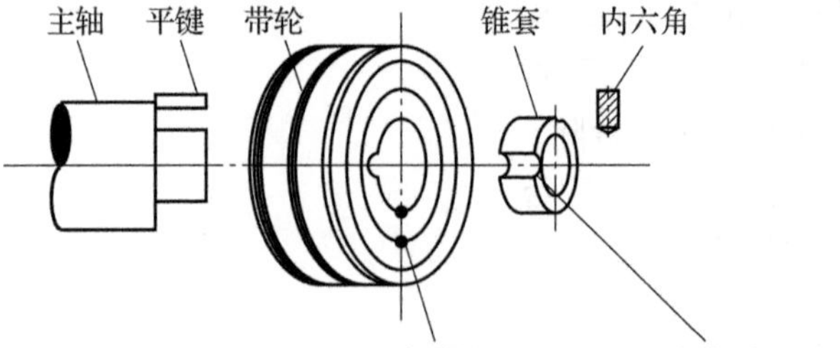

图 11－5　皮带轮的拆卸及安装

你做到了吗？□是　　　　　　□否

实践操作 19：依次将破损的锥套、带轮和平键从轴上取下。

你做到了吗？□是　　　　　　□否

实践操作 20：准备新的或状态完好的锥套、皮带轮和平键。

你做到了吗？□是　　　　　　□否

实践操作 21：清洁主轴及带轮和锥套的配合面，依次将带轮、锥套套在主轴上，见图 11－5。

你做到了吗？□是　　　　　　□否

实践操作 22：安装平键。

你做到了吗？□是　　　　　　□否

实践操作 23：移动锥套至理想位置，将带轮拉到锥套上，在安装孔内旋入内六角螺栓。

你做到了吗？□是　　　　　　□否

实践操作 24：安装皮带轮，调整好风机及电机位置，盘车无卡阻，皮带轮更换完毕。

你做到了吗？□是　　　　　　□否

六、工作方案

根据前面讨论的结果，各小组编写工作实施方案，并填入表 11－2～表 11－6。

表 11－2　工具、器材和耗材清单

序号	名称	型号与规格	单位	数量	备注

表 11 - 3　检查和调整皮带轮平行度的工作方案

表 11 - 4　检查和调整皮带张紧力的工作方案

表 11－5　皮带更换的工作方案

表 11－6　皮带轮更换的工作方案

七、进行决策

（1）各组派代表阐述工作实施方案；

（2）各组对其他组的工作实施方案提出自己不同的看法；

（3）教师与学生一起修订出最佳工作实施方案。

八、工作实施及评价反馈

按照最佳工作实施方案，进行操作，并填写评价反馈表 11－7。

表 11－7 评价反馈表

序号	评分标准	分值	自评	互评	师评
1	会检测皮带轮的平行度	10			
2	会调整皮带轮的平行度	10			
3	会计算下压皮带的偏移距离 δ	10			
4	会判断皮带张紧力是否合适	10			
5	会调整皮带张紧力	10			
6	会更换破损的皮带	10			
7	会拆卸皮带轮	10			
8	会安装皮带轮	10			
9	在操作过程中无安全隐患	10			
10	工具摆放整齐有序	10			
总分		100			
存在问题及改进措施					

项目 12

室内空气洁净度等级的检测

一、学习情境描述

某洁净室面积为 $80m^2$，要求达到 N8 级洁净度，合同规定在动态条件下检测大于或等于 0.5μm 粒径的悬浮粒子浓度，试使用尘埃粒子计数器检测其洁净度是否能够达到要求。

二、学习目标

(1) 会使用尘埃粒子计数器检测室内空气洁净度；

(2) 会判断室内空气洁净度是否符合要求。

三、任务书

为完成以上学习目标，本项目需要完成的任务如表 12-1 所示。

表 12-1　任务清单

序号	任务内容	任务要求	验收方式
1	检测室内空气洁净度	使用尘埃粒子计数器检测室内洁净度等级	成果展示
2	判断室内洁净度等级	根据检测结果，判断室内洁净度是否符合要求	成果展示

四、工作准备

(1) 阅读《通风与空调工程施工质量验收规范》(GB 50243—2016)、《洁净厂房设计规范》(GB 50073—2013)、《洁净室施工及验收规范》(GB 50591—2010) 及相关学习材料中有关洁净度检测的相关内容。

(2) 阅读激光尘埃粒子计数器的使用说明书。

五、分组讨论

以 Y09-3016 手持式激光尘埃粒子计数器（图 12-1）为例，分小组讨论如何检测及评价空气洁净度。

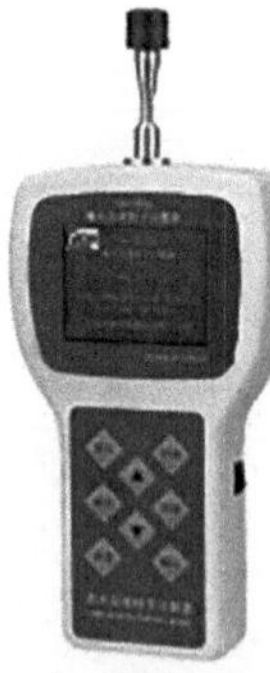

图 12-1　手持式激光尘埃粒子计数器

步骤 1：打开电源开关，机器预热。

引导问题 1：查看说明书，机器预热时间为几分钟？

步骤2：拔掉采样头，换上自净器，单击“数据测量”，按下“采样”键，机器开始自净，直到各粒径通道的粒子数为0。

引导问题2：查看说明书，说明书上标明的自净时间是多少？

引导问题3：该型号尘埃粒子计数器有几个粒径通道？分别是什么？

步骤3：拔掉自净器，换上采样头。

引导问题4：根据任务要求的洁净度等级，最少采样量是多少？

引导问题5：该型号尘埃粒子计数器的流量是多少？是否符合检测要求？

引导问题6：为达到测试要求，采样周期应设定为多少？

引导问题7：采样点数应设为多少？如何设置？

引导问题8：根据任务要求，报警设定为多少？

引导问题9：置信度设置为ISO标准，数值是多少？

步骤4：根据任务背景，设置运行参数，并填入表12－2。

表12－2 尘埃粒子计数器运行参数设置

周期	连续测量次数	测量间隔	延时	报警	置信度	采样点数	测量位置

步骤5：单击“数据测量”，按下“采样”键，进行洁净度测量。

引导问题10：观察测量界面，有几个粒径通道？各显示值的含义是什么？

引导问题11：测量结果如何？

六、工作方案

根据前面讨论的结果，各小组编写测试方案，并填入表12－3中。

表12－3 测试方案

七、进行决策

(1) 各组派代表阐述测试方案;

(2) 各组对其他组的测试方案提出自己不同的看法;

(3) 教师与学生一起修订出最佳测试方案。

八、工作实施及评价反馈

按照最佳测试方案,进行室内空气洁净度测量,并填写评价反馈表12－4。

表12－4 评价反馈表

序号	评分标准	分值	自评	互评	师评
1	采样点选择正确	10			
2	采样口朝向正确	5			
3	操作人员站立位置正确	5			
4	能正确开机并预热	10			
5	能完成机器自净操作	10			
6	能正确设置运行参数	40			
7	能根据测量结果判断洁净度是否符合要求	10			
8	爱护测试仪器,有序摆放	10			
总分		100			
存在问题及改进措施					

九、能力拓展

在相同的学习情境下,使用台式尘埃粒子计数器(图12－2)检测室内洁净度,并判断洁净度是否符合要求。

图 12－2　台式尘埃粒子计数器